普通高等教育"十四五"规划教材·氢能系列
中国石油和石化工程教材出版基金资助项目

储氢工艺及设备设计

Hydrogen Storage Process and Equipment Design

李建立 张璟 李兆亭 伍龙燕 公茂琼 编

H2

中国石化出版社
·北京·

内容提要

本书为氢能系列教材之一，根据新能源科学与工程专业人才培养方案及氢能企业对高级应用型人才的要求编写而成；主要内容包括绪论、储氢工艺、储氢设备设计基础、高压气态储氢设备设计、低温液氢储存设备设计、固态储氢设备设计等。

本书可以作为高等院校新能源科学与工程、氢能科学与工程等专业的教材，供教师、硕博士研究生、本科生及高职学生使用，也可作为新能源及相关领域科研与管理工作者的参考书。

图书在版编目（CIP）数据

储氢工艺及设备设计／李建立等编．--北京：中国石化出版社，2024．7．--(普通高等教育“十四五”规划教材)．--ISBN 978－7－5114－7623－4

Ⅰ．TG139

中国国家版本馆 CIP 数据核字 2024SD1200 号

中国石化出版社出版发行

地址:北京市东城区安定门外大街 58 号

邮编:100011　电话:(010)57512500

发行部电话:(010)57512575

http://www.sinopec-press.com

E-mail:press@sinopec.com

北京科信印刷有限公司印刷

全国各地新华书店经销

*

787 毫米×1092 毫米　16 开本　14.75 印张　340 千字

2024 年 7 月第 1 版　2024 年 7 月第 1 次印刷

定价:42.00 元

《氢能技术与应用系列教材》编委会

（以姓氏笔画为序）

序

2020年，在第75届联合国大会一般性辩论上我国明确提出“双碳”战略目标：“中国将力争2030年前实现碳达峰、2060年前实现碳中和。”2021年，“碳达峰”和“碳中和”被写入全国两会《政府工作报告》，发展清洁低碳能源已成为我国能源战略的主体。在众多新型能源中，氢能来源广泛、清洁无碳的特点为“双碳”战略目标的实现提供了有力保障。2022年5月，国家发展改革委、国家能源局按照《氢能产业发展中长期规划（2021—2035年）》部署，研究推动氢能多元化应用，为重点领域深度脱碳提供支撑，从国家层面加快出台相关鼓励氢能产业链发展的顶层设计，明确了氢能是未来国家能源体系重要组成部分，是用能终端实现绿色低碳的重要载体。

面对氢能人才的迫切需求，2022年4月，教育部印发了《加强碳达峰碳中和高等教育人才培养体系建设工作方案》，将加快储能和氢能相关学科专业建设放在“双碳”领域三大紧缺人才的首位，并提出要以大规模可再生能源消纳为目标，推动高校加快储能和氢能领域人才培养，服务大容量、长周期储能需求，实现全链条覆盖。

北京石油化工学院坐落于北京市大兴区，办学宗旨是立足北京、面向全国，全力打造新时代首善之区工程师摇篮，努力建成具有特色鲜明的高水平应用型大学。2019年获批新能源科学与工程专业以来，学校审时度势、周密论证，于2021年以大兴区建设世界一流的“大兴国际氢能示范区”为契机，最终确定了“以氢能为特色，其他新能源为补充”的专业办学思路，出台了以氢能为特色的人才培养方案。图书市场现有氢能相关书籍多以氢能科普和专著为主，无法满足高等学校氢能全产业链的人才培养需求，我校联合西安交通大学、华北电力大学、中国石油大学（华东）、天津大学、湖南理工学院等高校，中国科学院理化技术研究所、中国航天科技集团公司一院十五所等研究所，以及深圳市燃气集团股份有限公司、中石化巴陵石油化工有限公司、北京天海工业有限公司、北京久安通氢能科技有限公司、京辉氢能集团有限责任公司、北京中科致远科技有限公司等企业提出了国内首套《氢能技术与应用系列教材》的编写计划。

该套教材共8本，即《氢能概论》《制氢工艺与技术》《储氢工艺及设备设计》《纯氢及掺氢天然气输送技术与管理》《加氢站设计与管理》《氢燃料电池》《氢安全技术及其应用》及《新能源专业英语》。经过一年的准备工作，2022年5月成立了由来自6所高校、2家研究所和多家领军企业共43位专家组成的氢能系列教材编委会。随后，按照“顶层规划、教授挂帅、企业合作、内练师资”的原则，迅速有序地展开了各部教材的编写工作。

该套教材在内容规划、编写原则、受众定位等方面都进行了充分论证，总体而言具有以下主要特点：

（1）定位明确，特色鲜明

本套教材定位于培养氢能领域高级应用型工程技术人员，既可为新能源科学与工程、氢能科学与工程、储能科学与工程、智慧能源工程等本科专业提供人才培养基本支撑，又可为从事氢能研究的技术人员提供参考。整套教材知识体系上前后递进、序贯相接，强调基础理论知识的工程应用，体例统一，具有鲜明的特色。

（2）内容系统，与时俱进

涵盖“制氢—储氢—输氢—用氢—安全”的氢能全产业链，根据学科支撑规律有效衔接各门课程之间关系，与氢能企业技术创新紧密结合，整套系列教材形成一套完整、系统、反映氢能领域科技新成果的知识结构体系。

（3）注重实践，应用性强

面向氢能企业对高级应用型人才的迫切需求，着眼于增强教学内容的联系实际和灵活运用，以大量章节习题训练为落脚点，理论与实践相结合，培养具有大工程观的高级应用型人才。

（4）思想引领，价值启迪

正面客观展现我国在氢能领域的科技实力，引导学生致力于科技创新，为国家科技进步、建设绿色家园奋斗；与时代所遇的问题紧密结合，育心育德，价值引领，培养具有爱国情怀的新世纪人才。

最后，感谢参加本系列教材编写和审稿的各位老师及企业专家付出的大量卓有成效的辛勤劳动。由于编写时间仓促，书中难免存在一些不足和错漏。我们相信，在各位读者的关心和帮助下，本系列教材一定能不断地改进和完善，对助力氢能人才培养，推进氢能学科建设，促进氢能产业发展，推动“双碳”战略目标的实现有一定的促进作用。

编委会

2023年3月

前　言

本教材是北京石油化工学院组织编写的氢能系列教材之一，根据新能源科学与工程专业人才培养方案以及氢能企业对高级应用型人才的要求进行编写，目的是让读者能够从“制氢—储氢—输氢—用氢—安全”的氢能全产业链视角，结合最新的研究及应用现状，从整体上把握氢能储运工艺与装备的主要方面和基本内容。

在编写过程中，注重氢储运典型场景的介绍、典型工艺的阐述和典型设备设计理论的论述，内容全面、系统。对相关基础知识的阐述密切结合工程力学、工程热力学、传热学、工程流体力学、过程设备设计等课程中的基本理论，脉络分明、言简意赅。书中附有思考题和习题，加强灵活运用知识、理论联系实际、分析和解决问题等能力的培养。本教材可作为高等院校新能源科学与工程、氢能科学与工程等专业的教材，供教师、硕博士研究生、本科生及高职学生使用，也可作为新能源及相关领域科研与管理工作者的参考书。

本教材共分六章，即绪论、储氢工艺、储氢设备设计基础、高压气态储氢设备设计、低温液氢储存设备设计和固态储氢设备设计。第一章由李建立和荆丰梅联合编写，第二章由张璟和公茂琼联合编写，第三章由李建立和伍龙燕联合编写，第四章由李建立、张卫义和伍龙燕联合编写，第五章由赵杰和李兆亭联合编写，第六章由李建立和公茂琼联合编写。全书由李建立副教授统稿。

在本教材编写和出版过程中，得到了北京石油化工学院宇波教授，机械工程学院及学校教务处领导，北京久安通氢能科技有限公司总经理、全国氢能标准化技术委员会委员张立芳教授级高级工程师，航天氢能科技有限公司安刚总工程师，北京京辉绿氢新能源有限公司闫东雷总经理，中国石化北京燕山分公司史家亮高级工程师等专家的大力支持和帮助，他们在本教材编写过程中提出了宝贵的意见，在此一并表示感谢！

由于本教材内容涉及领域较广，编者水平有限，加之时间紧迫，教材中难免有不足之处，敬请读者批评指正。

编者

2023 年 9 月

目　　录

第1章 绪 论

氢元素周期表代号 H，元素周期表序号 1，原子量为 1.0079，沸点为-252.87℃，熔点为-259.14℃。氢气无色、无臭、无味、无毒、遇空气或氧气高度易燃、爆炸范围宽，且点火能量低、火焰传播速度快。在所有气体中，氢气的质量比热容最大，热导率最高，黏度最低。氢同时具有原料属性和能源属性，具有来源多样、利用高效、清洁环保等特点，是唯一能同时用于交通、储能、发电、分布式冷热电联供和工业生产制造等领域的绿色能源，是全球能源转型升级的重要方向，将为我国实现“双碳”大战略起到重要作用。氢能产业链包括制氢、储氢、运氢及用氢，其中储氢是连接产业链上下游的关键环节之一。本章概述储氢的重要性、储氢的方法、储氢的瓶颈问题和储氢的发展趋势，并给出学习本课程的一些建议。

1.1 储氢的重要性

1.1.1 氢的基本性质

氢有三种同位素，即相对原子质量为 1 的氕(符号 H，通称氢)、相对原子质量为 2 的氘(符号 D，通称重氢)和相对原子质量为 3 的氚(符号为 T)。对于最常见的氢同位素氕，其每个原子有 1 个质子和 1 个电子，没有中子。氕和氘是稳定性同位素，氚则是一种放射性同位素。氚极稀有，自然氢中几乎全部是氕和氘。根据氢的来源不同，氢气中氕的含量为 99.987%，氘含量在 0.013%~0.016%。

分子氢有两种自旋异构体，即正氢(Orthohydrogen)和仲氢(Parahydrogen)，两者 3∶1 的混合物称为正常氢(Normal Hydrogen，n-H_2；也称为常态氢、标准氢)，即通常所说的氢。正氢是一种激发态，能量比仲氢高 1.455kJ/mol，当冷却至低温时，它会在几分钟内转化为仲氢形式。从正氢到仲氢的转化要放出热量，会引起显著的液氢蒸发，故此氢气中的正氢、仲氢比是液化和储存液氢的一个重要考虑因素。

标准状态下，氢气密度是空气的约 1/14，在空气中能以 10m/s 甚至更高的速度上升，并迅速扩散。这种易扩散性在无遮挡环境中是一种潜在的安全优势。氢气易燃、易爆且点火能量极低(约 0.02J)，应在温度适中、无火焰、无火花、无静电的地方储存和使用。氢气无腐蚀性，但在高压下它会使一些金属的机械性能恶化。任何与氢接触的材料都需特别关注其与氢气的相容性。

正氢和仲氢的各类热物理性质可根据氢的状态方程进行计算。用于计算氢气热物性的状态方程非常多，繁简与精确程度不一，需要选择使用。正氢和仲氢在典型状态点的基本性质可从 GB/T 29729—2013《氢系统安全的基本要求》附录 B 中查到。这些性质对于氢气的压缩、流动、传热、液化的分析，对于储氢工艺的制定和储氢设备的设计都非常重要。

1.1.2 氢的生产和使用

根据制氢工艺和 CO_2 排放量的不同，可将氢气分为灰氢、蓝氢和绿氢。灰氢指通过化石燃料燃烧/工业副产转化而来的氢，生产过程中释放大量 CO_2，无法实现零碳生产，但因技术成熟且成本较低，成为当前主流制氢方式，占当前全球氢气产量的 95%。蓝氢是在灰氢的基础上利用碳捕集、利用与封存技术（CCUS）减少生产过程中的碳排放，实现低碳制氢，是一种过渡性的技术手段。绿氢则是通过光伏发电、风电等绿电电解水制氢，在制氢过程中不会产生 CO_2，是真正意义上的"零碳氢气"。目前，绿氢受制于技术门槛和较高成本，尚未实现大规模生产。

从产量结构来看，2022 年全球氢气总产量 9813 万 t，其中仍然以灰氢为主，占比高达 83%。天然气制氢占 62%、煤制氢占 21%、工业副产氢占 16%，低碳氢产量仅约 1%。主要应用于石油加工（43.2%）、合成氨（33.5%）及合成甲醇（16.7%），其他领域约占 6.6%。从我国制氢结构来看，由于我国天然气紧缺、依赖进口，煤炭资源丰富，我国氢能生产来源以煤炭为主，2023 年我国煤制氢的氢气产量达到 2126.9 万 t，占总氢气来源的 57.7%；来源于天然气制氢的氢气产量为 825.7 万 t，占比为 22.4%；工业副产氢 682.0 万 t，占比 18.5%。可再生能源电力电解水制氢等其他技术制氢小幅提升至 51.6 万 t，占比 1.4%。

根据主要国际能源组织的预测，到 2050 年全球的绿氢产量将远高于蓝氢。国际能源署（IEA）预测 2030 年电解水制氢及生物质制氢等绿氢产量占比将达到 34%，2050 年全球绿氢产量将达到 3.23 亿 t，较蓝氢产量高 58%。至 2060 年，几乎全部的氢气需求都将由低排放技术满足，其中近 80%是电解水制氢。届时电解水制氢将成为具有成本竞争力的制氢工艺，耦合 CCUS 的化石能源制氢产量将满足 16%的氢气需求。彭博新能源财经则预测 2050 年全球氢能年产量将达到 8 亿 t，且全为绿氢。据中国氢能联盟预测，到 2025 年，我国氢能产业年产值预计将达到 1 万亿元；到 2050 年，我国氢气年需求量将接近 6000 万 t，有望实现约 7 亿 t 的 CO_2 减排，氢能在终端能源体系中的占比将超过 10%，产业链年产值预计将达到 12 万亿元。氢能的发展将为我国的新质生产力注入新动力，推动经济的可持续发展。

氢与氢能的应用场景集中在交通、工业、发电和建筑四大领域，其中交通、工业为主要应用领域，目前在建筑、发电和供热等领域的应用还处于探索阶段。未来可由氢能部分取代的用能领域包括交通运输（氢能重卡+航空航天）、工业园区热电联供等。氢能更准确的定位是"辅助"。要实现碳中和，必须推动在交通、工业和建筑等领域的深度脱碳，对于电气化无法改造的场景，氢能有用武之地。当前，关于氢能利用的各环节研究正在如火如荼地进行。

1.1.3 氢的储存

氢气具有易燃、易爆、易扩散等特点，且常温常压下密度仅为0.08376kg/m^3，在其规模化生产及应用过程中，高效高密度储存是必须解决的问题。

制氢工厂生产出的氢，一部分作为化工原料就地消纳，其余的则需储存起来。无论是短期储存还是长期储存，均需要建造储氢装置。储氢装置可以设在地面以上，也可利用盐穴或储气井储氢。储氢装置以增压设备和储氢容器为核心，辅以充/放氢管路、安全泄放和泄漏监测等系统。整个储氢装置由专门设计的控制系统实现半自动化或自动化的操作和运营管理。

在航空航天发射场站、加氢站、绿电氢储能、电子工业特气、氢健康等不同应用端，足量的氢气以高压气态、低温液态、固态等形式储存在承压设备中，在需要氢气时，再通过管路系统可控释放。

上述在制氢端和应用端的氢储存为固定式储存。从制氢端到应用端的输运过程中的储氢为移动式储存。移动式储氢的典型场景有规模化移动式运氢和交通工具氢燃料电池配套氢源储存两大类。规模化移动式运氢有长管拖车高压(20~50MPa)气态运氢、液氢槽车和液氢船舶运氢、固态储氢运输车运氢、有机氢载体移动供氢(车和船)等。交通工具氢燃料电池配套氢源储存，是指各种车载储氢瓶、轨道交通工具储氢瓶、无人机用液氢罐、游艇用固态储氢罐等。

1.2 储氢的方法

单位质量纯氢的能量密度很高，但常温常压下(20℃，100kPa)氢气的密度仅约为0.08376kg/m^3，需设法提高单位体积内氢气的实际载量，才能得到有实用价值的储氢系统。通过增压缩短氢气分子之间的距离可达到将氢分子"聚集起来"的目的，通过低温液化则能实现氢聚集状态的本质改变，使氢的聚集密度相对于常温常压提高845倍。此外，通过化学手段将氢作为其他化学物质分子结构的一部分进行储存，或设计开发特殊的多孔材料将氢气吸附封装，也都是可行的技术途径。这些技术途径的实现方式即构成了下面的几大类储氢技术。

1.2.1 高压气态储氢

高压气态储氢是通过压缩机将氢气增压到一定压力(一般大于20MPa)后储存在高压容器中。高压气态储氢具有储氢容器结构简单、充/放氢速度快、技术成熟、成本较低等优点，具有短距离运输(小于200km)的成本优势，是目前已商业化的主流储氢技术。

制氢工厂生产出的气态氢通过压缩机增压后经由管路系统流入高压气态储氢罐进行储存，在此过程中储氢罐内氢气的温度和压力连续变化，压缩机出口的压力和排气量也跟着变化，直至储氢罐中储氢压力达到设定值为止。这是一个连续动态变化的物理储氢过程。

长管拖车通过管路从制氢工厂高压气态储氢罐中充氢至20MPa，此过程为单纯压差驱动的热力流动过程。充氢至额定量的长管拖车行至气态储氢加氢站，在加氢站顺序操作盘控制下，通过管路卸载氢气，首先直接向车载储氢瓶直接供氢，至压差小于一定值(如3MPa)时，改向氢气压缩机入口释放氢气，由压缩机增压后为车载储氢瓶供氢或给站内固定储氢罐组充氢。

固定式储氢罐和车载储氢瓶中的氢气在储存过程中压力随着周围环境温度的变化而变化，用氢时通过管路向其他储氢罐、增压机入口或燃料电池系统供氢。

高压气态氢的增压充装和减压释放均为热力过程，氢气的温度、压力、比容发生剧烈变化。设计储放氢工艺过程及装备时，需考虑温度和压力变化对装备材质和密封的要求，在安全的前提下，实现充/放氢过程的精准、便捷调控和经济储运。

除了上述安装在地面以上、单体容积有限(一般小于 $10m^3$)的纯金属或复合材料储氢容器之外，还有地下盐穴储氢和储气井储氢两种方式。盐穴储氢具有密封性好、安全性高(承压能力 2~23MPa)、储存量大(20 万 m^3 以上)、投资成本低(约为地面储罐的 1/3)、能够长期储存等优势，适合大规模储氢，是解决氢能规模化储存的有效手段。盐穴储氢的缺点是受地质条件影响，选址具有局限性。世界范围内已有 4 座盐穴储氢库在运行。我国尚无盐穴储氢的先例，但我国盐岩资源丰富，分布范围广，地下存在大量盐穴老腔资源，具备建设大规模盐穴储氢的资源潜力。储氢井储氢具有占地面积和安全距离小、无静电、自调温、环境影响小、失效后果可控等优点。国内中石化、中国特检院等单位在储氢井储氢方面开展了一系列探索工作。

1.2.2 低温液态储氢

低温液态储氢是将氢气压缩、冷却至-253℃，使其液化并储存在低温绝热容器中。低温液态储氢具有体积储氢密度大(液氢密度为 70.78kg/m^3)、加氢时间短、远距离运输优势明显等优点，但是液化过程能耗高且对储氢容器绝热要求很高。

液氢工厂生产的液态氢由液氢泵增压后经由液氢管路注入液氢储罐，进一步通过液氢转注管道向液氢槽车充装液氢。液氢槽车行至目的地后，再通过转注管道，将液氢卸到液氢储存型加氢站的站内液氢罐，或其他应用终端的液氢容器中(比如航空航天发射站场的燃料箱)。因为液氢温度低至-253℃，与大气环境之间有 250℃以上的大温差，同时液氢的汽化潜热小，在转注过程中极易因液氢汽化而导致不稳定的两相流，在储存过程中极易因液氢汽化而引起储罐内压力升高。为保证液氢转注和储存过程的安全，当液氢汽化引起的压力升高过大时，需进行安全泄放，这会引起可观的能量和经济损失。可见，低温液态储氢的核心技术是绝热保冷。

1.2.3 固态储氢

固态储氢是利用物理或化学吸附将氢气储存在固体材料中。根据氢气与固体材料复合方式不同可分为化学吸附储氢和物理吸附储氢，具有储氢压力较低、体积储氢密度高、可纯化氢气、安全性高等优点。固态储氢技术解决了高压气态储氢和低温液态储氢面临的高压、低温等问题，但其存在质量储氢密度较低、充/放氢速率较低、充/放氢需要热交换等缺点。

在基于化学键合的固态储氢过程中，氢气一般会经历三个阶段：首先是在储氢材料表面解离成氢原子，其次是氢原子向储氢材料内部晶格空隙迁移，再次是氢原子进入晶胞中特定位置并与周围储氢材料原子发生较强的相互作用。在这三个阶段中，氢气或氢原子遇到的前进阻力的性质和量级，以及对外释放热量的强度各不相同。为保证足够高的储氢速率，一方面需要及时导出吸氢反应释放的热量以维持体系温度相对恒定，另一方面需要保证足够高的环境压力，为氢的扩散和渗透提供驱动力。此外，还需尽可能减小氢扩散和渗透的阻力。从提高体积储氢密度的角度来讲，希望增大储氢材料的堆积密度，即将松散的储氢材料粉体压实成形状规则的块状，这样还可提高储氢材料自身的导热性能，缺点是会增大氢扩散和渗透的阻力。

1.2.4 有机液体储氢

有机液体储氢是利用氢气与有机介质的化学反应，进行氢气的储存、运输和释放，具有有机氢载体稳定性高、储氢密度大、储存和远距离运输安全、设备和管路易保养、技术成本低、储氢介质可多次循环使用等特点。有机液体储氢包括三个阶段，即氢气与储氢介质发生加氢反应，储氢介质的储存和运输，加氢后的储氢介质进行脱氢反应释放氢气。烯烃、炔烃、芳烃等不饱和液态有机物均可作为储氢介质。此外，液态有机储氢介质的物理性质与汽、柴油相近，可利用现有汽、柴油的基础设施进行输运，降低后期规模化应用成本。由于有机液体储氢设备设计相关的公开报道非常少，相关储放氢工艺尚未公开，难以对其设备设计进行系统阐述，故本版教材暂不设专章进行有机液体储氢设备设计论述。

1.2.5 其他氢载体储氢

利用甲醇的高体积储氢比，可实现氢气的规模化远程储运，降低氢气运输成本。甲醇储氢具有氢负荷高、寿命长、启停时间短、操作弹性大、氢气质量稳定等优点。甲醇制氢需要高转化率的催化剂。目前甲醇制氢规模为100～500kg/d。甲醇配合橇装集成加氢装置，可实现即插即用与制氢加氢一体化。在甲醇制氢中可将CO_2进行液态回收，与绿氢再次生成甲醇，实现无碳循环。此外，硼氢化钠也是有应用前景的氢载体，具有储氢密度高、催化制氢工艺简单且无污染排放等优点，配合碱性燃料电池可直接应用。关于甲醇等其他氢载体储氢技术，目前尚处于技术路线论证阶段，故本版教材暂不设专章论述。

1.3 储氢的瓶颈问题

1.3.1 高压气态储氢的瓶颈问题

高压气态储氢的性能指标主要取决于压力容器的技术水平与生产工艺。要实现高压氢气的安全、高效、经济储存，需从基础研究(材料开发、氢脆等)、检验检测(超高压测试装备、形变失效机理等)、标准规范、产品创新等方面全链条开展研究。

(1)高压临氢环境用新材料研发

目前，储氢装备一般选用已有的通用材料，利用高压氢相容性试验确定其允许使用条件，或通过化学成分调控、制造工艺优化等提高材料的抗氢脆性能。这种常规方法难以经济地显著提升材料抗氢脆性能，开发低成本高压临氢环境用新材料是解决该问题的有效途径之一。对于移动式储运氢场合，需加强轻质高强临氢材料研发，进一步提高移动式储氢设备的体积和重量储氢密度。此外，在高压氢环境中使用的传感元件用材会因高压氢的侵入导致其电学特性发生显著变化，测试信号漂移现象严重，亟需开发高压氢环境用低溶氢、高稳定性的传感材料。

(2)高压储氢装备安全附件研发

压力表、安全阀、截止阀等是储氢装备安全运行不可或缺的附件。目前，这类安全附件的国产化程度和服役性能均有待提高。氢气不仅对储氢容器和管道材料产生影响，还会对管网中的设备(如压缩机、阀门、法兰、密封件、仪表等)造成影响。高压容器的密封构件主要包括两类：一类是承力部件(如大螺纹套筒、抗剪螺钉、径向销、大螺栓等)，主要用于承担内压引起的轴向力；另一类是用于保证容器端面及四周得以可靠密封的密封元件，常用的如 O 形密封圈、唇形密封圈等。以橡胶 O 形圈为例，在高压储氢容器向外放氢过程中，容器内压迅速减小，会引起 O 形圈的橡胶发生内部断裂，一般称这个过程为“起泡断裂”或“爆炸减压失效”。影响“起泡断裂”的主要因素是溶解在橡胶材料中的氢浓度。

(3)高压储氢装备服役性能调控

研究高压氢环境中氢-材料相互作用机理，以及服役性能与材料、应力、环境和制造的关联关系，可实现在设计制造阶段主动调控服役性能。

(4)高压氢系统安全性能检测装备研制

高压氢气储运呈现出高压化、轻量化和原位测试性能的发展趋势。在容器性能不断提升的同时，还需进一步对高压储氢容器的使用寿命和使用条件进行分析，对容器的生产、测试等进行标准化，不断提升高压储氢容器的安全性能。高压储氢系统的研发和安全性能检测离不开相应的测试设备。高压氢系统的测试条件苛刻(高压临氢、宽温域等)，相应测试装备研发难度极大。美国、日本等国已分别建立了高压氢系统安全性能检测基地，例如日本福冈的氢能检测研究中心。在国内，浙江大学已研制出我国首套 140MPa 高压氢环境材料耐久性试验装置和 90MPa 高压氢气环境零部件耐久性试验装置，使我国成为继美国、日本后第 3 个拥有此检测能力的国家，为研究高压氢脆机理、研发低成本抗氢脆材料、优化抗高压氢脆制造工艺、构建材料抗高压氢脆性能数据库提供了必备的测试装备。

(5)气态高压低温储氢

与在常温范围内压缩氢气以提高储氢密度的原理相似，在低温下压缩氢气亦可提高低温氢气的储氢密度，且在同样储氢压力条件下，低温压缩的体积储氢密度更高。气态高压低温储氢方法由 Aceves 等首先提出。将氢气降温至 41K 并加压至 35MPa 后，其体积密度为 81g/L，是 70MPa、288K 条件下压缩氢气密度(40g/L)的 2 倍多，比低温液态储氢的体积密度还高约 10g/L。相较于高压常温储氢，高压低温储氢可在较低储存压力下达到更高的能量密度；相较于低温液态储氢，高压低温储氢可以最大限度减少液化氢储存的蒸发损失。低温压缩罐可以兼容气体和液体，具有更大的灵活性和经济性。

(6)高压气态储氢安全方面

在高压气态储氢安全方面，需加强氢安全基础理论及高压储氢装备定期检测和评价方法研究，加强氢泄漏及相关事故演化规律和预防技术研究，完善设计、制造、检验和试验规范及标准体系。

1.3.2　低温液态储氢的瓶颈问题

液氢具有经济性、高效性和安全性等优势，是解决氢能大规模生产、储存和运输的有效手段，且有望成为与可再生能源制氢最佳匹配路线之一。实现工业级液氢产业链示范，在液氢生产环节还需进一步推动液氢工厂的系列审批规范化，在液氢储运环节急需解决液氢罐车上路等法律法规问题。在液氢储存装备层面，还存在以下三方面问题：

(1)结构方面

大型液氢球罐的研制是我国亟须发展的重要方向。球形液氢储罐具有最大的表面积体积比，是未来大规模储氢的发展方向，但国内目前对于球形液氢储罐的设计与建造标准还处于缺失状态，未来大规模发展还有较长一段路要走。

(2)液氢储罐罐体材料方面

目前国内规范规定奥氏体不锈钢最低设计温度通常为-196℃，不能满足低温液氢储罐的设计温度要求。在未来更大容积液氢储罐研制中，应开展液氢环境温度(-253℃)下钢板力学试验研究，获取不锈钢材料在低温环境的性能数据，以指导后续国内大容积液氢储罐的研制和应用。

(3)降低氢损耗方面

由于氢液化成本高，零蒸发应是所有液氢储罐的目标。目前，大多数地面液氢储罐采用珍珠岩+真空绝热，无主动屏蔽，导致蒸发率为1%~5%/d。采用基于液氦技术(MLI绝热和主动屏蔽)的储罐，可将蒸发量降低至0.01%~0.05%/d。对于大型储罐，蒸发排放的低温氢气可重新液化，以达到零蒸发的目的。目前蒸发率偏高的问题还没有很好解决，这除了会导致氢损耗，使经济性下降之外，还存在安全隐患。无论从经济角度还是安全角度考虑，车载液氢储存技术离实用化尚有一定距离。

1.3.3　固态储氢的瓶颈问题

(1)综合性能优异的储氢材料尚未出现

目前，已有实际应用的固态储氢材料(稀土系、钛铁系、镁系等)普遍存在质量储氢密度低(1.0%~5.7%)、需要活化、吸/放氢温度偏离常温、吸/放氢压力偏差大、循环寿命短等问题，在开发综合性能优异的储氢材料方面还有很长的路要走。

(2)吸/放氢机理及氢热耦合传递机制尚不十分清晰

以金属氢化物为代表的固态储氢材料吸氢放热、放氢吸热，吸/放氢过程中氢的传质过程和反应热的传递过程高度耦合，且相互制衡，提升吸/放氢速率，必须从储氢材料填充方式、储氢罐结构设计和热管理系统设计等方面协同优化。目前，由于对不同固态储氢材料的吸/放氢机理及氢热耦合传递机制尚不十分清楚，使得固态储氢设备的设计及相应热管理系统的设计还较多依赖于经验，理论指导不足，相关的标准和规范还明显缺位。

(3)吸/放氢速率整体还偏低

不同固态储氢材料的吸/放氢速率整体偏低，目前一般不超过0.5kg/min，而高压气态充氢的速率可达3.6kg/min，低温液态充氢的速率可达8.4kg/min。吸/放氢速率小，则充/放氢量一定时耗时就长，这对于大多数应用场景来讲都是劣势。吸/放氢速率既与储氢材料本身的吸/放氢机理有关，又同储氢材料的堆积方式、储氢装置的设计和储氢工艺的制订有关。

(4)单体大容量快速吸/放氢固态储氢设备研发难度大

目前，固态储氢技术初步的商业化应用主要集中在便携式氢源、轻小型交通工具(如氢燃料电池驱动的电动自行车)等方面，储氢量较大的规模化应用案例很少，这和单体大容量快速吸/放氢固态储氢设备研发难度大有关。已有的示范应用和科研装置中，单体储氢量不超过75kg，而高压气态储氢的单体储氢量可达2000kg，液态储氢罐的单体储氢量则可以轻松超过20000kg，最高可达330000kg。

1.3.4 有机液体储氢的瓶颈问题

有机液体储氢最大的一个优点是与现有的能源运输体系兼容，在长期储存和远距离输送过程中没有氢气的损耗。理想的有机氢载体应具有高储氢密度、低反应热、低退化性、无毒、价廉、高熔点。有多种不同的LOHC化合物在开发中，大多是芳香烃类化合物和异环族化合物，如咔唑、吡啶、吡咯类化合物。

目前LOHC储氢距离大规模商业化还存在一些难题有待解决，包括：

(1)脱氢反应温度及能耗偏高

有机物加氢是强放热反应，相对容易进行，反应原理决定了逆反应脱氢时需要大量热量，存在能耗高、成本高的问题。如果脱氢装置周边有电厂或钢厂等产生废热的工业，可利用废热作为脱氢热量来源。在经济性方面，脱氢装置要求高、价格昂贵。

(2)脱氢催化剂开发难度高

脱氢反应效率低，发生副反应导致氢气纯度不高，且催化剂容易在高温下结焦失活、寿命不长。脱氢催化剂的难题主要体现在贵金属成本高、选择性差、活性下降、寿命短等方面，国内这一领域的研究大多仍处于实验室研究阶段，距离工业化应用尚远，需加大对脱氢催化剂的研发。

(3)随着循环次数增加，储氢性能下降

多次循环使用后，尤其在高温脱氢过程，有机物环链容易发生断裂并逐渐累积，造成储氢性能下降和催化剂积炭。一些试验研究中甚至仅循环4~5次后储氢性能已大幅下降，难以满足商业使用需求，需要在提高循环使用寿命方面加大研究。

1.4 储氢的发展趋势

从国内氢能发展的整体态势来看，发展前期(约到2025年)，车载储氢将以70MPa高压气态储氢为主；运输将以20~45MPa长管拖车为主，低温液态运输和管道运输将通过示范项目，逐步协同发展。中期阶段(约到2030年)，车载储氢将以气态高压、低温液态为主，多种储氢技术并存；氢气运输将以高压气态车载运输、低温液态运输和气态氢管道运输相结合的方式协同进行。远期阶段(约到2050年)，全国氢能发展步入成熟阶段，氢气需求量增大，大力发展管道运输成为必然趋势，氢气管网将覆盖全国，保证氢气供应通畅。

具体到不同的储氢技术，氢能生产和消费格局将决定储氢技术的走向。以往氢气多在化工园区就近利用，行业对氢气跨区域储运没有额外需求；现在氢能正加速走出化工园区，发展过程中储运环节的瓶颈约束问题越发突出。《氢能产业发展中长期规划(2021—2035年)》指出，以安全可控为前提，积极推进技术、材料、工艺创新，支持开展多种储运方式的探索和实践。提高高压气态储运效率、加快降低储运成本，有效提升高压气态储运商业化水平。推动低温液氢储运产业化应用，探索固态、深冷高压、有机液体等储运方式应用。开展掺氢天然气管道、纯氢管道等试点示范。逐步构建高密度、轻量化、低成本、多元化的氢能储运体系。

1.5 本课程的知识体系和学习方法

本版教材内容编写的基本思路是：以高压气态储氢、低温液态储氢和固态储氢为主要论述对象，按照由原理到工艺再到设备设计的递进模式，对这三种储氢技术进行阐述。

对于每种储氢技术，在概述其储氢原理时，紧密结合大学物理、热力学、传热学和流体力学等课程的基础理论加以叙述；在阐述其储氢工艺时，注重结合生产实际场景进行描述，突出充/放氢工艺流程、储氢设备功能和设计条件三方面；在论述其设备设计内容时，试图从基本结构、载荷工况、失效模式、设计理论基础、关键设计内容及步骤等五个方面展开。

学习本课程，应做到以下几点：

(1)详细了解氢在不同相态、不同压力和温度下的性质

不同相态和热力学状态下氢的质量密度、比热容、潜热、热导率、黏度等基本性质，从本质上决定着改变这种状态的难易程度，而氢在储存、输运和使用过程中，大部分技术问题和工程问题都同氢的相变和热力学状态改变直接相关。比如对于压缩、升温、液化、压差驱动的充装流动等过程，无论是工艺条件的设定，还是设备、管路、阀门、仪表的设计与选型，无一不和氢的基本性质相关。氢的热物性数据可以参照相图，由若干基本状态的热物性数据进行推算，这需要用到物理化学、工程热力学、传热学等课程的知识；氢的热物性数据也可从专业的物性数据库查取，比如美国的NIST数据库。

(2)准确理解储氢工艺的概念及其工程背景

储氢工艺是一套描述、指导并在生产实践中遵循的储氢操作过程的初边值条件、关键状态参数和安全预警限值的集合。对于不同的储氢方法，储氢工艺的具体内容有显著不同，但总会包括充氢压力、温度和流量，放氢压力、温度和流量，储氢设备内部的压力和温度限值，等等。这些工艺条件的设定与储氢设备的功能定位、生产作业要求以及时效性有关，还与储氢设备所处的环境条件(温度、湿度、大气压、风速、光照等)有关。通过种种努力创造和维持预定的储氢工艺条件，既是工艺设计问题，又是设备设计问题，还是装置集成问题。

(3)勤于观察各种储氢设备的结构组成和服役状态

储氢设备的形状、大小、内部结构、安装位置、支撑方式、辅助设施等各有不同，储放氢的工艺条件也各有不同，储氢过程中自身的空间位置、所处环境条件等也往往会有变化，这些都决定了储氢设备具有不同的服役状态、承受和经历不同的载荷工况，因而可能出现不同的失效模式。

(4)深入思考本质安全的含义及其对储氢设备设计的指导作用

鉴于氢的易泄漏、易燃烧、易爆炸的特性，保证本质安全是进行储氢设备设计的一个基本前提。在充分掌握储氢设备的结构组成、服役状态、载荷工况及失效模式的前提下，根据工程材料、工程力学等课程的基础理论，可以得到储氢设备设计的有效方法，这些方法的系统和集中体现就是相关的设计规范和标准。因此，学习本课程需要认真研读这些规范和标准，并真正理解这些规范和标准所要解决的根本设计问题。

(5)灵活把握经济性好和运维便捷在储氢设备设计中的匡正作用

经济性好坏是决定储氢设备能否实现产业化应用的先决条件之一。经济性好与坏，既和储氢设备本身的造价、运输和安装成本有关，还同储氢过程中是否会发生氢气损减及损减的程度有关。对于高压气态储氢，各种接口密封可靠，不漏气，则无氢气损减；对于低温液氢储存，绝热效果好，蒸发损耗低，则氢气损减小。储氢设备不是孤立地使用，始终或在一段时间内会和其他设备连在一起，构成储放氢系统。储放氢过程中操作是否简便，出现故障或定期维修时是否用时短、耗费人力和物力少，也是进行储氢设备设计必须考虑的重要因素。

思考题

1-1　为什么在氢能利用中储氢是必不可少的环节？

1-2　储氢的方法有哪几种？其中直接储存分子氢的是哪几种？

1-3　储氢技术的发展瓶颈主要体现在哪几方面？

1-4　哪些因素对未来储氢技术的发展趋势和竞争格局会产生显著影响？

第2章　储氢工艺

安全、高效、经济地储存氢气是氢能规模化利用的关键问题之一。高压气态储氢已初步实现产业化，低温液化储氢在民用领域的应用研究刚刚起步，基于储氢合金的固态储氢处于示范应用阶段。了解这三种储氢技术的工艺路线，理解不同储氢工艺条件对储氢设备性能及其设计方法的约束性，有助于储氢设备设计相关理论知识的学习。

2.1　氢气增压储存工艺

2.1.1　氢气增压储存原理

在给定温度下，氢的密度随着储存压力的升高而增大。氢气增压储存是指在氢气临界温度以上，通过压缩的方式将氢存储于耐高压容器，是最直接的储氢方式，也是目前发展最成熟和实际使用最广泛的储氢方式。

氢气在温度不太低且压力不太高时可看作理想气体，满足式(2-1)所示的理想气体状态方程，通过该式能够计算不同温度和压力下气体的量。

$$pV=nRT \tag{2-1}$$

理想状态时，氢气的体积密度与压力成正比，然而，由于实际分子是有体积的，且分子间存在相互作用力，随着温度的降低和压力的升高，氢气逐渐偏离理想气体的性质，可将式(2-1)修正为：

$$p=\frac{nRT}{V-nb}-\frac{an^2}{V^2} \tag{2-2}$$

式中　a——偶极相互作用力或称斥力常数；

　　b——氢气分子所占体积。

真实气体与理想气体的偏差在热力学上还可用压缩因子 Z 表示，定义为：

$$Z=\frac{pV}{nRT} \tag{2-3}$$

式(2-3)比式(2-2)使用起来更方便些。图2-1列举了几种气体在0℃时压缩因子随压力变化的关系，可见氢气的压缩因子随压力的增大而增大。

工程上，也常用范德华方程等实际气体状态方程来描述和求解实际的高压气态氢充装、储存和释放过程。真实气体的范德华方程如式(2-4)所示。

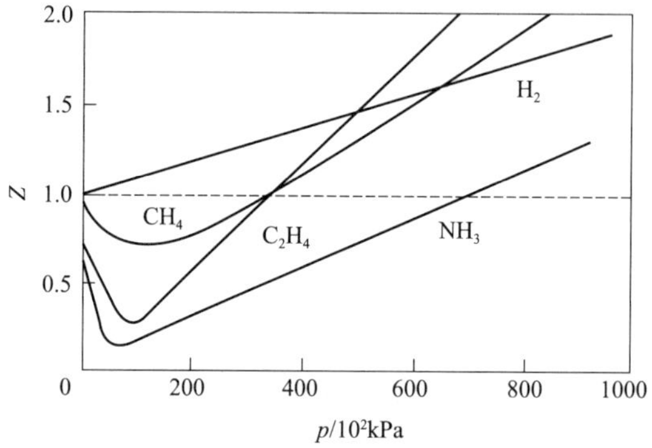

图 2-1　0℃时几种气体的 Z-p 曲线

$$\left(p+\frac{a}{v_m}\right)(v_m-b)=RT \tag{2-4}$$

式中　p——压强；

v_m——氢气分子体积；

T——温度；

R——气体常数；

a——分子间引力参数；

b——每个分子平均占据的空间大小。

真实氢气的体积密度与压力的变化曲线见图 2-2。可知：在高压下，氢气的行为偏离理想气体状态方程，单位体积储存的氢气量随储存压力提高而增加，但并非按正比增加，在 30~40MPa 区间增大较快，在压力大于 70MPa 后，压强的翻倍只能使储氢量提高 40%~50%。氢气增压储存技术和压缩天然气技术类似，但因氢的密度很小，增压到相同压力需要消耗的能量更多。在储存压力为 35MPa、温度为 298K 时，压缩氢气所需的能量为 2.2kW・h/kg，体积储氢密度为 20kg/m^3；氢的热值为 120MJ/kg，因此压缩到 35MPa 时的储氢效率为 93%。压缩储氢的效率随着压力的增大而降低，压力为 55~60MPa 将满足最佳的成本效益。

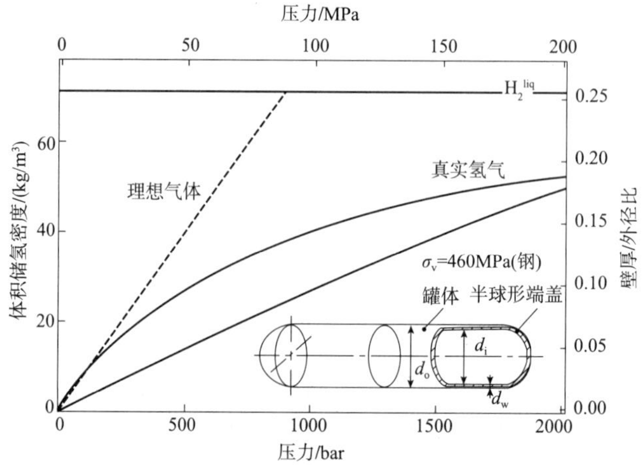

图 2-2　压缩氢气的压力与体积储氢密度和高压气罐壁厚/外径比的关系

氢气增压储存的储氢密度受压力影响较大，而压力受储罐材质限制。15MPa 钢制压力容器的单位质量储氢密度只有 1%(质量分数)左右，70MPa 高压储氢容器的质量储氢密度可达 3%(质量分数)。目前，氢能在交通运输领域的应用发展相对较快，加氢站是该领域应用必不可少的基础设施。加氢站储氢系统的压力主要由氢能汽车车载储氢瓶的充装压力决定，在技术指标上，加氢站目前主要分为 35MPa 和 70MPa 两个压力等级。为了利用压差实现静压平衡快速充装，要求加氢站内储氢的压力更高。35MPa 加氢站内固定式储氢容器的设计压力一般取 45MPa、47MPa 和 50MPa 三个等级；70MPa 加氢站内固定式储氢容器的设计压力通常取 82MPa、87.5MPa、98MPa 和 103MPa 四种。氢气在化工、冶金、工业特气、芯片生产、电力储能、电热冷三联供等领域的实际应用或潜在应用中，储存压力的要求各不相同。

工程上，氢气的压缩需用到活塞压缩机、隔膜压缩机、离子液压缩机等气体增压设备。氢气压缩机必须具备承压能力强、额定流量大、安全和密封性好等特点，且应在防止氢脆现象发生的同时，尽可能降低能耗。工程实践中应根据流量、吸气和排气压力等选取合适的氢气压缩机类型。

活塞式氢气压缩机流量大，单级压缩比一般为 3∶1~4∶1。隔膜式压缩机散热快，压缩过程接近等温，压缩比最高达 20∶1，但是流量范围小，主要用于需求氢气压力较高但流量不大的场合。压力在 30MPa 以下的氢气压缩机通常用活塞式。液驱式氢气压缩机的动力缸与往复泵的工作腔直接相通，往复泵的活塞通过液体(大多为油)驱动压缩机活塞完成气体的压缩。液驱式压缩机中部为对置式的两个气缸，上部为控制滑阀，用于释放动力液缸中的油。这种结构可以做成多列，因此功率较大。液驱活塞压缩机结构示意如图 2-3 所示。

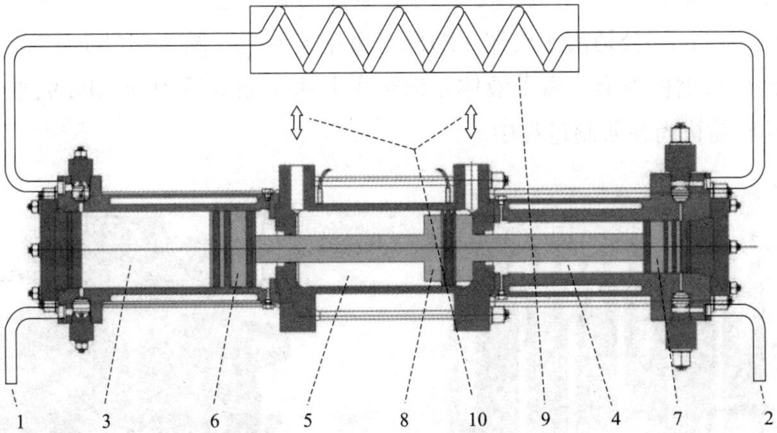

图 2-3　液驱活塞压缩机结构示意

1—气体进口；2—气体出口；3— 一级气缸；4—二级气缸；5—液压缸；6— 一级活塞；7—二级活塞；8—液压活塞；9—级间冷却器；10—液压油

压力在 30MPa 以上、容积流量较小时，可选择隔膜式压缩机。图 2-4 所示为隔膜式压缩机结构组成和工作原理图。隔膜式压缩机具有特设的膜片，将被压缩的气体与外界隔开。隔膜式压缩机中，气缸的职能由一个膜腔来完成，膜腔是由具有穹形型面的盖板和弹性膜片组成的空腔，膜片周边被紧固在盖板与机体之间，当膜片上下挠曲变形时，膜腔中的容积随之变化，从而完成气体的压缩及排气。金属膜片式隔膜压缩机采用液力驱动膜片，膜片可紧贴盖板穹形表面，因此相对余隙很小，而且气体与液体之间的膜片极薄，压缩过程中散热情况较好。目前金属膜片式隔膜压缩机的最高排气压力可达 70MPa，但是由于膜片的变形量有限，处理的气体量一般较小。隔膜压缩机的优点是在高压时密封可靠：因为其气腔的密封结构是缸头和缸体间夹持的膜片，通过主螺栓紧固成为静密封形式，保证气体不会逸漏，而且膜腔是封闭的，不与任何油滴、油雾以及其他杂质接触，能保证进入的气体在压缩时不受外界的污染。这对于要求高纯净介质的场合，更显示出特殊的优势。

图 2-4　隔膜式压缩机结构组成和工作原理

离子液体压缩机(Ionic Compressor)使用离子液体作为液体活塞进行气体压缩。离子液是一种具有特殊物理及化学性质的盐分子，其本身几乎不可压缩，且几乎没有蒸气压，替代金属活塞可以在等温条件下产生高压，并且能长期服役而无须维护，节省 20%的能耗。图 2-5(a)所示为 Linde 公司离子液体压缩机 5 级压缩原理，图 2-5(b)所示为 Linde 公司 IC90 型离子液体压缩机外形。离子液体压缩机主要用于储氢压力 90MPa 的加氢站，国内该压力等级的压缩机尚在研制过程中。

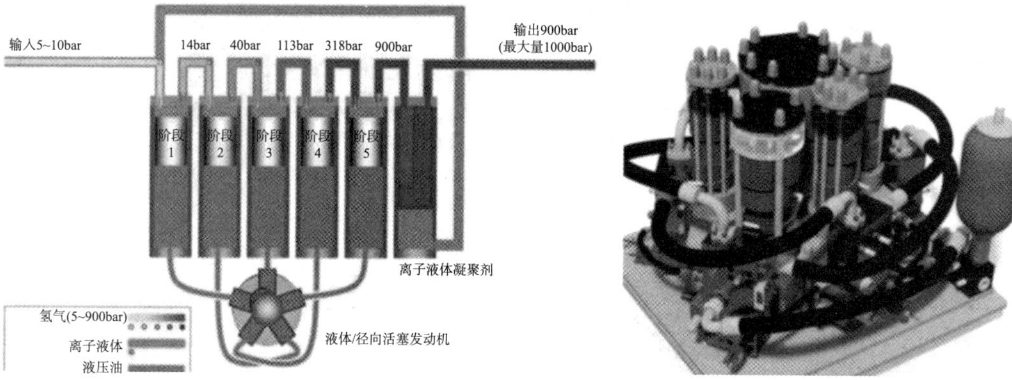

(a) 5级压缩原理　　(b) IC90型离子液体压缩机外形

图 2-5　Linde 公司离子液体压缩机

2.1.2 氢气常温增压储存工艺

氢气常温增压储存的实际场景包括固定式储氢、运输用高压储氢和车载储氢 3 种。

(1)固定式场景储放氢工艺

1)制氢站和加氢母站工艺流程

图 2-6 所示为碱性电解水制氢和储供氢的原则流程。某制氢站储供氢工艺(从制氢站出口到氢气充灌后外运)为：纯化后压力为 1.6MPa 的氢气从制氢车间接出后汇入氢气母管；分为两路，一路进压缩机压缩至 20MPa，经压缩机厂房外的支管直接充灌至长管拖车；另一路接厂内储气库，当制氢量大于用氢量时，多余氢气储存在储气库内，制氢量较低时利用储气库中的氢气保障氢气供应。制氢站内储气压力按制氢系统出口压力 1.6MPa，共设置 4 台容积为 2000m^3 的球罐。

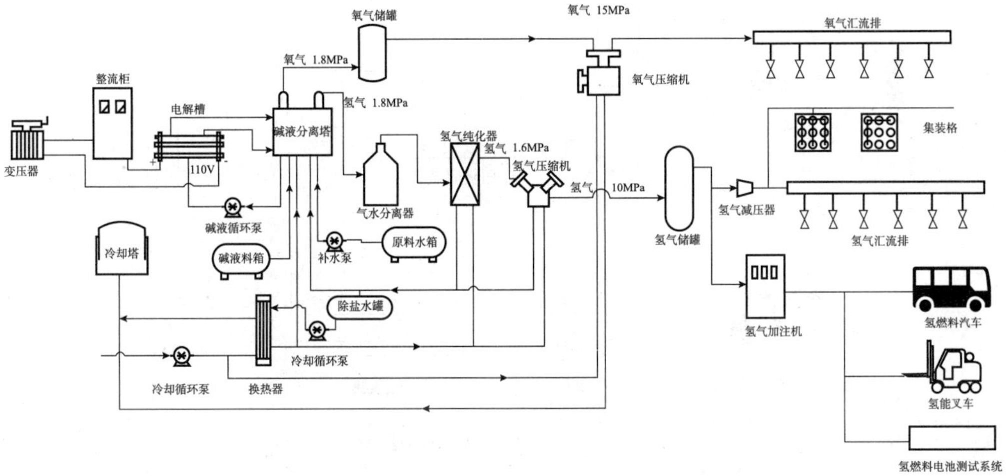

图 2-6 碱性电解水制氢和储供氢的原则流程

图 2-7 所示为某加氢母站的概念流程。原料气自苯乙烯装置脱氢单元来，经气液分离后进入吸附器，其中一部分从吸附器出来的解析气通过压缩机进入燃料气管网，另一部分从吸附器出来的产品氢气经产品气缓冲罐后由管道输送至氢气升压单元(至氢气压缩机入口)。高纯产品氢气通过压缩机升压至 20MPa(工业用氢)或 45MPa 以上(汽车加氢站用氢)后进入氢气充装站，为长管拖车充装。氢气充装站有装车、高压火炬、抽真空、仪表压力、现场压力及氢气质量分析等 6 条线。

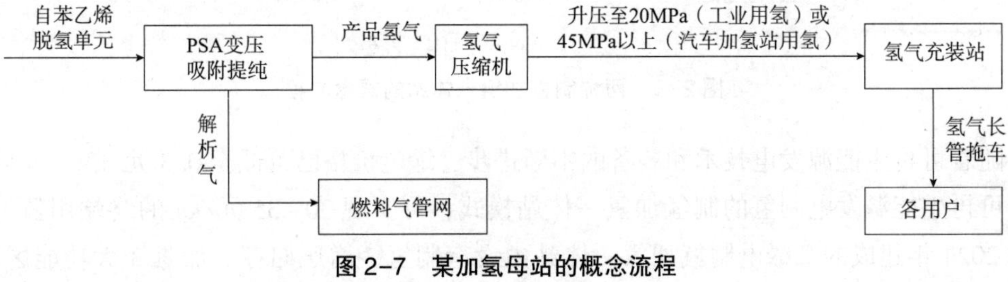

图 2-7 某加氢母站的概念流程

2)制氢加氢一体站工艺流程

目前氢气的储运环节成本高(约占终端用氢成本的30%),使得站外供氢加氢站的终端用氢成本较高,制约氢能产业发展。截至2023年底,国内已建设超过400家加氢站,95%是外供氢加氢站,即通过管束拖车、管道、液氢罐车等方式将氢气输送至加氢站后使用,氢气运输成本高,加之多数加氢站规模较小,设备折旧和人工成本也比较高。制氢加氢一体站,在站内实现“制、储、运、加”各环节,可显著降低终端用氢成本。图2-8所示为两种制氢加氢一体站的概念流程。制氢加氢一体站由于增设了制氢设备,提高了前期建站成本。现阶段要满足1t/d的制氢需求,设备成本约需增加1000万元。在建设及运营成本较为固定的情况下,制氢加氢一体站的主要成本是电费,因此,最好的办法就是寻找更低的电价,谷电价格低的地区在这个技术路线上就很有优势。一般认为,0.3元/kW·h以下的谷电价格可以考虑站内制氢路线。

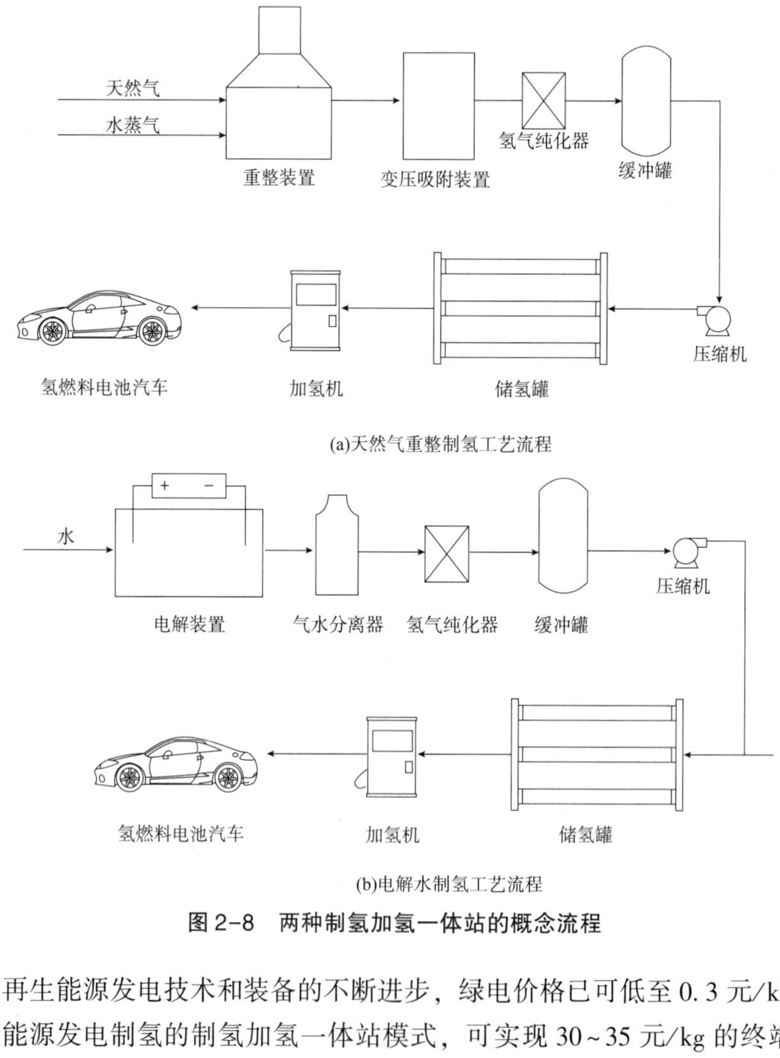

图2-8 两种制氢加氢一体站的概念流程

随着可再生能源发电技术和装备的不断进步,绿电价格已可低至0.3元/kW·h以下,基于可再生能源发电制氢的制氢加氢一体站模式,可实现30~35元/kg的终端用氢价格。国内2024年建成的某绿电制氢加氢一体站内设有制氢、增压储存、加氢3大功能区。制氢电解槽、高压氢气压缩机、加氢机、卸气柱、顺控盘等核心设备均以实现国产化，每日的制氢加氢量可达到2t以上，增压储存区总储氢量超过1000kg，可满足4台氢能源车辆同时加注氢气，每天可服务氢能源车数量超过百台。测算及试运营表明：与加氢站负荷情况相似，制氢加氢一体站负荷率达到50%~60%时，站点可以实现盈亏平衡，氢气终端售价能实现与燃油经济性持平。

总体来说，制氢加氢一体站在无稳定氢源供应的地区具有一定优势，而在某些特殊区域，因高压气态长管拖车无法完全有效覆盖所有用氢点，制氢加氢一体站的优势更明显。制氢加氢一体化站未来发展，要综合考虑区域周边氢源、其他加氢站点供氢和负荷情况，以及下游车辆等终端应用推广等多方面因素，判断该区域是否适宜建设一体站作为稳定、经济氢源供应的补充。2024年3月19日，为推动我国氢能产业发展，填补制氢加氢一体站建设标准空白，中国石化联合国内数十家氢能头部企业发布了国内首个《制氢加氢一体站技术指南》(T/CSPCI/50001—2024)团体标准，为未来相关建设提供了依据。

3)加氢站工艺流程

国内加氢站的工艺流程基本相同。长管拖车运送氢气到站内指定卸氢区，与卸气柱金属软管相连，沿卸氢管路进入45MPa/87MPa压缩机，经过压缩机加压，沿着储氢管路分别进入50MPa和98MPa储罐。燃料电池车加氢时，站内储氢罐中的高压氢气在压差驱动下沿加氢管路流入35MPa或70MPa压力等级的加氢机，由加氢机对车载储氢瓶进行加氢，其中70MPa加氢机气路进入加氢机之前还需预冷。

加氢站的储罐配置方式，如级数、容积和压力，一起决定了站侧储罐氢气储量，不仅影响着压缩机规格，还影响加氢过程取气质量的分配和补氢过程的能耗。目前，高压气态加氢站的储氢系统通常设置低、中、高三种压力等级的储氢罐。根据不同温度下氢气压缩因子对储氢量的影响，充分考虑压力曲线的变化对加氢效率的影响，配置不同水容积的储氢罐，以达到分级加氢时储氢罐内的氢气最大化利用和降低氢气的储存成本。有研究表明：采用多级压力存储方案，可以降低氢气冷却能耗12%，降低压缩机能耗17%，车辆加氢时排队时间减少5%，同时高压氢气的总储存容积可降低20%。

①级数配置。级联储罐的级数越多，加氢时与车载气瓶的压差就越小，熵产越小，但储罐切换的次数越多，系统越复杂。相比单级系统，级联系统可降低压缩机功耗和预冷机组能耗，但是级数增多会增加系统的复杂程度和配套设备(如管道、阀门)的成本。因此，储罐级数设置需综合考虑这两方面因素。目前，级联储罐的级数一般取3~4级。

②容积配置。级联储罐系统的容积影响加氢时的节流温升和制冷能耗，同时影响各级取氢质量，进一步决定补氢时的压缩机能耗。尽管不同研究者得出的最优容积比不尽相同，但普遍认为存在最优的容积比。对于汽车加氢站用级联储氢罐，储氢容积通常会根据充装速率和连续充装能力进行配置；当级联储罐容积配置合理时，可在少启动甚至不启动站内压缩机的情况下也能给汽车连续充装氢气。

③压力配置。压力配置包括储罐名义压力、最高运行压力、最低运行压力、切换压差等参数。名义压力取决于储罐自身的材质和制造检验技术水平，影响储罐成本。最高运行压力可以和名义压力相同或不同。最高运行压力、最低运行压力以及切换压差，均会影响

运行能耗。

氢气加注协议规定了氢气在加注过程中和加注截止时所要达到的性能和相关技术要求，比如氢气加注的时间、温升、压力、加氢率(SOC)等指标，进而对加氢站整体的加氢能力和能耗有重要的影响。国际上较广泛接受的氢气加注协议有美国汽车工程师学会的SAE J2601系列标准和日本的JPEC系列标准，两者具有高度相似性，适用于35MPa和70MPa的Ⅲ型和Ⅳ型车用储氢瓶(储氢容量为2~10kg)加氢。按照加氢机与车载储氢瓶之间是否能实现通信功能，制定了预冷温度分别为-40~-33℃、-33~-26℃和-26~-17.5℃的三种加氢方案。加氢过程中压力升高速率的控制方法可采用查表法或MC法。此外，SAE除了对轻型汽车气态氢的加注制定了标准之外，还针对重型汽车与工业用车辆制定了气态氢加注协议。SAE J2601-2(TIR)规定了《重型汽车气态氢加注协议》，SAE J2601-3(TIR)规定了《工业用车辆气态氢加注协议》。据测算，如果将氢气加注时的预冷温度提高10~15℃，则对于向乘用车加氢的加氢量为300kg/d的70MPa加氢站，每年能节约一笔可观的电费及辅助部件维修及损耗费。因此，在保障氢气加注时间和便利性不变的情况下，如何降低氢气的预冷需求，是技术开发的重点。

国内颁布实施的氢气加注相关标准为GB/T 42855—2023《氢燃料电池车辆加注协议技术要求》，该标准规定了氢燃料电池车辆高压氢气加注协议的基本要求、通用要求、加注边界条件、加注过程以及加注过程控制的要求。GB/T 42855—2023适用于氢燃料电池车辆加氢设施用加注协议。氢内燃机车辆、船舶、有轨电车、飞行器、工程车辆、发电装置、运输车辆等的加氢设施用加注协议也可参照本文件。

(2)移动式场景储放氢工艺

1)长管拖车充/放氢

运输用高压储氢设备主要用于将氢气由产地运往使用地或加氢站，国内现阶段多采用长管拖车运氢。长管拖车上的储氢设备通常由6~10个大容积无缝高压钢瓶组成，这些大容积气瓶通过旋压收口成型工艺制造，运氢压力多在20~25MPa，国内常见的单车运氢量为260~460kg，所运氢气的质量只占总质量的1%~2%。近年来为提高运氢量，将运氢压力逐步提高到30~45MPa，单车运氢量可提升至700kg。

长管拖车配置须符合T/CCGA 40003—2021《氢气长管拖车安全使用技术规范》关于尺寸及载荷的要求，其有效载荷受到长管材料和压力制约。由于长管本身具有压力，有人提出采用长管拖车作为一级加氢气源，以减少压缩能耗和高压储罐容积要求，降低成本。为进一步降低成本，研究者提出长管拖车压力整合技术，即在非高峰时段，用压缩机将氢气从低压长管压缩转存至其他长管，加氢时压缩机从较高压力长管进行吸气。吸气压力越高则氢气密度越大，相同质量流量所需压缩机尺寸越小，成本越低。结果显示，对于450kg/d的加氢站，压力整合可节约40%的加氢站成本。为延长长管使用寿命和节约阀门成本，研究者进一步提出了两级压力整合技术，即将长管拖车内的长管分为两级，只有第2级对第1级进行氢气补充。根据不同的长管拖车操作策略、长管级数的影响，最佳的拖车分级数为4，最优的拖车操作策略为采用当前压力最高的长管作为高压储罐的补气气源、采用当前压力最低的长管作为长管拖车的自增压气源、采用当前压力最高的长管对车辆进行加氢。采用长管拖车在加氢初始时直充和提高长管拖车的返回压力都能提高加氢站的加氢能力和降低能耗，但提高长管拖车的返回压力会降低每车运氢量的实际卸车率。

有研究者进一步深化了长管拖车供氢的模式研究，提出了氢气固结(consolidation)概念，其基本思想是：在压缩机不需要为加氢站内的固定式高压储氢罐进行补气的时间段，利用压缩机在长管拖车上的不同大容积气瓶之间传输氢气，确保长管拖车上至少有一个大容积气瓶保持在高压状态，这样当加氢站内的高压氢气储罐需要补气时，压缩机优先使用长管拖车中高压部分的氢气进行增压，以提高压缩机的处理量，缩短压缩机向站内高压储氢罐补气的时间，从而有效保障压缩机的工作效率和加氢站的加氢能力。

T/CCGA 40003—2021 规定了氢气长管拖车的充装、运输和卸气的安全技术要求。该规范给出的氢气长管拖车充装典型工艺见图 2-9，卸气典型工艺见图 2-10。

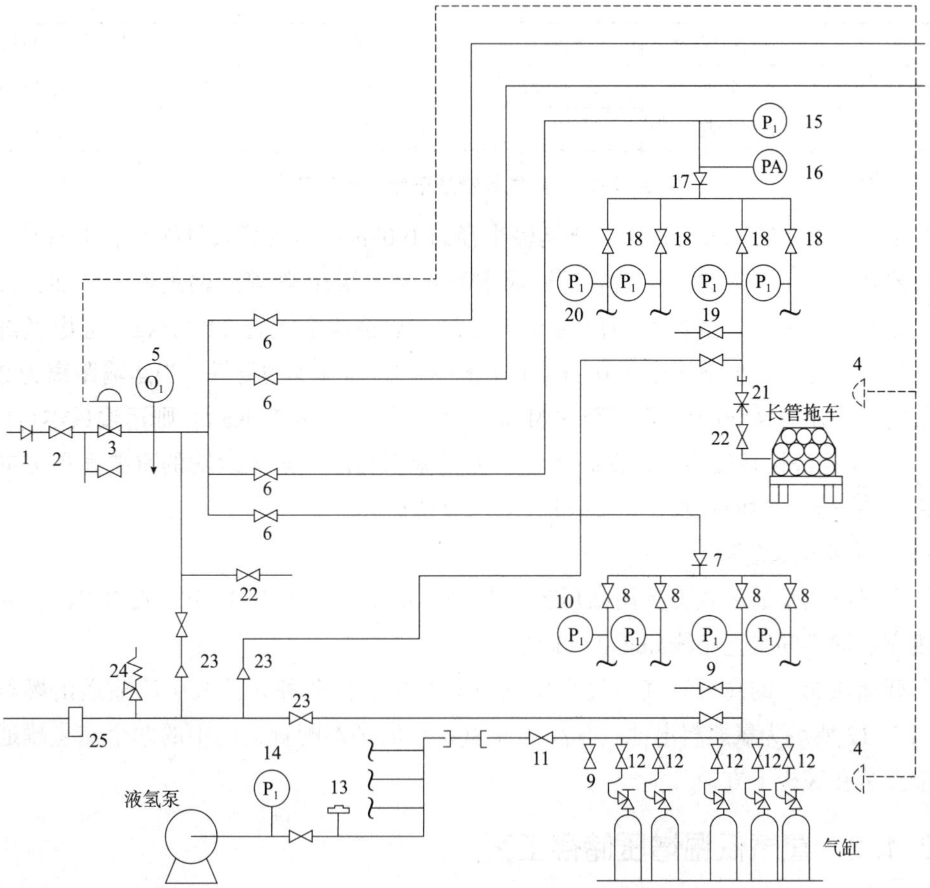

1，7，17，21	逆止阀	6，8，11，12，18，22	截止阀	14	真空表
2	主截止阀	10，15，20	压力表	23	压力调节阀
3	遥控切断阀	16	压力报警	25	分析仪器
4	紧急停止按钮	9，19	排放/置换阀		
5	氧分析仪	13，24	安全阀		

图 2-9　氢气长管拖车充装典型工艺

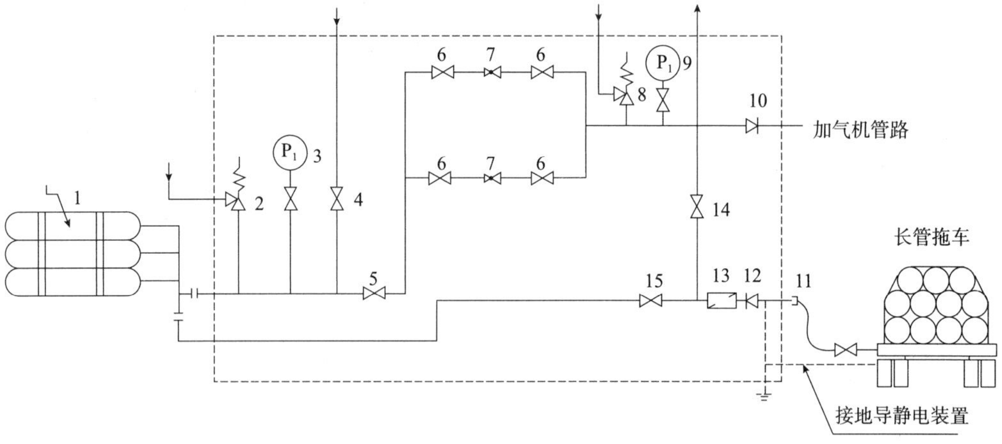

1	储存容器	4，14	置换阀	10，12	逆止阀
2，8	安全阀	5，6，15	截止阀	11	充气接头
3，9	压力表	7	压力调节阀	13	过滤器

图 2-10　氢气长管拖车卸气典型工艺

若单车运氢量在 300kg 以下，当运输半径为 100km 时，考虑长管拖车的折旧费、燃油费、过路费及人工费等时，氢气的运输成本为 4.9 元/kg；随着运输距离的增加，长管拖车运输成本逐渐上升；当运输距离为 500km 时，运输成本接近 22 元/kg。考虑经济性问题，长管拖车运氢一般适用于 200km 内的短距离和运量较少的场景。当运输距离为 200km 时，若将运输压力从 20MPa 提升至 50MPa(单车运氢量可达 750kg)，则运输成本可降至 2 元/kg。故从经济性角度出发，提高运氢压力是未来高压气态氢运输的重要发展方向。另外，长管拖车卸车时间较长，需 2~6h，效率有待提升。

2)车载储氢瓶充氢

氢燃料电池交通运载工具用高压储氢瓶的标准工作压力为 35MPa 或 70MPa，向车载储氢瓶充氢的不同工艺路线如图 2-11 所示。

车载储氢瓶中的高压氢气经过高压调节器和喷射器两种元件减压后输送给燃料电池堆。图 2-12 所示为氢燃料电池汽车高压储氢系统的基本配置，图中的两个储氢罐通过圆形支架安装在底板下方。

2.1.3　氢气低温增压储存工艺

国外研究者首次提出的氢气低温增压储存技术结合了压缩气态氢和液化氢储存系统的特性，能够实现高储存密度，还具有高的加氢效率。如图 2-13 所示，氢气低温增压储存将氢气降温至 41K 并加压至 35MPa 时，其体积密度为 81g/L，是 70MPa 和 288K 条件下压缩氢气密度(40g/L)的 2 倍多。相较于常温高压储氢，低温高压储氢可以在较低的储存压力下达到较高的能量密度；相较于低温液态储氢，低温高压储氢可最大限度地减少液氢储存的蒸发损失。低温高压储氢罐可以兼容气态氢和液态氢，具有更大的灵活性和经济性。

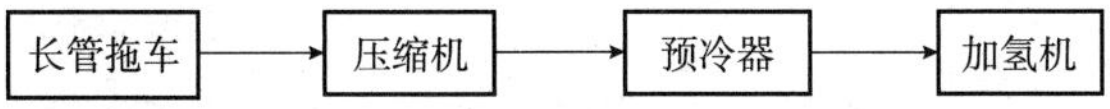

(a)压缩机直接增压加注工艺

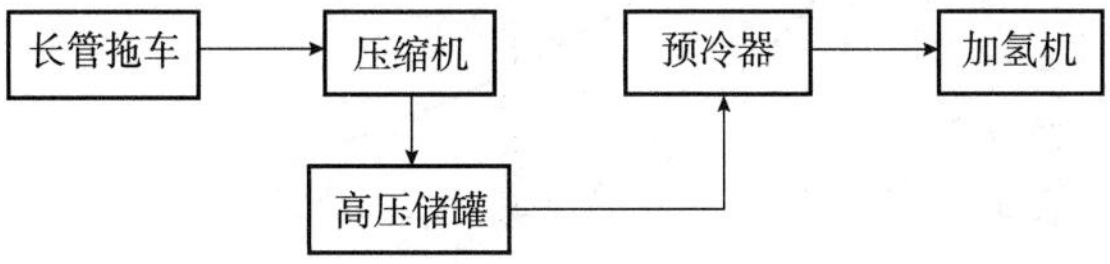

(b)站侧高压储罐降压加注工艺

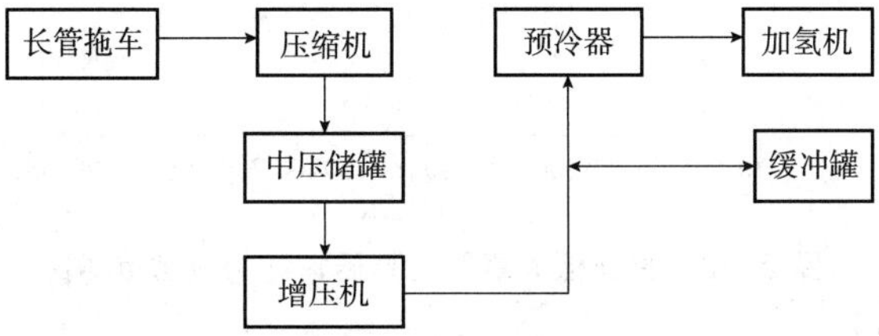

(c)增压压缩机直接加注工艺

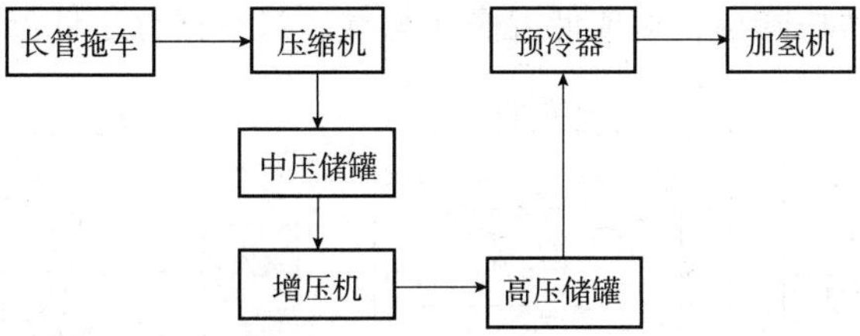

(d)增压压缩机储氢加注工艺

图 2-11　向车载储氢瓶充氢的不同工艺路线

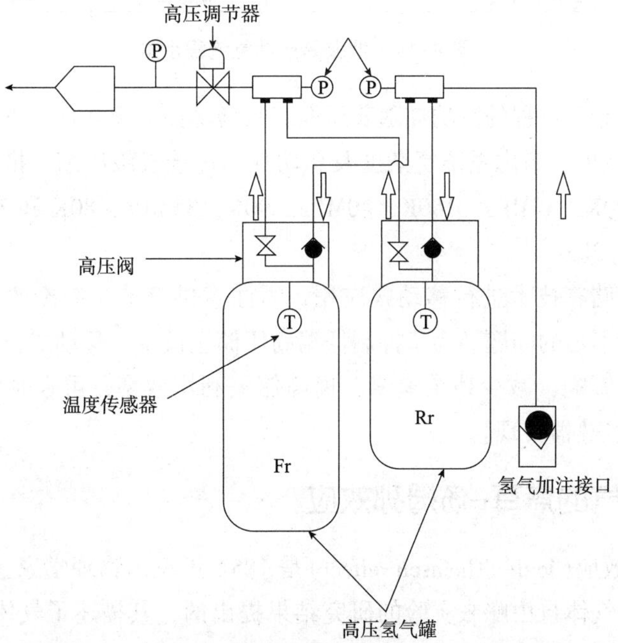

图 2-12　氢燃料电池汽车高压储氢系统的基本配置

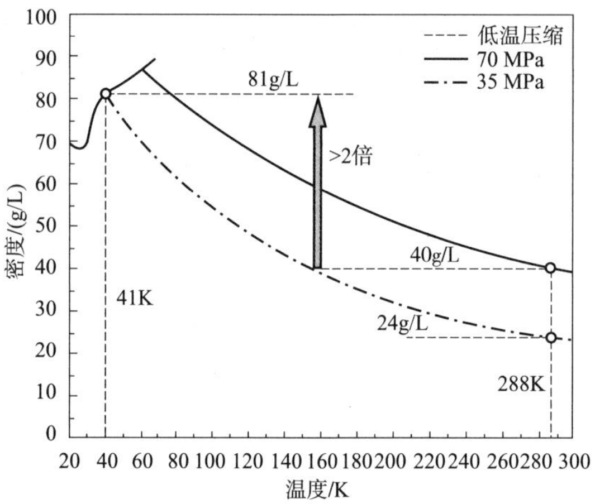

图 2-13　高压低温氢气与高压常温氢气密度对比

氢气低温高压储氢流程示意如图 2-14 所示，氢气经若干个增压冷却模块，形成室温高压氢气，再经制冷模块降温，形成低温高压氢气，最后储存于低温高压储氢容器中。

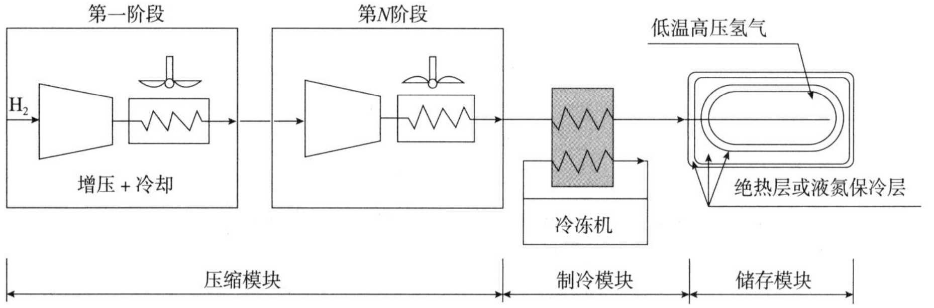

图 2-14　低温高压储氢流程示意

氢气低温增压储存过程的总功耗随着压缩级数增多而显著降低，五级压缩与六级压缩的总功耗相差 3%以内，考虑系统复杂度及总功耗，优选五级压缩。推荐的低温高压储氢参数为 50MPa、100K，45MPa、100K，40MPa、90K，35MPa、80K 和 30MPa、70K，储氢密度均在 62.3~65.3kg/m^3。

若将低温高压储氢技术进行移动式应用，需注意供氢节流制冷效应会使氢气发生液化，导致供氢压力不足的问题。为了抑制低温高压储氢设备在移动式供氢过程中因节流制冷效应诱发的不利影响，减少残余氢量，提高储氢利用效率，可在系统中加入热流输入(工程中可以通过换热器实现)。

2.1.4　氢气的焦耳-汤姆孙效应

焦耳-汤姆孙效应(Joule-Thomson-effect)是 1852 年英国物理学家 J. P. 焦耳和 W. 汤姆孙基于改进焦耳气体自由膨胀实验的研究结果提出的，其描述了气体通过节流元件(如减压阀、多孔塞、堵塞物、孔板等)膨胀后所引起的温度变化的现象，该现象用焦耳-汤姆孙系数 μ_{J-T} 来表征。对于实际气体，μ_{J-T} 的正负与气体的温度、压力有关。若 $\mu_{J-T}>0$，表明气体节流膨胀后温度降低，具有制冷效应。常见气体（如氮、氧、空气等）在室温下 $\mu_{J-T}>0$，节流后温度降低。若 $\mu_{J-T}<0$，表明气体在节流膨胀后温度升高，具有制热效应。若 $\mu_{J-T}=0$，表明气体在节流膨胀后温度不变，此时所对应的温度称为转化温度，每种气体都有其对应的转化温度。常压下，氢气在 195K 以上时 μ_{J-T} 为负，在 195K 以下时 μ_{J-T} 为正，在 195K 时 $\mu_{J-T}=0$。

在加氢站用氢工况范围内，氢气的 μ_{J-T} 为负，高压氢气经节流元件后温度升高。在燃料电池汽车加氢过程中，由于加氢站气源至车载气瓶之间存在较多节流元件，若不采用有效的控制手段，会导致车载储氢瓶内温度明显上升。储氢瓶内温度的升高，轻则导致气瓶内储氢密度偏低，减少氢燃料电池驾驶里程；重则导致储氢瓶失效，引发氢气泄漏。国际标准化组织的 ISO/DIS 15869《气态氢和氢混合物——陆地车辆燃料箱》、我国国家标准 GB 50516—2021《汽车加油加气加氢站技术标准》及美国汽车工程师学会的 SAE J2601—2016 12(R)，均规定复合材料车载储氢瓶的使用温度应不高于 85℃。为满足上述要求，目前 70MPa 加氢站及南方地区 35MPa 加氢站均须在站内设置预冷装置，使高压氢气进入加氢枪之前预冷到-40～10℃，再进行加氢。工程实践中，加氢前预冷温度设定值的确定思路如下。

由范德华方程推导出真实气体的焓值与其温度、压力之间的关系，如式(2-5)所示：

$$dH=c_p dT+\left[v_m-T\left(\frac{\partial v}{\partial T}\right)_p\right]dp \tag{2-5}$$

式中 H——焓；

c_p——定压比热容；

v_m——气体的摩尔体积。

对于等焓过程，式(2-5)可转化为如下的温度变化关系式：

$$dT=\frac{1}{c_p}\left[T\left(\frac{\partial v}{\partial T}\right)_p-v_m\right]dp \tag{2-6}$$

若将节流视为绝热等焓不可逆过程，对节流前的储氢状态进行焓值监测，根据节流前后等焓的特点，通过节流前的焓值与节流后的氢气压力，可求得节流后供氢的温度。基于此，若给定节流后的温度上限，可反推出节流前氢气的温度限值，即加氢前氢气的最高允许温度（预冷温度）。

2.2 低温液化储存

氢气在常温常压下单位体积能量密度很低，经压缩后虽有显著提升，但仍无法满足动辄数吨的大规模储运需求。为进一步提高储能密度，将氢气在一定条件下压缩、冷却至-253℃左右，使其液化，并储存于深冷绝热容器中，即为低温液化储存。液氢密度约为 70.6kg/m^3（是气态氢的 845 倍），既可作为氢能储运的中间载体，又可直接作为优质的低温、高含能液态燃料使用。低温液氢的储氢能量密度和运输效率大幅提升，且相同储氢量要求的储氢设备体积小，特别适于储存空间有限的场合（如航天用火箭发动机）。

2.2.1 氢液化工艺

液氢的密度和饱和压力随液氢饱和温度的变化非常明显(图 2-15)，这对液氢的生产、储存、加注、转运等都有直接影响。

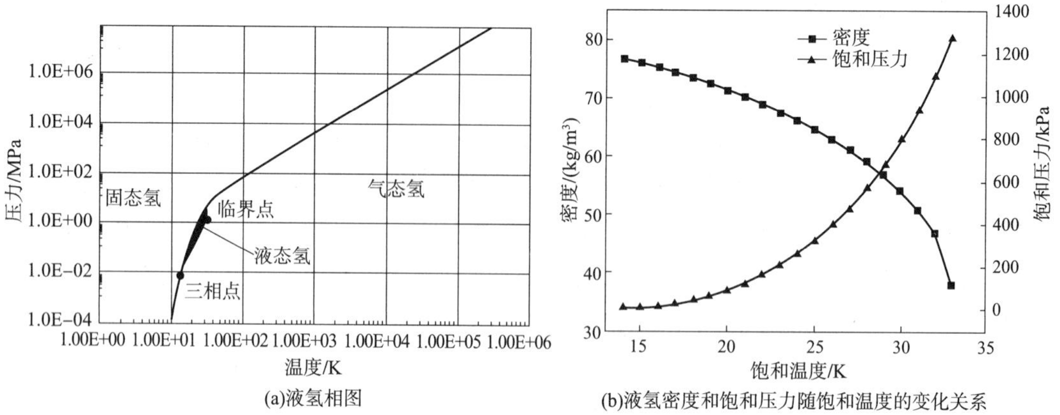

图 2-15 液氢相图及其密度和饱和压力随饱和温度的变化关系

氢气液化在 1898 年第一次实现，1902 年，克洛德(Claude)循环被提出，该循环结合了气体液化技术、间壁式冷却和膨胀机技术。Claude 循环氢液化装置的核心部件是膨胀机，其通过等熵膨胀，提供低温区的冷量。液氮预冷的 Claude 循环比预冷的 Linde-Hampson 循环效率高 50%~70%，是目前在用的大型氢液化装置的基础。图 2-16 所示为简单 Claude 循环的原则技术路线。

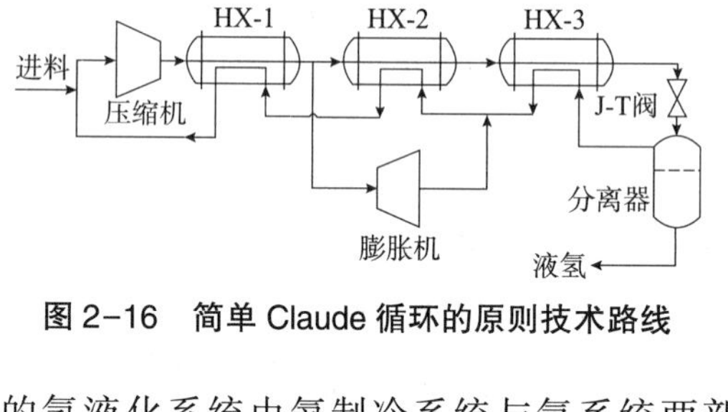

图 2-16 简单 Claude 循环的原则技术路线

逆布雷顿循环制冷的氢液化系统由氦制冷系统与氢系统两部分组成，系统流程如图 2-17 所示。氦制冷系统中的工质氦先被压缩，通过液氮预冷，再被换热器逐级冷却，最后在氦透平膨胀机中膨胀降至低温。在氢系统中，被压缩的氢气经液氮预冷后，在热交换器内被冷氦气降温，得到液氢。氦制冷氢液化系统工艺复杂、能耗较高，目前在大型氢液化系统中未得到广泛应用。

1991 年建设的德国 Ingolstadt 的 Linde 氢液化生产装置曾经是德国规模最大的氢液化生产装置，该装置的原料氢气来自炼油厂(含氢量 86%)，液化前需经过纯化处理。液化流程为改进的液氮预冷型 Claude 循环。氢液化需要的冷量来自 3 个温区，即由液氮提供的 80K 温区冷量，由氢制冷系统经过膨胀机膨胀获得的 80~30K 温区冷量和由 J-T 阀节流膨胀获得的 30~20K 温区冷量，流程如图 2-18 所示。

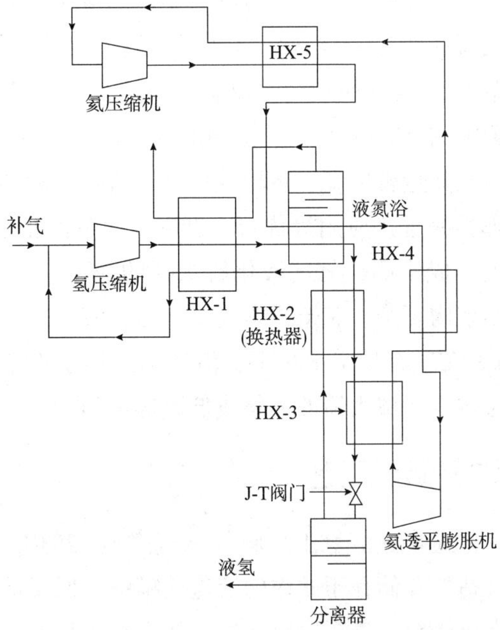

图 2-17 逆布雷顿循环制冷的氢液化系统流程

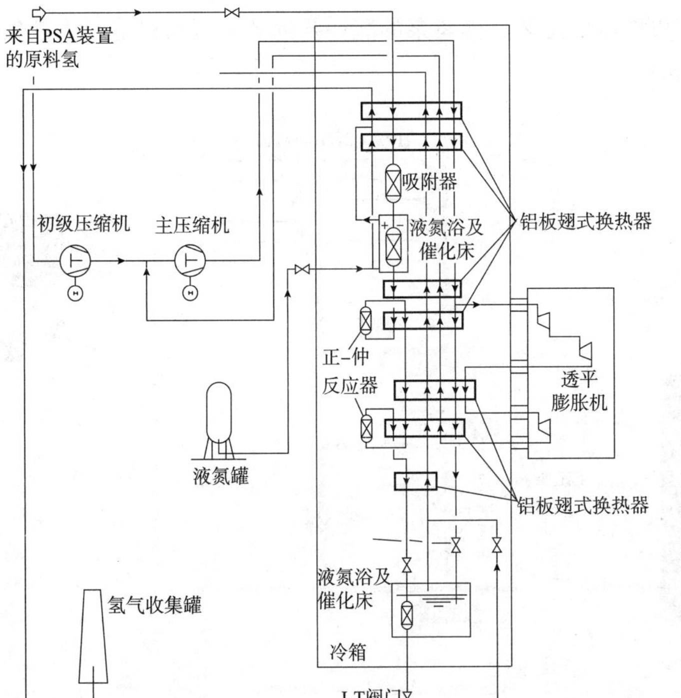

图 2-18 德国 Ingolstadt 的 Linde 氢液化生产装置的工艺流程

液氢在半导体工业、军用载具燃料等领域都有相应的应用。一般而言，液氢通过火车液罐进行运输，其有效载荷一般为 4~4.5t，可实现的最大载荷为 34t。目前，全球氢气液化的能力约为 600t/d，转换为氢气能量当量仅有 0.8GW，其中 80%来自北美、欧洲和日本，主要设备供应商为美国的 Air Products、法国的 Air Liquide 和德国的 Linde。

低温液氢储存具有储氢能量密度高、运输效率高、适合远距离大规模输送、储存体积小、可作为优质高能液态燃料直接应用等优势。低温液氢储存的劣势也较为明显：首先，气态氢冷却为液氢耗能大、成本高，氢气液化所消耗的能量达到其自身总能量的 30%以上；其次，液氢储存容器结构复杂、制造成本高；最后，液氢对环境温度敏感，汽化损失率较高，为每天 1%左右。在现有技术水平下，液氢不适用于汽车等间歇性使用场合，其高含能密度特性适合作为航空运载火箭的燃料或低温推进剂。

2.2.2 液氢加注和储运工艺

在国外的成熟工艺中，通常在液氢工厂将气态氢降至-253℃ 进行液化，然后通过液氢槽车将液氢运输至加氢站，并储存于站内的液氢储罐中，低温液氢泵吸入液氢后进行增压，并在高压汽化器中汽化，存入高压储氢瓶组，待有车辆加氢时，从储氢瓶组中取气加注。该工艺系统还可以充分利用液氢的低温冷能，用于加注前的氢气预冷，同时相较于先汽化后通过压缩机增压的工艺，液氢泵的能耗要远低于压缩机能耗。液氢加氢站的工艺流程如图 2-19 所示。

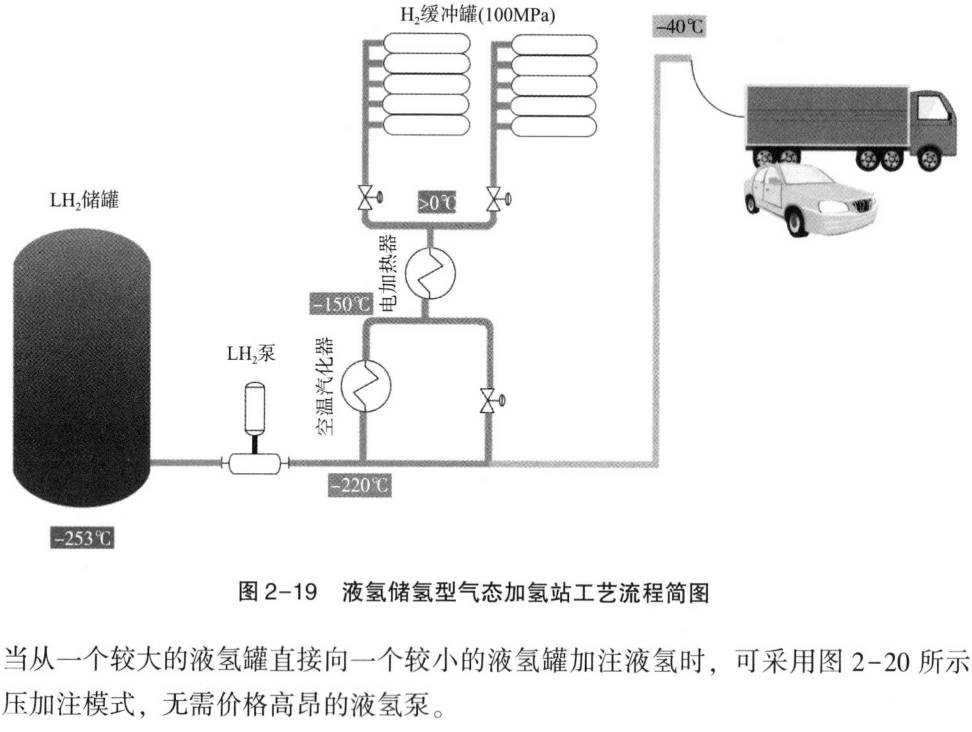

图 2-19 液氢储氢型气态加氢站工艺流程简图

当从一个较大的液氢罐直接向一个较小的液氢罐加注液氢时，可采用图 2-20 所示的自增压加注模式，无需价格高昂的液氢泵。

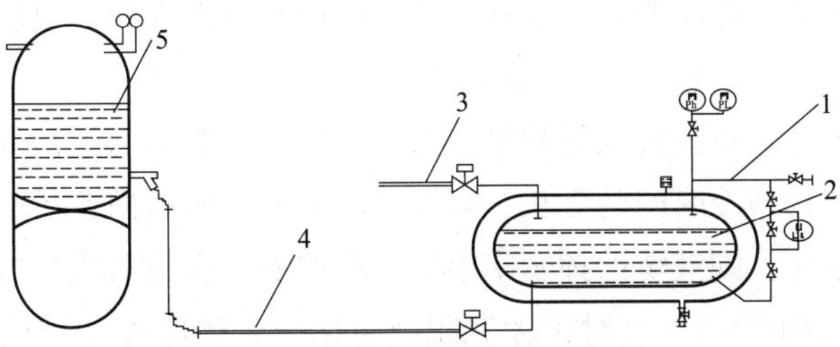

图 2-20 典型增压加氢系统示意

1—压力、液位监控装置；2—地面储罐；3—加氢进气入口；4—管路；5—船上贮箱

2.2.3 液氢系统的置换和预冷

(1)置换

不论是液氢的生产、储存和运输系统，还是地面试验及发射场地的液氢系统，抑或飞行中的运载火箭液氢系统，只要准备加注液氢，就必须在加注前进行吹扫置换操作。吹扫置换的目的是清除系统中的水蒸气及水蒸气形成的冰，或空气及所形成的固态空气，防止形成氢-氧(空气)可燃气体混合物、液氢-液氧混合物、液氢-固氧(固空)混合物等而造成爆炸事故，或由于水分、氮和氧形成的固体物质阻塞通道而影响系统正常工作。

置换操作是否完成或达标的判断标准如下。

①使系统和容器中的氧或空气的含量降低，直至低于氢在氧中或空气中的可燃极限：

在氧气中	(常温)	4.5%~94%(体积分数)
	(-173℃)	10%~90%(体积分数)
在空气中	(常温)	4%~75%(体积分数)
	(-173℃)	10%~70%(体积分数)

②清除残留在系统、容器中能冷凝或冻结的气体(如水分、氧、氮、碳氢化合物、一氧化碳、二氧化碳等)过滤杂质，尤其氧含量要低于1.5%(体积分数)。

③预冷系统及设备使其降到液氢温度。

置换常用的方法有如下几种：

①氦气吹除法；

②氦气顶部吹除法；

③氮气-氢气法；

④抽空-氮气-抽空-氢气法；

⑤抽空-液氮-液氮-抽空法；

⑥抽空-氮气-液氮法；

⑦抽空-氢气法。

(2)预冷

对于液氢储存设备来讲，预冷的目的：一是使容器逐渐冷透，以减少后期使用中的大量蒸发；二是使结构和材料逐渐适应低温环境，不致因大量加注液氢而产生对系统和容器的冷冲击。对管路来说，除了避免大量加注液氢造成冷冲击外，还可防止管路冷却不透产生两相流，以免给泵的输送操作带来困难。

大型液氢容器预冷时将消耗大量液氢。液氢开始流入容器时，液氢全部汽化，并由排气管排出气态氢，随着预冷时间的延长，容器壁温下降，容器内开始有液氢，最后加注完成。如果绝热性能很好，则液氢的挥发率很低。根据液氢容器的绝热方式和容器大小的不同，日蒸发损失为 0.01%～1%。对于大容积液氢罐，先预冷加注到储罐容量的 15%，随后采用大流量加注，一直加到接近额定储氢量，再采用小流量补加。

2.2.4 液氢储运中的不稳定因素

液氢在储运过程中不可避免地会有汽化损耗，促使液氢蒸发的因素有氢的正-仲转化、漏热、热分层、晃动和闪蒸。液氢-气氢相变的膨胀比约为 848，装满初始压力为 1atm (101325Pa)液氢的储罐，在液氢完全汽化后，罐内压力可增加到约 172MPa。当罐内液氢汽化引起的压力升高过大时，应及时从储罐中释放部分气态氢，避免储罐受损甚至爆炸。液氢的汽化会导致两种不同的损失，即低温冷量的损失和为避免压力积聚而释放蒸发气体所造成的氢气损失。解决液氢的损耗问题是液氢储运技术发展的关键之一。

(1)正-仲转化

氢分子由双原子构成，由于两个原子自旋状态不同，存在正氢和仲氢两种状态，原子核自旋方向相同为正氢，反之为仲氢。正-仲氢的平衡组成仅是温度的函数，常温下普通氢含 75%的正氢和 25%的仲氢。由于正氢的能级高于仲氢，因此正氢总是自发地向仲氢转化，使仲氢的平衡浓度增大，并释放出转化热。正氢到仲氢的完全转化(纯的正氢完全转化成纯的仲氢)会产生 703kJ/kg 的热量，可计算出在普通氢(含 75%的正氢)液化过程中，正-仲转化产生的热量为 527kJ/kg，大于液氢的汽化潜热(446kJ/kg)，故正-仲氢转化易引起液氢汽化。为减少液氢储存的蒸发损失，需在氢液化过程中使用催化剂来提高正-仲氢转化率。

(2)漏热

液氢储存在绝热良好的储罐中，但无法完全隔绝外界环境的热量输入，尤其在温差很大的情况下。在固定式液氢储罐中，容器漏热造成的氢损失占比最大。漏热损失通常与容器表面积和体积的比值(S/V)成正比。随着储罐尺寸的增大，氢损失可以有效减少。比如，容积为 0.1m^3 和 100m^3的储罐，其蒸发损失分别约为 2%和 0.06%。液氢储罐最佳的形状是球形，其具有最小的 S/V 值。为减少漏热，可从导热、对流和辐射三方面进行遏制，采用热导率低的材料降低导热，增加容器内壁和外壁间的真空度以减少对流换热，通过安装多层隔热层可以减少辐射传热。还有一种减少漏热的方法是使用液氮冷却容器壁，采用这种主动制冷技术提高绝热效果，可在 12 d 左右的储存中实现零蒸发。

(3)热分层

受漏热、晃动和闪蒸等因素影响，储罐内的液氢会吸收热量而出现温度分布不均的现象，温度较高的部分由于密度较低上浮，沿储罐轴向产生温度梯度。液氢的导热性较差[-253℃下液氢的热导率仅为0.012 W/(m·K)]，使得液氢中的热分层现象比较稳定。随着时间的推移，液氢上层和下层的温度梯度越来越大，最终导致顶层温度达到饱和温度，这会加速液氢的蒸发并使罐内压力增大。为了减少由热分层造成的蒸发损失，可在储罐中垂直安装导热板来减小液氢顶部和底部间的传热热阻。在大型液氢储罐的内圆柱面上增加横向壁肋，能够显著降低热分层程度；还可以使用低温冷却器或制冷机(较为常见的是稳定且高效的磁制冷机)将热量抽出，使液氢处在过冷或饱和状态以减少蒸发。

(4)晃动和闪蒸

晃动是指液氢在储罐内由于车辆行驶过程中的加速、减速和震动等原因而发生的运动。由于晃动产生的冲击能会转化成热能，加速液氢蒸发。要减小晃动造成的损失，可以插入横向防晃动挡板来限制液氢的运动并降低冲击力。闪蒸现象发生在液氢从高压罐向低压罐转移过程中，是较大压力差导致的快速蒸发。此外，如果氢液化设备离液氢储罐较近，可将蒸发出的氢气重新液化并存入储罐。

液氢储存的经济性与储量的大小密切相关：储氢量较大时，液氢储存成本较高压氢气储存低。对于小型液氢罐(<100L)，一般采用真空超级绝热或外加液氮保护屏的真空超级绝热，蒸发损失约为0.4%(质量分数)/d。对于真空粉末绝热的大型储槽而言，其蒸发损失为1%(质量分数)/d~2%(质量分数)/d。总的来说，液化储氢技术的储存成本较高，安全技术也比较复杂。目前，低温液氢储运通常是将液氢注入高真空低温绝热储氢罐、液氢运输槽罐内，并利用槽车、火车、驳船等进行运输，储氢量分别为40~65m^3/罐、300~600m^3/车及1000m^3/船。

2.3 固态储氢

2.3.1 固态储氢概述

固态储氢分为物理吸附储氢和化学吸附储氢，原理是利用固态储氢材料对氢气的物理吸附或与氢气发生可逆化学反应等作用，将氢气储存于固态材料中，具有体积储氢密度大、充/放氢压力低、放氢纯度高等优点。物理吸附储氢以活性炭、碳纳米管、碳纳米纤维等碳基材料和金属有机骨架物(MOFs)、共价有机骨架物(COFs)等材料为储氢载体，吸附氢气。碳基储氢材料依靠大的比表面积吸附氢气，吸/放氢平衡压较低，“滞后”现象不明显，在液氮温区能大量吸/放氢，室温下吸/放氢性能不理想。化学吸附储氢是氢气与储氢合金等发生化学反应，形成金属氢化物、配位氢化物、氢气水合物等，其中基于储氢合金的化学储氢技术经过近80年的发展，已经较为成熟，但限于成本和应用场景，还未实现产业化。本书关于固态储氢工艺及设备的相关论述均以储氢合金为主。

2.3.2 储氢合金及其储氢原理

金属氢化物储氢是指部分金属或者合金与氢气在一定温度和压力条件下发生可逆化学

反应而互相结合，结合后使得储氢材料中氢原子之间的距离小于纯氢气，从而将氢气储存在晶体间形成金属氢化物(metal hydride)，在需要释放氢气时通过对吸氢后的储氢材料持续加热来实现。金属氢化物储存的氢气释放到常温常压状态后，体积可增大千余倍。储氢合金吸氢形成氢化物的过程有新键的形成，伴随热量的释放。反之，氢的解吸或释放过程必须使吸氢时产生的新键断裂，这需要从环境中吸收热量。上述吸、放氢反应可用式(2-7)表示：

$$M+\frac{n}{2}H_2 \rightleftharpoons MH_n+\Delta H \tag{2-7}$$

式中，M 为储氢合金；MH_n 为金属氢化物；ΔH 是反应热。

一些单一金属元素可直接与氢气反应，生成金属氢化物，如 Mg、Ti、V 等。单一元素的金属氢化物多数分解温度高，需在较高的温度下使用，如 LiH、NaH、CaH_2、MgH_2、LaH_2、TiH_2等，也有少数元素的氢化物可用于较低的温度，如 VH_2 和 NbH_2。研究更多且更有工程价值的是储氢合金，储氢合金的分类如图 2-21 所示。

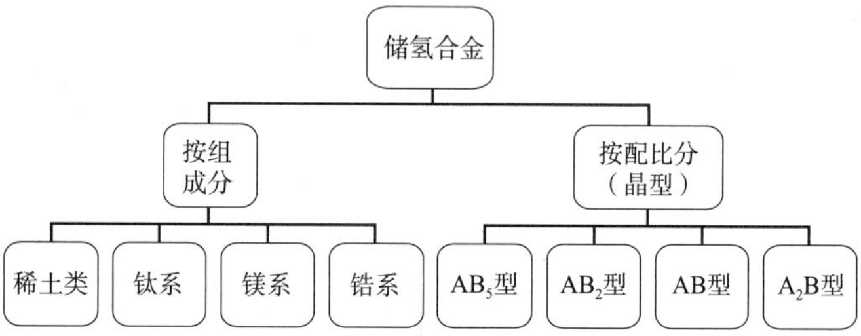

图 2-21　储氢合金的分类

储氢合金通常由 A 侧与 B 侧两类元素组成，通式为 A_nB_m。A 侧元素是指反应中能够吸收大量氢，与氢形成稳定氢化物的放热型金属；B 侧元素是指吸热型金属，它能降低吸/放氢的温度并改善吸/放氢动力学。根据 A 侧与 B 侧元素的原子比，可将目前较为常见的储氢合金分为 AB_5 型稀土系储氢合金、AB_2 型 Laves 相储氢合金、AB 型钛系储氢合金和 A_2B 型镁基储氢合金，以及具有体心立方结构的固溶体型储氢合金等。前四类储氢合金的另一种通式为 AB_x，当 x 由大变小时，储氢容量呈现不断增大的趋势，而其吸/放氢速率随之降低、可逆氢化反应温度升高。表 2-1 所示为典型储氢合金的基本性能。

表 2-1　典型储氢合金的基本性能

类型	AB_5	AB_2	AB	A_2B
典型代表	$LaNi_5$	ZrM_2，TiM_2（M：Mn、Si、V 等）	TiFe	Mg_2Ni
质量储氢量	1.4%	1.8%~2.4%	1.86%	3.6%
活化性能	容易活化	初期活化困难	活化困难	活化困难

续表

类型	AB_5	AB_2	AB	A_2B
吸/放氢性能	室温吸/放氢快	室温可吸/放氢	室温吸/放氢	高温才能吸/放氢
循环稳定性	平衡压力适中，调整后稳定性较好	吸/放氢可逆性差	反复吸/放氢后性能下降	吸/放氢可逆性一般
抗毒化性能	不易中毒	一般	抗杂质气体中毒能力差	一般
价格成本	相对较高	价格便宜	价格便宜、资源丰富	价格便宜、资源丰富

储氢合金吸收氢气形成金属氢化物的过程可看作氢分子先在金属表面完成物理吸附，然后在储氢合金表面分解成两个活性氢原子，经过进一步的化学吸附，活性氢原子被表面合金吸收形成合金固溶体 MH_x，接着氢原子继续向储氢合金内部扩散，合金固溶体继续吸氢生成金属氢化物 MH_y（图 2-22）。储氢合金的吸/放氢反应过程可表示如下：

$$\left[\frac{2}{y-x}\right]MH_x+H_2 = \left[\frac{2}{y-x}\right]MH_y+\Delta H^* \qquad (2-8)$$

式中，MH_x 为氢原子溶解在金属间隙中反应形成的合金固溶体 α 相；MH_y 为氢原子在合金固溶体 α 相中的溶解度达到饱和后继续反应生成的金属氢化物。反应生成焓用 ΔH^* 表示，储氢合金吸氢过程通常是放热反应，即 $\Delta H^*<0$，而放氢过程需要吸热，即 $\Delta H^*>0$。

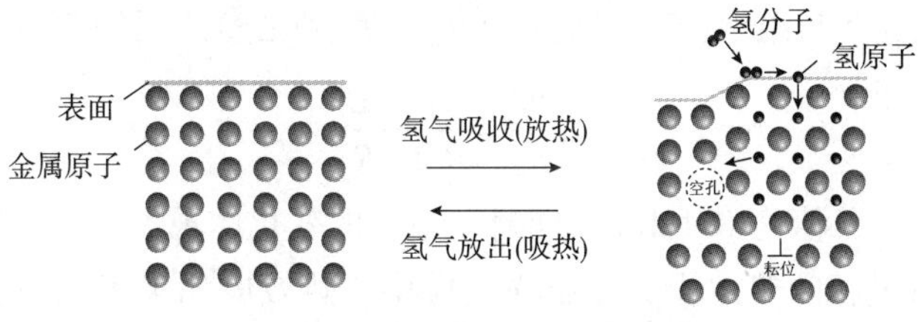

图 2-22　储氢合金吸/放氢示意

2.3.3　储氢合金吸/放氢反应热力学和动力学

（1）反应热力学

反应热力学通过研究化学反应过程的能量及转化来探讨化学反应过程的可能性和可能达到的极限，包含了热量和做功及两者之间的转化。

储氢合金与氢气之间的吸/放氢反应是一种伴随强烈热效应和传质过程的可逆化学反应。该储氢反应过程存在一种动态平衡。热力学性能对储氢材料来说至关重要，这种特性通常采用压力-浓度-温度（Pressure-Composition-Temperature，P-C-T）曲线来表示，P-C-T 特性曲线包含三个阶段，如图 2-23 所示。可以看出：随着温度的升高，反应平衡压力也增大，同时反应的平台宽度变窄，吸氢量减小。在选择和制备储氢材料时，应使吸氢反应的温度和压力条件越低越好，最理想的条件是接近室温和常压。

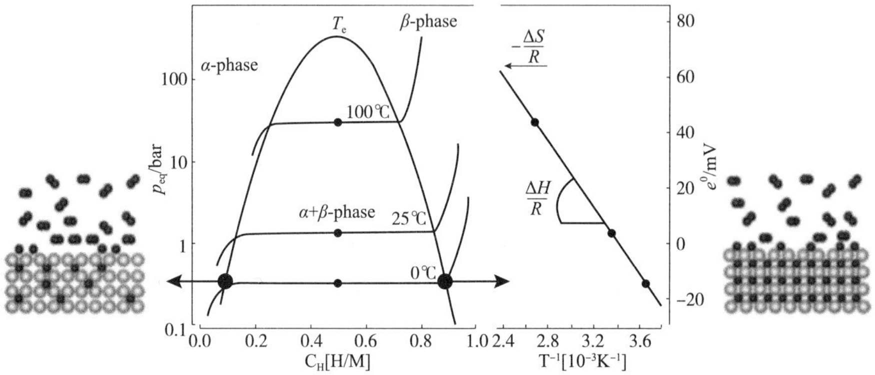

图 2-23　储氢材料的 P-C-T 特性曲线

吸氢过程初始阶段，随着氢浓度的增加，系统内部的压力升高，此时氢气不与材料发生反应，储氢材料为 α 相；当氢压到达该温度下的平衡压(p_{eq})时，氢气开始在金属表面分解成氢原子并逐渐向材料内部扩散，这一阶段随着氢浓度的增大系统氢压值保持稳定(p_{eq})，增加的氢浓度均被材料吸收，直到材料内部完全吸氢饱和为止，此时材料全部转变为 β 相；随着氢浓度的进一步增大，材料内已经无法继续吸收氢气，故在这一阶段，氢压会随氢浓度的增大而上升。由储氢材料的 P-C-T 特性曲线(图 2-23)还可看出，等温线在平衡压下的长度即为该材料在这一温度下存储氢气的量。此外，可以采用 Van't Hoff 方程描述材料平衡压(p_{eq})与温度(T)、焓变(ΔH)、熵变(ΔS)之间的关系：

$$\ln\frac{p_{eq}}{p_{ref}}=\frac{\Delta H}{R_g T}-\frac{\Delta S}{R_g} \tag{2-9}$$

式中，p_{ref} 为参考压力，值为 0.1MPa。同时，熵值的变化体现为氢气的吸收和解析，焓值的变化反应吸/放氢过程的热效应。在可逆反应中，热效应如果不能被及时解决，将会影响反应的正常进行。

根据吉布斯(Gibbs)相律，在温度一定时，反应将在一定的压力下进行，这个压力即为反应平衡压力，在 P-C-T 曲线中即为中间的平台压力。吸氢反应的原动力来自外部供氢压力和反应平衡压力之间的压力差。在一个特定的温度下，材料的 P-C-T 曲线是固定的，也就是说平台压力不变。温度越高平台压力越高，在外部供氢压力一定时反应的推动力就越小，这也就解释了为什么高温不利于吸氢反应进行。在外部的压力越大时，推动力越大，吸氢反应速率越快；但是压力越大床层的平均温度越高。这是由于压力大的工况下吸氢反应速率快，反应放出的热量多，特别是反应刚开始时表现得非常明显。因此实际应用中需要在较高的供氢压力和较低的反应温度下进行，以实现储氢罐快速充氢。

(2)反应动力学

反应动力学是研究化学反应速率及各种因素对化学反应速率的影响，关注化学反应进行的快慢程度及所需驱动力的大小。储氢合金的动力学性能研究的是吸/放氢反应过程的速率与激活能。

由图 2-24 可知，储氢合金的吸氢过程分三步进行，每一步的制约因素不同。如图 2-24(a)所示，氢气在合金表面解离产生活性氢原子，氢在金属表面形成化学吸附，该过程进行的速率主要取决于合金的表面活性；如图 2-24(b)所示，氢被吸附以后越过气固界面向合金内部扩散生成 α 相，此过程主要受合金的表面状态、颗粒尺寸及 H 的扩散系数制约；如图 2-24(c)所示，随着 H 的扩散，其浓度超过与 α 相平衡的浓度时，逐渐吸氢至完全转变成 β 相，此过程受 β 相形核与生长速率的制约。针对每一步的制约因素，采用相应的手段可以改善合金吸/放氢反应的动力学性能。比如：表面处理可以提高合金的表面活性，增加表面 H_2 的解离速率；减小合金的颗粒尺寸和增加界面提供更多的扩散通道，可加速 H 的扩散；增加位错和缺陷等则能提供更多的氢化物形核点位，加快氢化物的形成速度。

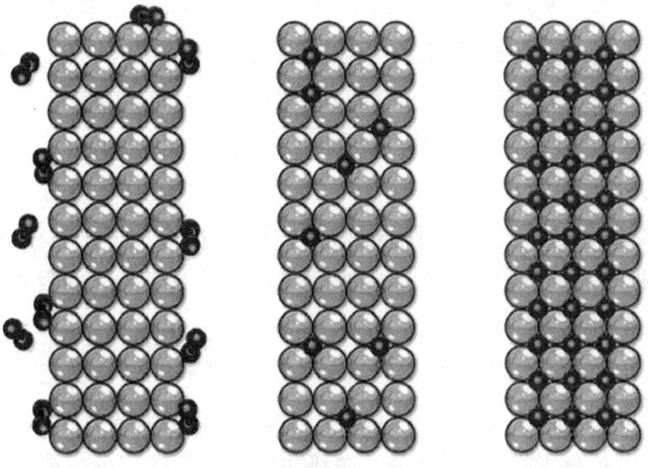

(a)氢气在合金表面解离产生活性氢原子　(b)氢被吸附以后越过气固界面向合金内部扩散生成 α 相　(c)逐渐吸氢至完全转变成 β 相

图 2-24　氢化物形成过程的模型

整个吸/放氢过程的自由能 ΔG 如图 2-25 所示。可知：$\Delta G=G_F-G_I$，G_F 和 G_I 分别为终态和始态的自由能。在到达低能态的终态之前，合金原子必须跨过中间能量较高的激发态，因此需要额外的能量 ΔG_A，这一能垒即合金吸/放氢过程的表观激活能，通常用 ΔE_a 表示。ΔE_a 的计算方法有两种：①JMAK 模型和 Arrhenius 方程法；②Kissinger 方法。

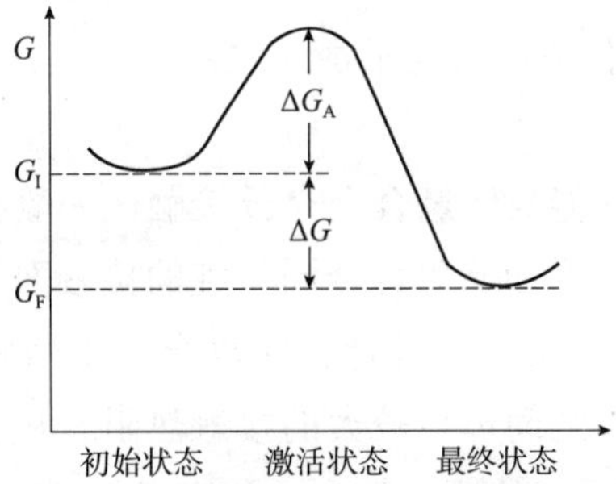

图 2-25　单个原子由起始亚稳态到更低能量终态的自由能曲线

2.3.4 合金储氢装置的吸/放氢特性及其影响因素

(1)合金储氢装置的吸/放氢特性

储氢合金的吸/放氢反应是一个非常复杂的传质传热耦合过程，合金储氢装置作为储氢合金储氢的重要反应载体，其自身结构、内部储氢合金的填充方式及热管理单元的优化布置都对反应器的整体储放氢性能(吸/放氢速率、吸/放氢过程的温控效果、循环吸/放氢过程中的结构稳定性和密封可靠性等)有重要影响。储氢合金在吸氢时体积会发生膨胀，而在放氢过程中又会缩小，在多次吸/放氢循环之后，储氢合金会粉化成更细小的粉末。储氢合金粉化后，自身的导热性能进一步恶化，从而对金属氢化物的传热能力产生更严重的负面影响；而且，合金粉末在金属氢化物反应床内很容易流动，这会使储氢合金的利用率降低。合金储氢装置的吸/放氢性能除取决于材料本身的吸/放氢性能外，在很大程度上还受制于金属氢化物床体的传热性能。合金储氢装置有多种结构形式：管式反应器、弓形板式反应器、环盘式反应器、翅片式反应器、新型多管束反应器等。

(2)合金储氢装置吸/放氢特性的影响因素

1)源于材料的因素

储氢合金的元素种类与含量、热物理性质、颗粒尺寸大小、颗粒状态(有无粉化衰变)、晶格大小和吸氢点位数目，均会影响吸放氢反应及对应装置的吸放氢特性。

2)影响氢气扩散的因素

储氢合金在设备中的充填主要有粉末直接填充、粉末小包装填充、粉末压实体填充、药片状颗粒填充等不同方式。不同填充方式对于床层内部孔隙率、床层有效热导率、床层填充的便捷程度，以及对于吸/放氢管路、换热元件等内构件的设计都有直接影响。

3)影响热量传递的因素

储氢合金床层的分布情况、反应器换热元件的设置及反应操作条件均对氢化、脱氢反应产生显著影响。床层中多孔合金颗粒的填充量和床层孔隙率(填充疏密度)影响氢气在床层中的扩散、渗透率及床层的有效热导率。在床层内设置的换热单元(各种换热结构)和换热流体流速显著影响反应过程的热移除和热供给。氢化、脱氢过程中的供氢压力不仅影响氢气在床层中的扩散速率，还直接控制各阶段反应推动力的大小，进而影响整个反应进程。同样，床层温度及换热流体温度对吸/放氢反应动力学产生直接影响，控制反应平衡压 p_{eq} 的高低，进而影响床层供氢压力与平衡压之间的压差，与供氢压力一起决定反应推动力。

实际应用中，为了让氢气能与储氢合金充分接触，一般会在填充储氢合金材料前将材料研磨成粉末状细小颗粒，增加储氢合金同氢气的接触面积。储氢合金活化后有明显的粉化现象，随着吸/放氢循环反应的进行，储氢合金不断膨胀和收缩，材料体系会进一步破碎粉化，使得合金颗粒之间产生较大的接触热阻，从而导致床层有效热导率明显降低[<1W/(m·K)]。针对反应的这一特点，研究者想到在反应器中插入高热导率的固体骨架材料来增加床层的热导率。研究表明，通过这种方式处理后，有效热导率可提升至

5W/(m·K)以上。

吸氢反应是个放热过程，也就是说在低温情况下反应速率可能达到一个比较快的水平。供氢时，反应床层温度会很快上升并达到最高温度，温度最大值与换热温度有一定关系，但是没有明显的线性关系。这是由于最高温度是由反应放出的热量和换热流体带走的热量共同决定的，换热流体温度高时带走的热量少，但是温度越高吸氢反应速率越慢，反应放出的热量也越少。随着反应的进行，床层的平均温度会缓慢下降，换热流体的温度越低，床层温度下降越快。这不仅是由于低温更有利于换热，当反应结束时平均温度的趋势是达到换热流体的温度，换热流体的温度越低，床层的最高和最低温度的温差越大，而且由于低温更有利于吸氢，所以吸氢反应的时间会更短。

放氢是一个吸热反应，为了补偿反应吸收的热量，传统的方法是在放氢时用换热流体加热。比如，在反应器壳体外加一层夹套结构，夹套里走换热流体，或者在反应器中间安置一个螺旋管状的换热回路。

随着换热流体平均流速增大，换热流体在换热管内的对流换热系数 h 增大，使得换热流体与合金床层之间的换热速率增大。因此，增大换热流体平均流速提高了对流换热系数，加速了氢气的释放。但是当换热流体的流速超过一定值时，由于合金床层与换热管壁之间的接触热阻成为整个传热过程的主要热阻，增加流速的效果已不明显，而且当流体平均流速过高时，会导致流动阻力过大。

2.3.5 固态储运氢工艺简介

金属氢化物反应器既可用来收集储存氢气，也可为需要氢气的装置提供氢气。图 2-26 为 GB/T 33292—2016《燃料电池备用电源用金属氢化物储氢系统》中的燃料电池备用电源用金属氢化物储氢系统结构示意。

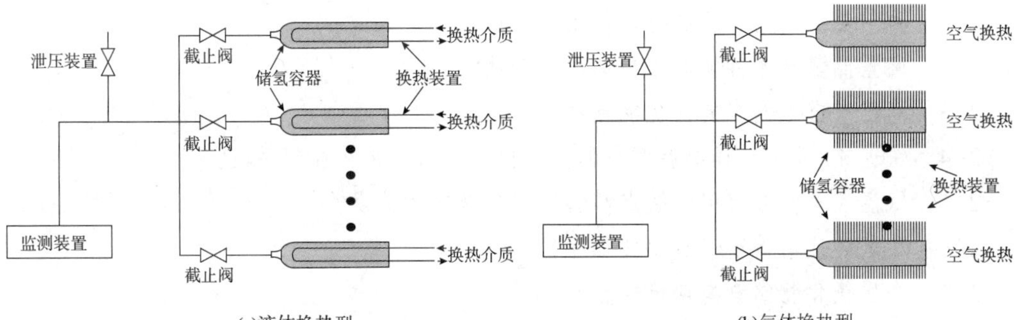

图 2-26 燃料电池备用电源用金属氢化物储氢系统结构示意

从工厂到加氢站固态储存的氢气一般采用车船输送，流程如图 2-27 所示。可以看出，相较于高压气态和低温液态储氢，固态储氢不需要压缩机或液化装置即可完成充氢。充氢完成后，固态储氢装置被装载到运输车上，运送到加氢站等用氢端。由于固态储氢材料的吸/放氢特性，在运输过程中，储氢装置内只需保持常温常压，存储的氢气在此环境下很难释放。这确保了固态储氢装置在运输过程中的安全性。在加氢站、用氢工厂、氢发电站等目的地，使用辅助升温装置对固态储氢装置进行加热，释放存储的氢气。辅助升温装置会增加固态储氢运输过程中的成本，进而导致氢的交货成本增加。由于固态合金储氢具有充/放氢条件温和、储氢密度高、安全性好等特点，因此固态储氢加氢站不需要高压设备，能简化加氢站的建设，对阀门仪表等部件要求降低，从而减少前期投入，降低成本和故障率。但是，固态储氢也存在一些缺点，主要是充/放氢速率低、某些金属合金成本过高等。

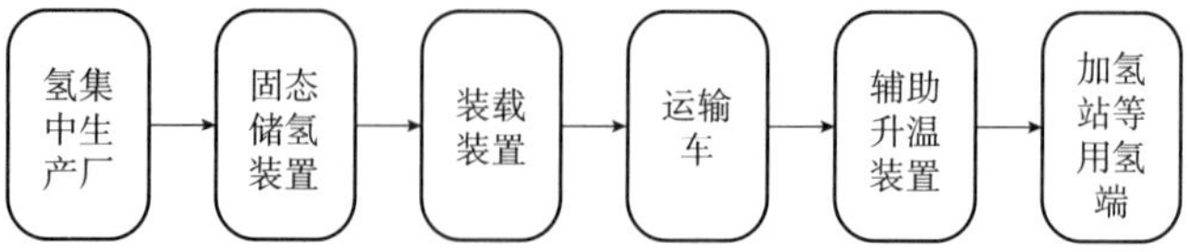

图 2-27 固态储存的氢气输送流程

图 2-28 所示为高压与金属氢化物复合储氢容器的充/放氢示意。

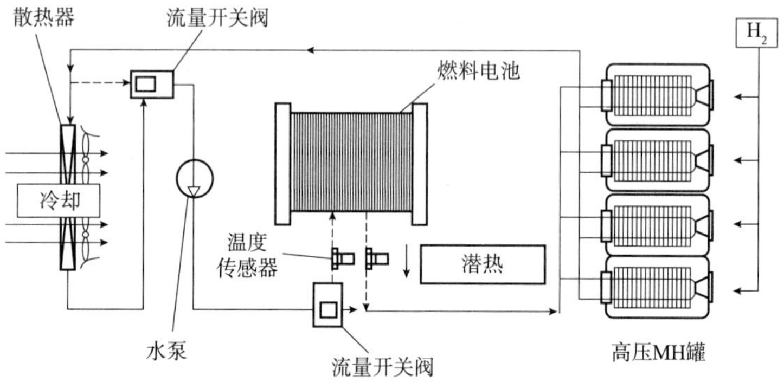

图 2-28 高压与金属氢化物复合储氢容器的充/放氢示意

思考题

2-1 为何氢气的高密度储存比较困难？

2-2 衡量储氢技术性能的主要参数有哪些？

2-3 高压气态氢储存有何优缺点？

2-4 快速充/放氢过程中温度会如何变化，需采取什么控制手段？

2-5 低温液氢储存有何优缺点？如何避免液氢的蒸发？

2-6 液氢转注前需要经过哪些工序？

2-7 金属氢化物储氢有何优缺点？

2-8 金属氢化物储氢材料可分为哪几大类？

2-9 如何确定金属氢化物吸/放氢过程的温度及换热量？

2-10 如何提高金属氢化物储氢容器的传热性能？

第3章　储氢设备设计基础

本章首先介绍储氢设备的基本结构组成、载荷工况、基本设计要求和条件，然后阐述薄壁圆筒和厚壁圆筒的应力分析，继而叙述压力容器的失效模式与设计准则，最后详述储氢设备壳体规则设计的主要内容及分析设计与疲劳设计的方法。

3.1　储氢设备的基本结构

3.1.1　结构组成

储氢设备主要由设备本体、安全附件和仪表(如安全阀、压力表、温度传感器)及设备支撑等组成。卧式或立式圆柱形储氢设备最常见，其基本结构主要包括筒体、封头、支座、接管、安全附件等，其中支座通常采用鞍式支座(卧式容器)、裙座(立式容器)等。单体工业用储氢设备(储氢压力通常低于20MPa)、能源用高压(50~98MPa)储氢设备的容积通常在15m³以下，液氢储罐内胆的水容积多在50~80m³。

设计储存设备，首先必须满足各种给定的工艺要求，考虑储存介质的性质、容量的大小、设置的位置、钢材的耗量以及施工的条件等以确定储罐的形式；其次在设计中还必须考虑场地的条件(环境温度、风载荷、地震载荷、雪载荷、地基条件等)，设计者在设计储存设备时必须针对上述条件进行综合考虑，以确定最佳的设计方案。

为确保储氢设备安全运行，应根据不同状态氢的介质特性、使用环境和储存容量来确定储运设备结构，正确选择相应的规范标准开展设计。

(1)介质的性质

储存介质的特性包括闪点、沸点、饱和蒸气压、密度、腐蚀性、毒性程度、化学反应活性(如聚合趋势)等。

储存介质的闪点、沸点以及饱和蒸气压与介质的可燃性密切相关，是选择储存容器结构型式的主要依据。饱和蒸气压是指在一定温度下，储存在密闭容器中的液化气体达到气液两相平衡时，气液分界面上的蒸气压力。饱和蒸气压与储存设备的容积大小无关，仅依赖于温度的变化，随温度的升高而增大；对于混合储存介质，饱和蒸气压还与各组分的混合比例有关，可根据道尔顿定律和拉乌尔定律进行计算。

储存介质的密度直接影响罐体载荷分布及其应力大小。介质的腐蚀性是选择罐体材料的首要依据，直接影响制造工艺和设备造价。介质的毒性程度则直接影响储罐制造与管理的等级和安全附件的配置。另外，介质的黏度或冰点也直接关系到储存设备的运行成本。

这是因为当介质为具有高黏度或高冰点的液体时，为保持其流动性，就需要对储存设备进行加热或保温，使其保持便于输送的状态。

(2)装量系数

液氢的体积会随温度的上升而膨胀，随温度的降低而收缩。若在液氢储罐内胆中充满液氢，温度升高时罐内压力会升高，压力随温度变化的程度与液氢的膨胀系数及温度变化量成正比，与压缩系数成反比。计算表明，在满液情况下，温度每升高1℃，液氢储罐内胆中的压力就会上升1~3MPa。不难想象，只要环境温度超过设计温度一定数值，液氢储罐内胆就可能因超压而爆破。为此，在液氢储罐使用过程中，必须严格控制装填量。

(3)环境对储氢设备的影响

对于液化气体储罐，罐壁的金属温度主要受使用环境的气温条件影响，其最低设计温度可按该地区气象资料，取历年来月平均最低气温的最低值。月平均最低气温是指当月各天的最低气温值相加后除以当月的天数。由于随着温度降低，液化气体的饱和蒸气压呈下降趋势，因而这类储罐的设计压力主要由可能达到的最高工作温度下液化气体的饱和蒸气压决定。一般无保冷设施时，通常取最高设计温度为50℃，若储罐安装在天气炎热的南方地区，则在夏季中午时分必须对储罐进行喷淋冷却，以防止储罐金属壁温超过50℃。当所在地区的最低设计温度较低时，还应进行罐体的稳定性校核，以防止因温度降低使得罐内压力低于大气压时发生真空失稳。

3.1.2 薄壁容器与厚壁容器

圆筒形容器是最常见的一种压力容器，广泛用于各种类型的承压容器中。在氢能领域，制氢工厂的大型储氢罐、高压气态加氢站的固定式储氢容器、氢气长管拖车上的无缝旋压储氢瓶、液氢槽车上的液氢储罐、普通15MPa储氢钢瓶、车载储氢瓶等均为圆柱形容器。

圆柱形储氢容器的筒体结构有单层式和组合式。

最常见的是单层式，其优点是结构简单。缺点是：①深环、纵焊缝，焊接缺陷检测和消除困难；且结构本身缺乏阻止裂纹快速扩展的能力；②大型锻件、厚钢板性能比薄钢板差，不同方向力学性能差异大，韧脆转变温度较高，发生低应力脆性破坏的可能性也较大；③加工设备要求高。

对于中低压圆筒，直接用薄钢板卷制而成。每个筒节有一道纵焊缝，筒节之间为环焊缝。

对于高压厚壁容器，结构形式有如下几种：①整体锻造式，质量得到保证，材料损耗大，尺寸小，成本高；②锻焊式，在整体锻造的基础上，筒节之间进行环焊缝连接，满足长度方向的要求，对焊接质量要求高；③由厚板卷制圆筒制造的厚壁圆筒容器，工艺简单，生产率高，但厚板质量不易保证。

单层薄壁圆筒和单层厚壁圆筒的区分，以径比$K=R_o/R_i$(圆筒外半径/圆筒内半径)的具体数值作为判断依据。一般认为$K>1.2$的为厚壁圆筒，$K\leqslant 1.2$的为薄壁圆筒。

组合式圆柱形容器结构型式有：

(1)多层包扎式

筒节的内层一般选 12~25mm 的抗氢脆不锈钢板，外层一般由 4~12mm 的多层层板构成。为避免裂纹沿壁厚方向扩展，各层板之间的纵焊缝应相互错开 75°，筒节的长度视钢板的宽度而定，层数则随所需的厚度而定，见图 3-1(a)。制造时，通过专用装置将层板逐层、同心地包扎在内筒上，并借纵焊缝的焊接收缩力使层板和内筒、层板与层板之间互相贴紧，产生一定的预紧力。每个筒节上均开有安全孔，这种小孔可使层间空隙中的气体在工作时因温度升高而排出；当内筒出现泄漏时，泄漏介质可通过小孔排出，起到报警作用。多层包扎式筒体结构是目前使用最广泛、制造和使用经验最为丰富的组合式筒体结构。

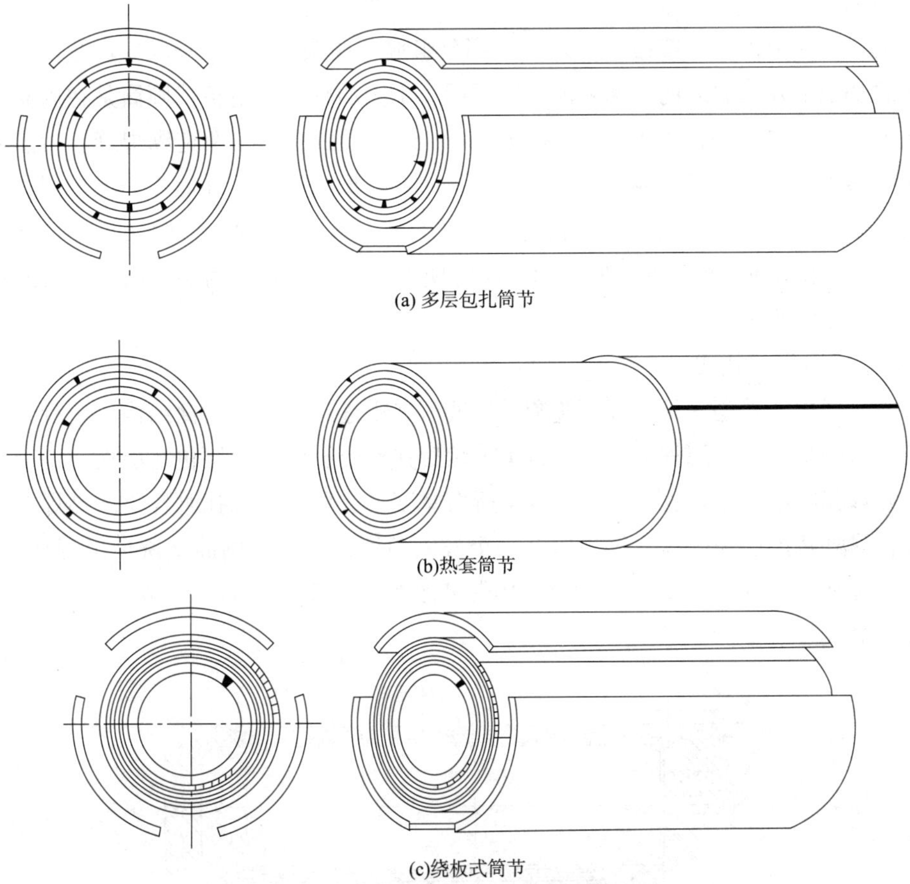

(a) 多层包扎筒节

(b)热套筒节

(c)绕板式筒节

图 3-1　高压厚壁容器的一些典型结构

多层包扎式圆筒制造工艺简单，不需要大型复杂加工设备；与单层圆筒相比安全可靠性高，层板间隙具有阻止缺陷和裂纹向厚度扩展的能力，减小了脆性破坏的可能性，同时包扎预应力可有效改善筒体的应力分布；对介质适应性强，可根据介质的特性选择合适的内筒材料。但多层包扎式圆筒制造工序多、周期长、效率低、钢材利用率低(仅 60%左右)，尤其是筒节间对接的深环焊缝对容器制造质量和安全有显著影响。这是因为：无损检测困难，由于环焊缝的两侧均有层板，无法用超声检测，只能用射线检测；焊缝部位存在很大的焊接残余应力，且焊缝晶粒易变得粗大而韧性下降，因而焊缝质量较难保证；环焊缝的坡口切削工作量大，且焊接复杂。

(2)热套式

如图3-1(b)所示，采用厚钢板内筒(厚度>30mm)卷焊成直径不同但可过盈配合的筒节，然后将外层筒节加热到计算的温度进行套合，冷却收缩后得到紧密贴合的厚壁筒节。热套式筒体要有较准确的过盈量，对卷筒的精度要求很高，且套合时需选配套合。但即使有过盈量，套合时贴紧程度也不能保证均匀。因此，在套合或组装成整体容器后，需再进行热处理以消除套合预应力及深环焊缝的焊接残余应力。热套式圆筒除了具有包扎式圆筒的大多数优点外，还具有工序少、周期短等优点。

(3)绕板式

绕板式圆筒由内筒、绕板层和外筒三部分组成，如图3-1(c)所示。它是在多层包扎式筒体的基础上发展起来的，两者的内筒相同，不同的是多层绕板式圆筒是在内筒外面连续缠绕若干层3~5mm厚的薄钢板而构成筒节，绕板层只有内外两道纵焊缝。为了使绕板开始端与终止端能与圆筒形成光滑连接，通常需要楔形过渡段。外筒作为保护层，由两块半圆或三块“瓦片”制成。绕板式结构机械化程度高，制造效率高，材料的利用率也高(可达90%)。但由于薄卷板存在中间厚两边薄的现象，卷制后筒节两端会出现明显的累积间隙，影响产品的质量。

(4)整体多层包扎式

整体多层包扎式是一种错开环缝和采用液压夹钳逐层包扎的圆筒结构。它首先将内筒拼接到所需的长度，两端焊上法兰或封头，然后在整个长度上逐层包扎层板，待全长度上包扎好并焊完磨平后再包扎第二层，直至所需厚度。这种方法包扎时各层的环焊缝可以相互错开，另外每层层板的纵焊缝也错开一个较大角度，使整个圆筒上避免出现深环焊缝，如图3-2所示。圆筒与封头或法兰间的环焊缝改为一定角度的斜面焊缝，承载面积增大，具有高可靠性。

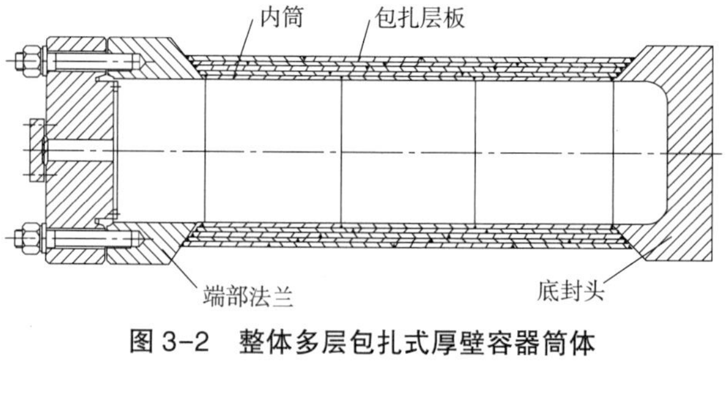

图3-2 整体多层包扎式厚壁容器筒体

(5)绕带式

绕带式是一种以钢带缠绕在内筒外以获得所需厚度筒壁的方法，主要有型槽绕带式和扁平钢带倾角错绕式两种结构型式。

型槽绕带式是用特制的型槽钢带螺旋缠绕在特制的内筒上，端面形状见图3-3(a)，内筒外表面上预先加工有与钢带相啮合的螺旋状凹槽。缠绕时，钢带先经电加热，再进行螺旋缠绕，绕制后依次用空气和水进行冷却，使其收缩产生预紧力，可保证每层钢带贴紧；各层钢带之间靠凹槽和凸肩相互啮合[图 3-3(b)]，缠绕层能承受一部分由内压引起的轴向力。这种结构的圆筒具有较高的安全性，机械化程度高，材料损耗少，且由于存在预紧力，在内压作用下，筒壁应力分布较均匀。但钢带需由钢厂专门轧制，尺寸公差要求严，技术要求高；为保证邻层钢带能相互啮合，需采用精度较高的专门缠绕机床。

扁平钢带倾角错绕式，是我国首创的一种新型绕带式圆筒，结构如图 3-3(c)所示。内筒厚度占总厚度的1/6~1/4，采用简单的“预应力冷绕”和“压棍预弯贴紧”技术，以相对于容器环向 15°~30°倾角在薄内筒外交错缠绕扁平钢带。钢带宽 80~160mm、厚 4~16mm，其始末两端分别与底封头和端部法兰相焊接。大量的试验研究和长期使用实践证明，与其他类型厚壁圆筒相比，扁平钢带倾角错绕式圆筒结构具有设计灵活、制造方便、可靠性高、在线安全监控容易等优点。多层绕带式厚壁容器用于高压气态储氢时，封头常用半球形封头。

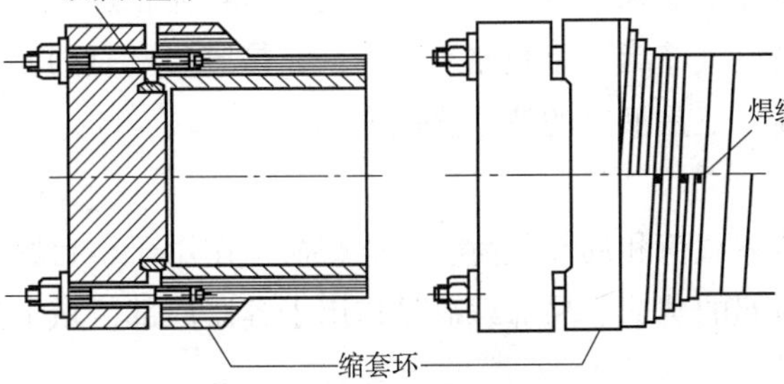

(a)型槽绕带式筒体

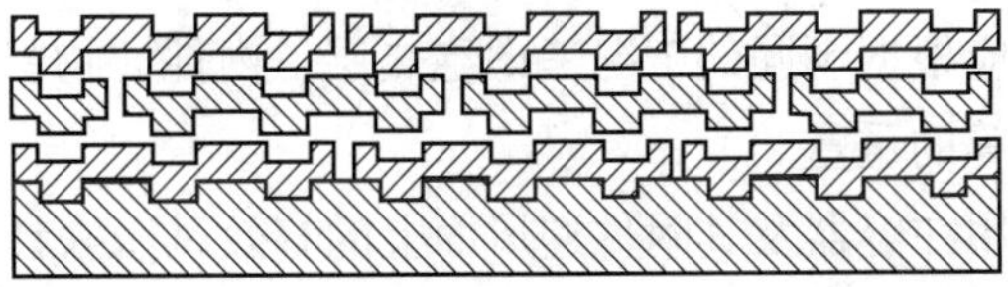
(b)型槽钢带结构示意

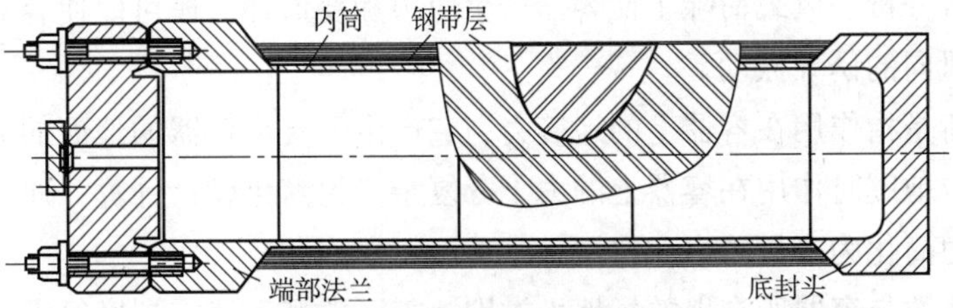

(c)扁平钢带倾角错绕式筒体

图 3-3 多层绕带式厚壁容器结构形式

在过去的50年中，中国已制造内径达 ϕ1500mm 的扁平钢带倾角错绕式氨合成塔、水压机蓄能器和气体储罐等7000多台，取得了重大的社会效益和经济效益。该结构已被列入 ASME Ⅷ-1 和 ASME Ⅷ-2 标准的规范案例，编号分别为2229和2269。

3.2 储氢设备的载荷分析

储氢设备受到介质压力、支座反力、内外温差等多种载荷的作用。确定全寿命周期内储氢容器所受的各种载荷，是正确设计储氢容器的前提。分析载荷作用下储氢容器的应力和变形，是储氢容器设计的重要理论基础。

3.2.1 载荷

载荷是指能够在储氢容器上产生应力、应变的因素，如介质压力、风载荷、地震载荷等。下面介绍储氢容器全寿命周期内可能遇到的主要载荷。

(1)压力载荷

压力是储氢容器承受的基本载荷。压力可用绝对压力或表压来表示。绝对压力通常用于过程工艺计算。压力容器设计中，一般采用表压。

作用在储氢容器上的压力，可能是内压、外压或两者均有。储氢容器中的压力主要来源于三种情况：一是流体经液氢泵或氢气压缩机，通过与容器相连接的管道，输入容器内而产生压力，如加氢站的氢气储罐、车载储氢瓶等；二是盛装液氢的密闭容器，液氢因漏热汽化使容器内压力升高；三是液氢的液柱静压力。

(2)非压力载荷

非压力载荷可分为整体载荷和局部载荷。整体载荷是作用于整台容器上的载荷，如重力、风、地震、运输等引起的载荷。局部载荷是作用于容器局部区域上的载荷，如管系载荷、支座反力和吊装力等。

①重力载荷是指由容器及其附件、内件和物料的重量引起的载荷。计算重力载荷时，除容器自身的重量外，应根据不同的工况考虑绝热层、内件、物料、平台、梯子、管系和由容器支承的附属设备等的重量。

②风载荷是根据作用在容器及其附件迎风面上的有效风压来计算的载荷。它是由高度湍流的空气扫过地表时形成的非稳定流动引起的。风通常水平流动，但它通过障碍物表面时，可能有垂直分量。风载荷除了使容器产生应力和变形外，还可能使容器产生顺风向的振动和垂直于风向的诱导振动。

③地震载荷是指作用在容器上的地震力，它产生于支承容器的地面的突然振动和容器对振动的反应。地震时作用在容器上的力十分复杂。为简化设计计算，通常采用地震影响系数，把地震力简化为当量剪力和弯矩。

地震影响系数与容器所在地的场地土类别、震区类型和地震烈度等因素有关，具体取值可参阅有关建筑抗震设计规范。

④运输载荷是指运输过程中由不同方向的加速度引起的力。容器经陆路或海上运送到安装地点，由于运输车辆或船舶的运动，容器将承受不同方向上的加速度。

运输载荷可用水平方向和垂直方向加速度给出，也可用加速度除以标准重力加速度所得系数表示。

⑤波浪载荷是指固置在船上的容器，由波浪运动而产生的加速度引起的载荷。波浪载荷的表示方法与运输载荷相同。晃动载荷是交变的，应考虑疲劳的要求，有关设计数据，可参考船舶分类的规范标准。

⑥管系载荷是指管系作用在容器接管上的载荷。当管系与容器接管相连接时，由于管路及管内物料重量、管系的热膨胀和风载荷、地震或其他载荷的作用，在接管处产生的载荷就是管系载荷。

在设计容器时，管路的总体布置通常还未最后确定，因此不可能进行管路应力分析来确定接管处的载荷。正因如此，往往要求储氢容器设计委托方提供管系载荷。储氢容器设计者必须保证接管能经受住这些载荷，确保不会在容器或接管处产生过大的应力。管线布置最终确定后，管路设计者要确保由接管应力分析得到的载荷不会超出指定的管系载荷。

(3)交变载荷

上述载荷中，有的是大小和/或方向随时间变化的交变载荷，有的是大小和方向基本上不随时间变化的静载荷。压力容器交变载荷的典型实例有：

①储氢罐和储氢瓶的重复加压、卸压；

②由往复式氢气压缩机或液氢泵引起的压力波动；

③生产过程中，因温度变化导致热膨胀或收缩，从而引起载荷变化；

④容器各零部件之间温度差的变化；

⑤装料、卸料引起的容器支座上的载荷变化；

⑥液氢晃动引起的载荷变化；

⑦振动引起的载荷变化。

设计者应详细了解储氢容器在全寿命周期内，每个载荷的变化范围(最大值和最小值)和循环次数，以确定容器是否需要进行疲劳设计。交变载荷是储氢容器设计中的一个重要控制因素，小载荷改变量、大循环次数与大载荷改变量、小循环次数，同样都要认真考虑。

储氢容器设计时，并不是每台容器都要考虑以上载荷。设计者应根据全寿命周期内储氢容器所受的载荷，结合规范标准的要求，确定设计载荷。

3.2.2 载荷工况

在制造安装、正常操作、开停工和压力试验等过程中，储氢容器处于不同的载荷工况，所承受的载荷也不相同。设计储氢容器时，应根据不同的载荷工况分别计算载荷，通常需要考虑的载荷工况有以下几方面。

①正常操作工况。储氢容器正常操作时的载荷包括：设计压力、液氢静压力、重力载荷(包括绝热材料、内件、平台、梯子、管系及支承在容器上的其他设备重量)、风载荷和地震载荷及其他操作时储氢容器所承受的载荷。

②特殊载荷工况。包括压力试验、开停工及检修等工况。

压力试验。制造完工的储氢容器在制造厂进行压力试验时，载荷一般包括试验压力、容器自身的重量。通常，在制造厂车间内进行压力试验时，容器一般处于水平位置。对于立式容器，用卧式试验替代立式试验，当考虑液柱静压力时，容器顶部承受的压力大于立式试验时所承受的压力，有可能导致原设计壁厚不足，试验前应对其做强度校核。液压试验时还应考虑试验液体静压力和试验液体的重量。在压力试验工况，一般不考虑地震载荷。因定期检验或其他原因，容器需在安装处的现场进行压力试验，其载荷主要包括试验压力、试验液体静压力和试验时的重力载荷(一般情况下隔热材料已拆除)。

开停工及检修。开停工及检修时的载荷主要包括风载荷、地震载荷、容器自身重量，以及内件、平台、梯子、管系和支承在容器上的其他设备重量。

③意外载荷工况。紧急状态下容器的快速启动或突然停车、容器内发生化学爆炸、容器周围的设备发生燃烧或爆炸等意外情况下，容器会受到爆炸载荷、热冲击等意外载荷的作用。

3.3 储氢设备的设计要求和条件

3.3.1 设计要求

固定式和移动式两大类储氢容器，尽管形状、结构、尺寸、内装介质压力和温度范围、充/放氢频次、所处环境条件等多有不同，但投入使用后所受载荷的类型不外乎内压、外压、低温、高温、风载荷、雪载荷等有限几种，且这几类载荷随着充/放氢操作交替变化的基本特点近似相同。另外，介质(气态氢或液氢)泄漏后可能引发的安全风险也很相似，主要是燃烧和爆炸。为使所设计的储氢容器满足使用功能、方便操作、安全可靠、成本低且寿命长，需要明确以下基本要求。为保证临氢材料具有足够的抗氢脆能力，应明确对焊接、锻造等二次热加工的制造工艺要求，还应保证奥氏体晶格还原的比例。

(1)储氢容器主体及临氢零部件与介质相容性好

这里的介质对于氢气增压储存容器、液氢储罐和固态储氢罐分别为气态氢、液氢和固态储氢材料；相容性好，是指在整个使用寿命期内，不发生显著的影响使用功能和安全性的氢脆、氢腐蚀或其他侵蚀。高压储氢系统长期工作在高压、高纯氢气环境中，往往会发生金属材料的延性和塑性损减、疲劳裂纹扩展速率加剧，以及氢致滞后断裂，此现象称为高压氢脆。为保证临氢材料具有足够的抗氢脆能力，应明确对焊接、锻造等二次热加工的制造工艺要求，还应保证奥氏体晶格还原的比例。

(2)储氢容器主体具有足够的强度、刚度和稳定性

强度是抵抗破坏的能力，刚度是抵抗变形的能力，稳定性是保持工作状态的能力。储氢容器主体要具有足够的强度、刚度和稳定性，就要求储氢容器有足够的壁厚和可靠的支撑。

(3)储氢容器主体与主体之外的各零部件连接牢固，密封可靠

储氢容器主体一般为圆柱形或球形，在介质进出口处通常为流线型过渡的收口结构，存在结构、孔道尺寸和壁厚的连续变化；介质进出口在没有介质进出时，必须可靠密封，即便内压高达数十兆帕，也能保证储存的氢不泄漏。

(4)进出口处的零部件与充/放氢管路的接头能实现快速接通，在充/放氢时能快速打开，充/放氢结束时可靠关闭。

(5)储氢容器在全寿命周期内，对外界环境条件(环境温度波动、太阳曝晒、风载荷、雪载荷等)和变动的储放氢工况有完全的适应性和抵抗力，有足够的耐受充放氢循环次数，有足够的抗疲劳性能。

(6)储氢容器在全寿命周期内的安全状况能被可靠监测或诊断。

(7)储氢容器的原材料、制造、质量检验和运行管理的总成本尽可能低。

3.3.2 设计条件

在对储氢容器进行详细设计之前，需明确提出合理的设计条件。固定式和移动式两大类储氢设备的共性设计条件如下。

(1)介质成分和状态

气态纯氢的热物性和热力学状态与体系温度和压力范围密切相关；液态氢的温度极低，且在其存储温度范围内的热物性和热力学状态对温度非常敏感，当液态氢中存在正-仲氢转化时，体系的温度和压力敏感性进一步提升；高压液态纯氢的热物性和热力学状态对温度敏感度下降了，但压力的升高为其在容器壁中的渗透提供的驱动力，增加了氢脆风险。固态储氢中，除了要考虑氢气的影响外，还需考虑随氢气进来的杂质气体、储氢材料自身对选材和结构设计的影响。

(2)工作压力和设计压力

工作压力(也称操作压力)是指在正常工艺操作时容器顶部的压力。最高工作压力是指在正常工艺操作过程中可能出现的最高压力。压力超过此值时，容器上的安全装置就要动作。最高工作压力的确定与工作介质有关，设计压力是指在相应设计温度下用以确定容器的计算壁厚及其元件尺寸的压力。储氢容器的设计压力不得低于最高工作压力。装有安全泄放装置的压力容器，其设计压力不得低于安全泄放装置的开启压力或爆破压力。

(3)工作温度和设计温度

储氢容器的工作温度是指容器内部工作介质在正常操作过程中的温度，即介质温度。设计温度是指容器在正常操作过程中，在相应的设计压力下，壳壁或元件金属可能达到的最高或最低温度。当壳壁或元件金属的温度低于-20℃时，按最低温度确定设计温度，除此以外，设计温度一律按最高温度选取。储氢容器的工作温度是指介质温度，而设计温度是指壳体的设计温度。

(4)充/放氢次数及主要充/放氢工艺参数

充/放氢所引起的储氢容器内压和温度的交替变化属于疲劳载荷，可能造成储氢容器本体和接口部位萌生疲劳裂纹，进一步发展成疲劳损伤，甚至最终产生疲劳失效。充/放氢过程中的氢气流量和温度以及内压变化速率是主要的充/放氢工艺参数。充/放氢工艺参数引起的储氢容器本体及各附属部件内部应力的变化程度和温度的变化速率，是储氢容器设计中要考虑的重要因素。

(5)服役场地的环境条件

环境温度及其变化，风、光照、雪、地震等自然环境条件是设计储氢容器需考虑的一类基本条件。

(6) 对于移动式储氢容器，三个正交方向上的最大加速度

移动式储氢容器在移动方向上及在与移动方向垂直的另外两个方向上可能因为加减速、侧翻、碰撞、拐弯等受到额外的冲击载荷，此时不仅容器本体会受到直接的外在机械力作用，容器支撑部位也会受到额外的机械力作用。对于液氢储罐，内部液氢的剧烈晃动还会对容器壁面造成附加冲击，宏观上引起液氢储罐重心改变，微观上引起内容器及夹层支撑构件中应力状态的明显变化。

(7) 储氢容器主体材质及供货状态

储氢容器主体材质需根据前述设计要求和条件来确定，可以由甲方指定，也可以由设计方根据规范和标准的要求确定。供货状态影响材料的强度、韧性、冲击功等力学性能指标，在设计阶段作为已知条件必须给出。

(8) 储氢容器的制造方法和制造质量检验方法

高强钢制无缝储氢容器本体由原材料经拉伸、旋压和收口而成，大型全多层储氢容器在制造过程中需要用到焊接，高压全缠绕复合材料储氢容器在制造过程中内胆的成型方法根据材质不同，有拉伸、旋压、焊接、注塑等，纤维增强缠绕层需要通过专门设计的缠绕设备按照设定的缠绕工艺进行加工。不同制造方法的制造质量可以很不相同，但主要有无损检测、壁厚测定、压力试验、密封性能检验等。制造方法和制造质量检验方法均需在设计阶段明确。

3.4 应力分析

3.4.1 薄壁圆筒应力分析

根据材料力学的分析方法，薄壁圆筒在均匀内压 p 作用下，筒壁上任一点 B 将产生两个方向的应力：一是由于内压作用于封头上而产生的轴向拉应力，称为“经向应力”或“轴向应力”，用 σ_φ 表示；二是由于内压作用使圆筒均匀向外膨胀，在圆周的切线方向产生的拉应力，称为“周向应力”或“环向应力”，用 σ_θ 表示。除上述两个应力分量外，器壁中沿壁厚方向还存在径向应力 σ_r，但它相对 σ_φ、σ_θ 要小得多，所以在薄壁圆筒中不予考虑。于是，可以认为圆筒上任意一点处于二向应力状态，如图 3-4 中之 B 点所示。

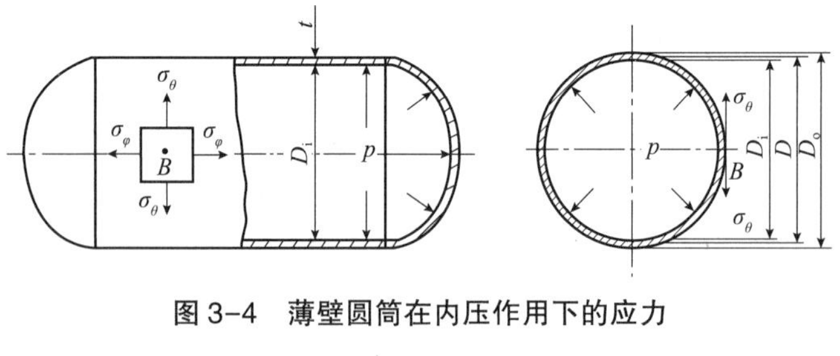

图 3-4 薄壁圆筒在内压作用下的应力

求解 σ_φ 和 σ_θ 可采用“材料力学”中的“截面法”。作一垂直圆筒轴线的横截面，将圆筒分成两部分，保留右侧部分，如图 3-5(a) 所示。根据平衡条件，其轴向外力 $\frac{\pi}{4}D_i^2p$ 必

与轴向内力 $\pi Dt\sigma_{\varphi}$ 相等。对于薄壁壳体，可近似认为内直径 D_{i} 等于壳体的中面直径 D。

$$\frac{\pi}{4}D^2p=\pi Dt\sigma_{\varphi}$$

由此得：

$$\sigma_{\varphi}=\frac{pD}{4t} \tag{3-1}$$

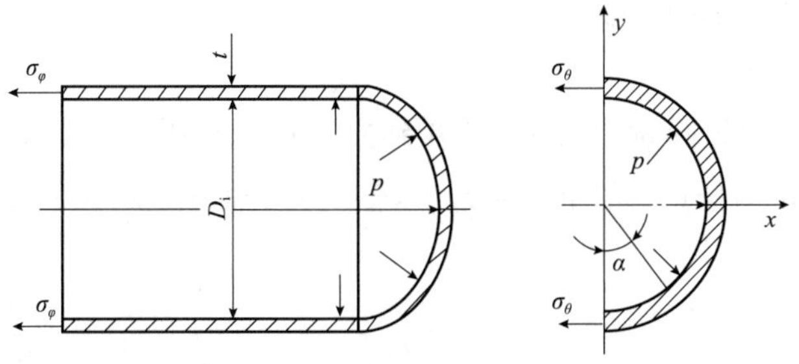

图 3-5　薄壁圆筒在内压作用下的力平衡

从圆筒中取出一单位长度圆环，并通过 y 轴作垂直于 x 轴的平面将圆环截成两半。取其右半部分，如图 3-5(b)所示，根据平衡条件，半圆环上其 x 方向外力为 $2\int_0^{\frac{\pi}{2}}pR_{\mathrm{i}}\sin\alpha\mathrm{d}\alpha$ 必与作用在 y 截面上 x 方向内力 $2t\sigma_{\theta}$ 相等，得：

$$2\int_0^{\frac{\pi}{2}}pR_{\mathrm{i}}\sin\alpha\mathrm{d}\alpha=2t\sigma_{\theta}$$

考虑到 $D\approx2R_{\mathrm{i}}$，由上式得：

$$\sigma_{\theta}=\frac{pD}{2t} \tag{3-2}$$

上述受均匀内压的薄壁圆筒，用截面法就能计算出它的应力，但并非所有的问题都能这样求解。对于椭球壳、受液体压力的薄壁圆筒等结构，由于壳体上各点的曲率半径或承受液体静压的变化，需要从壳体上取一微元体，并分析微元体的受力、变形和位移等才能解决。

3.4.2　厚壁圆筒应力分析

与薄壁圆筒相比，承受压力和温度载荷作用时，厚壁圆筒所产生的应力不仅有经向应力和周向应力，还应考虑径向应力，是三向应力状态，应采用三向应力分析。周向应力和径向应力沿壁厚不是均匀分布，而出现应力梯度。这种应力状态和应力分布的改变，可解释为厚壁圆筒是由许多同心的薄壁圆筒组成，在承受压力和温度载荷时不像独立的薄壁圆筒可以自由变形，组成厚壁圆筒的每个薄圆筒，它的变形既受到内层圆筒的约束，又受到外层圆筒的限制，变形不再自由。由于各层圆筒的变形受到的约束和限制不同，因此每个薄圆筒所受内外侧压力也不相同，造成应力沿壁厚的分布也不均匀。此外，随着壁厚增加，内外壁间的温差加大，由此产生的热应力相应增大，故此还应考虑壳壁中的热应力。

厚壁圆筒与薄壁圆筒的应力分析方法也不相同。薄壁筒体中，由于壳壁很薄，应力沿厚度均匀分布，可根据微元平衡方程和区域平衡方程，求得壳体中的应力。厚壁圆筒中的三个应力分量，其中周向应力及径向应力沿厚度非均匀分布，其应力值仅取微元平衡不能求解，必须从平衡、几何、物理等三个方面进行分析，才能确定厚壁筒中各点的应力大小。

厚壁圆筒有单层式和组合式两大类。本节将分析单层厚壁圆筒的弹性应力、弹塑性应力和残余应力、屈服压力和爆破压力。组合式厚壁圆筒的应力分析，需考虑层间间隙和预应力的影响，已超出本书的范围。

1. 弹性应力

有一两端封闭的厚壁圆筒（图 3-6），受到内压 p_i 和外压 p_o 的作用，圆筒的内半径和外半径分别为 R_i、R_o，任意点的半径为 r。以轴线为 z 轴建立圆柱坐标，现求解其远离两端处筒壁中的三向应力。

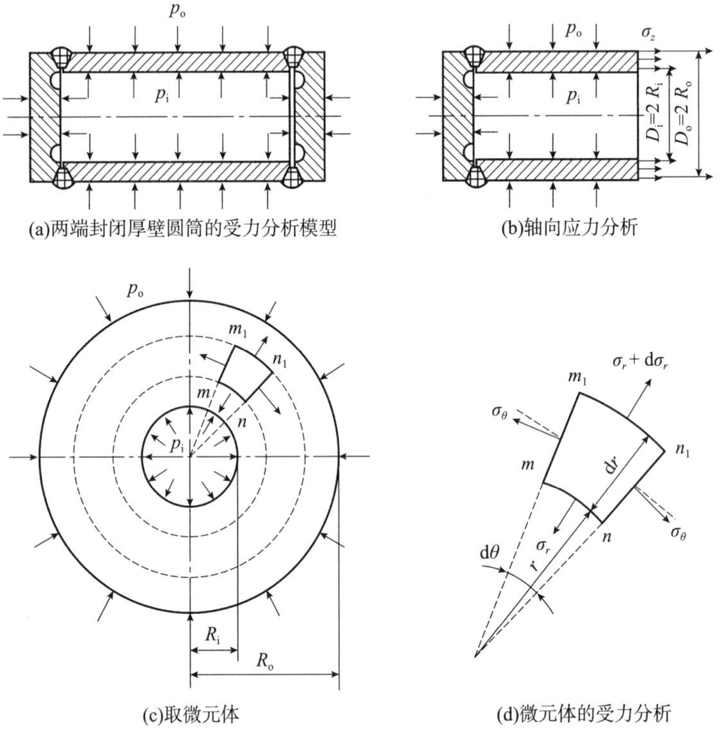

图 3-6 厚壁圆筒中的应力

（1）压力载荷引起的弹性应力

①轴向（经向）应力。对两端封闭的圆筒，作一垂直于轴线的横截面，并保留圆筒的左部，见图 3-6（a）和图 3-6（b）。由变形观察可知，圆筒上的横截面在变形后仍保持平面，假设轴向应力 σ_z 沿厚度方向均匀分布，得 σ_z 为：

$$\sigma_z=\frac{\pi R_i^2 p_i-\pi R_o^2 p_o}{\pi(R_o^2-R_i^2)}=\frac{p_i R_i^2-p_o R_o^2}{R_o^2-R_i^2} \tag{3-3}$$

②周向应力与径向应力。由于轴对称性，在圆柱坐标中，周向应力 σ_θ 和径向应力 σ_r

只是径向坐标 r 的函数。应力分析就是要确定 σ_θ 和 σ_r 与 r 之间的关系。

由于应力分布的不均匀性，进行应力分析时，必须从微元体着手，分析其应力和变形及它们之间的相互关系。

微元体。如图 3-6(c)、图 3-6(d)所示，mn 和 m_1n_1 分别为半径 r 和半径 $r+\mathrm{d}r$ 的两个圆柱面；mm_1 和 nn_1 面为两相邻的通过轴线的纵截面，其夹角为 $\mathrm{d}\theta$；微元体在轴线方向的长度为 1 单位。微元体各个面上的应力如下：在 mm_1 和 nn_1 面上的环向应力均为 σ_θ；在半径为 r 的 mn 面上，径向应力为 σ_r；在半径为 $r+\mathrm{d}r$ 的 m_1n_1 面上，径向应力为 $\sigma_r+\mathrm{d}\sigma_r$。

此外，在轴线方向上相距为 1 单位的两个横截面上还有轴向应力 σ_z 的作用，这个应力对微元体的平衡无影响，图中未标出。

平衡方程。如图 3-6(d)所示，由微元体在半径 r 方向上的力平衡关系，得：

$$(\sigma_r+\mathrm{d}\sigma_r)(r+\mathrm{d}r)\mathrm{d}\theta-\sigma_r r\mathrm{d}\theta-2\sigma_\theta \mathrm{d}r\sin\frac{\mathrm{d}\theta}{2}=0$$

因 $\mathrm{d}\theta$ 极小，故 $\sin\frac{\mathrm{d}\theta}{2}\approx\frac{\mathrm{d}\theta}{2}$，再略去高阶微量 $\mathrm{d}\sigma_r\mathrm{d}r$，上式可简化为：

$$\sigma_\theta-\sigma_r=r\frac{\mathrm{d}\sigma_r}{\mathrm{d}r} \tag{3-4}$$

这就是微元体的平衡方程。式中有两个未知数，必须建立补充方程才能求解，这需要借助几何和物理方程。

几何方程。几何方程就是微元体的位移与其应变之间的关系。

由于结构和受力的对称性，横截面上各点只是在原来所在的半径上发生径向位移。于是，微元体各面位移如图 3-7 所示。其中 mm_1n_1n 为变形前的位置，$m'm'_1n'_1n'$ 为变形后的位置。若半径为 r 的 mn 面之径向位移为 w，则半径为 $r+\mathrm{d}r$ 的 m_1n_1 面之径向位移为 $w+\mathrm{d}w$。根据应变定义，可导出应变表达式：

$$\left.\begin{aligned}&\text{径向应变 } \varepsilon_r=\frac{(w+\mathrm{d}w)-w}{\mathrm{d}r}=\frac{\mathrm{d}w}{\mathrm{d}r}\\&\text{周向应变 } \varepsilon_\theta=\frac{(r+w)\mathrm{d}\theta-r\mathrm{d}\theta}{r\mathrm{d}\theta}=\frac{w}{r}\end{aligned}\right\} \tag{3-5}$$

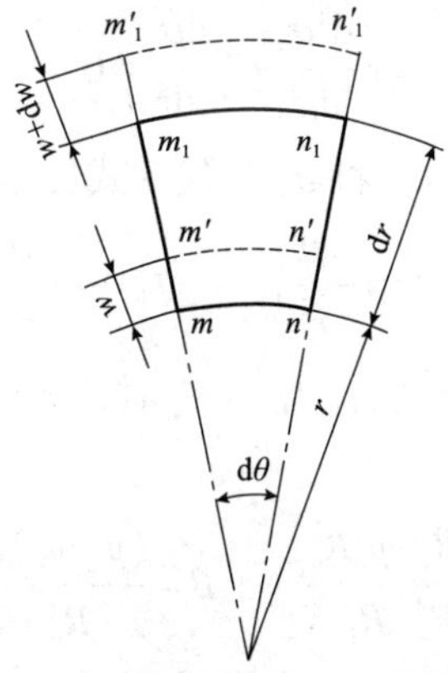

图 3-7 厚壁圆筒中微元体的位移

式(3-5)就是微元体的几何方程。它表明 ε_r、ε_θ 都是径向位移 w 的函数，因而二者是相互联系的。对第二式求导并变换可得：

$$\frac{\mathrm{d}\varepsilon_\theta}{\mathrm{d}r}=\frac{1}{r}(\varepsilon_r-\varepsilon_\theta) \tag{3-6}$$

此方程称为变形协调方程。它表明微元体的应变不能是任意的，而是相互联系的，即必须满足上述变形协调方程。

物理方程。按广义胡克定律，在弹性范围内，微元体的应力与应变关系必须满足下列关系：

$$\begin{aligned}\varepsilon_r&=\frac{1}{E}[\sigma_r-\mu(\sigma_\theta+\sigma_z)]\\ \varepsilon_\theta&=\frac{1}{E}[\sigma_\theta-\mu(\sigma_r+\sigma_z)]\end{aligned} \tag{3-7}$$

这就是物理方程。

由式(3-7)可得：

$$\varepsilon_r-\varepsilon_\theta=\frac{1+\mu}{E}(\sigma_r-\sigma_\theta) \tag{3-8}$$

同时对式(3-7)的第二式求导，可得(σ_z 为沿 r 均匀分布的常量)：

$$\frac{\mathrm{d}\varepsilon_\theta}{\mathrm{d}r}=\frac{1}{E}\left(\frac{\mathrm{d}\sigma_\theta}{\mathrm{d}r}-\mu\frac{\mathrm{d}\sigma_r}{\mathrm{d}r}\right)$$

另将式(3-8)代入式(3-6)得：

$$\frac{\mathrm{d}\varepsilon_\theta}{\mathrm{d}r}=\frac{(1+\mu)}{rE}(\sigma_r-\sigma_\theta)$$

由这两个$\frac{\mathrm{d}\varepsilon_\theta}{\mathrm{d}r}$的表达式，得：

$$\frac{\mathrm{d}\sigma_\theta}{\mathrm{d}r}-\mu\frac{\mathrm{d}\sigma_r}{\mathrm{d}r}=\frac{1+\mu}{r}(\sigma_r-\sigma_\theta) \tag{3-9}$$

从式(3-4)中求出 σ_θ，再代入式(3-9)，整理得：

$$r\frac{\mathrm{d}^2\sigma_r}{\mathrm{d}r^2}+3\frac{\mathrm{d}\sigma_r}{\mathrm{d}r}=0$$

解该微分方程，可得 σ_r 的通解，将 σ_r 再代入式(3-4)得 σ_θ：

$$\sigma_r=A-\frac{B}{r^2};\qquad \sigma_\theta=A+\frac{B}{r^2} \tag{3-10}$$

边界条件为：当 $r=R_\mathrm{i}$ 时，$\sigma_r=-p_\mathrm{i}$；当 $r=R_\mathrm{o}$ 时，$\sigma_r=-p_\mathrm{o}$。将边界条件代入式(3-10)，解得积分常数 A 和 B 为：

$$A=\frac{p_\mathrm{i}R_\mathrm{i}^2-p_\mathrm{o}R_\mathrm{o}^2}{R_\mathrm{o}^2-R_\mathrm{i}^2}\qquad B=\frac{(p_\mathrm{i}-p_\mathrm{o})R_\mathrm{i}^2R_\mathrm{o}^2}{R_\mathrm{o}^2-R_\mathrm{i}^2} \tag{3-11}$$

将 A 与 B 代入式(3-10)便可得到 σ_r 和 σ_θ 的表达式，见式(3-12)。

$$
\begin{aligned}
&\text{周向应力：}\quad \sigma_\theta=\frac{p_iR_i^2-p_oR_o^2}{R_o^2-R_i^2}+\frac{(p_i-p_o)R_i^2R_o^2}{R_o^2-R_i^2}\frac{1}{r^2}\\
&\text{径向应力：}\quad \sigma_r=\frac{p_iR_i^2-p_oR_o^2}{R_o^2-R_i^2}-\frac{(p_i-p_o)R_i^2R_o^2}{R_o^2-R_i^2}\frac{1}{r^2}\\
&\text{轴向应力：}\quad \sigma_z=\frac{p_iR_i^2-p_oR_o^2}{R_o^2-R_i^2}
\end{aligned}
\tag{3-12}
$$

式(3-12)即为1833年拉梅(Lamè)首次对厚壁圆筒进行应力分析提出的应力计算式，称为拉梅公式。当仅有内压或外压作用时，式(3-12)可以简化，厚壁圆筒中应力值和应力分布分别如表3-1和图3-8所示。表中各式采用径比$K=\frac{R_o}{R_i}$，K值可表示厚壁圆筒的厚度特征。

表3-1　厚壁圆筒的筒壁应力值

应力分析	仅受内压 $p_o=0$			仅受外压 $p_i=0$		
	任意半径 r 处	内壁处 $r=R_i$	外壁处 $r=R_o$	任意半径 r 处	内壁处 $r=R_i$	外壁处 $r=R_o$
σ_r	$\frac{p_i}{K^2-1}\left(1-\frac{R_o^2}{r^2}\right)$	$-p_i$	0	$\frac{-p_oK^2}{K^2-1}\left(1-\frac{R_i^2}{r^2}\right)$	0	$-p_o$
σ_θ	$\frac{p_i}{K^2-1}\left(1-\frac{R_o^2}{r^2}\right)$	$p_i\left(\frac{K^2+1}{K^2-1}\right)$	$p_i\left(\frac{2}{K^2-1}\right)$	$\frac{-p_oK^2}{K^2-1}\left(1+\frac{R_i^2}{r^2}\right)$	$p_o\left(\frac{2K^2}{K^2-1}\right)$	$p_o\left(\frac{K^2+1}{K^2-1}\right)$
σ_z	$p_i\left(\frac{1}{K^2-1}\right)$			$-p_o\left(\frac{K^2}{K^2-1}\right)$		

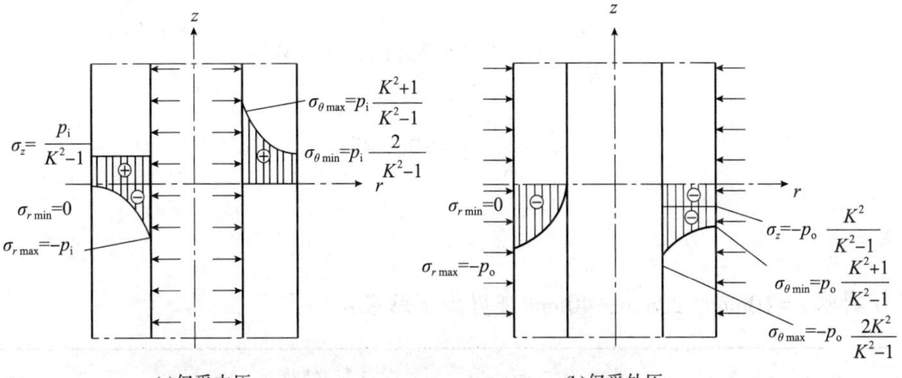

图3-8　厚壁圆筒中各应力分量的分布

从图3-8可以看出，仅在内压作用下，筒壁中的应力分布规律可归纳为以下几点。

①周向应力σ_θ及轴向应力σ_z均为拉应力(正值)，径向应力σ_r为压应力(负值)。在数值上有如下规律：内壁周向应力σ_θ有最大值，其值为$\sigma_{\theta\max}=p_i\frac{K^2+1}{K^2-1}$，而在外壁处减至

最小，其值为 $\sigma_{\theta\min}=p_i\dfrac{2}{K^2-1}$，内外壁 σ_θ 之差为 p_i；径向应力内壁处为 $-p_i$，随着 r 增加，径向应力绝对值逐渐减小，在外壁处 $\sigma_r=0$。

②轴向应力为一常量，沿壁厚均匀分布，且为周向应力与径向应力之和的一半，即 $\sigma_z=\dfrac{1}{2}(\sigma_\theta+\sigma_r)$。

③除 σ_z 外，其他应力沿厚度的不均匀程度与径比 K 值有关。以 σ_θ 为例，外壁与内壁处的周向应力 σ_θ 之比为 $\dfrac{(\sigma_\theta)_{r=R_o}}{(\sigma_\theta)_{r=R_i}}=\dfrac{2}{K^2+1}$，$K$ 值越大，不均匀程度越严重，当内壁材料开始出现屈服时，外壁材料尚未达到屈服，因此筒体材料的强度不能得到充分利用。当 K 值趋近于 1 时，该容器为薄壁容器，其应力沿厚度接近于均布。$K=1.1$ 时，内外壁应力只相差 10%，而当 $K=1.3$ 时，内外壁应力差则达到 35%。由此可见，在 $K=1.1$ 时，采用薄壁应力公式进行计算，其结果与精确值相差不会很大。当 $K=1.3$ 时，若仍用薄壁应力公式计算，误差就比较大，所以工程上一般规定 $K=1.1\sim1.2$ 作为区别厚壁与薄壁容器的界限。

【例题 3-1】某封闭厚壁筒由钢（$E=2\times10^5$MPa，$\mu=0.3$）制成，其内半径 $R_i=10$mm，而外半径 $R_o=40$mm，它承受内压 $p_i=300$MPa，外压为 0，试求圆筒中的应力分布。

【解】由题意知：

$$K=\frac{R_o}{R_i}=4$$

则圆筒中的 3 个主应力分别为：

$$\sigma_r=\frac{p_i}{K^2-1}(1-K_r^2)=20(1-K_r^2)\text{，MPa}$$

$$\sigma_\theta=\frac{p_i}{K^2-1}(1+K_r^2)=20(1+K_r^2)\text{，MPa}$$

$$\sigma_z=\frac{p_i}{K^2-1}=20\text{，MPa}$$

式中，$K_r=\dfrac{R_o}{r}$。

现分别取 $r=10$mm、20mm、40mm 可得如下结果：

应力/MPa	半径 r/mm		
	10	20	40
σ_r	-300	-60	0
σ_θ	340	100	40
σ_z	20	20	20

若本例按薄膜应力公式计算，有：

$$\sigma_\theta=\frac{p_iR_i}{t}=\frac{p_iR_i}{R_o-R_i}=\frac{p_i}{K-1}=\frac{300}{4-1}=100\text{MPa}$$

在内壁处，比拉梅公式计算结果小$\frac{340-100}{340}=70.6\%$，产生相当大的误差。工程上一般认为 $K>1.2$，薄壁公式不再适用，$K=1.2$ 时两者计算结果相差 9.1%。

(2)温度变化引起的弹性热应力

因温度变化引起的自由膨胀或收缩受到约束，在弹性体内所引起的应力，称为热应力。

任何构件都可以看作由无穷多个微元体构成。如图 3-9(a)所示，边长为单位长度的微元体，从初始温度 t_1 均匀加热到另一个温度 t_2 时，如果不存在热变形约束，各向的热应变都相同，即 $\varepsilon_x^t=\varepsilon_y^t=\varepsilon_z^t=\alpha(t_2-t_1)=\alpha\Delta t$（$\alpha$ 为材料的线膨胀系数），不产生热应力。但是，若微元体在 y 方向的膨胀受到刚性约束，见图 3-9(b)，则应变由热应变和 y 方向热应力 σ_y^t 所引起的弹性应变两部分组成，且两者之和为 0，即：

$$\frac{\sigma_y^t}{E}+\alpha\Delta t=0 \qquad (3-13)$$

$$\sigma_y^t=-\alpha E\Delta t$$

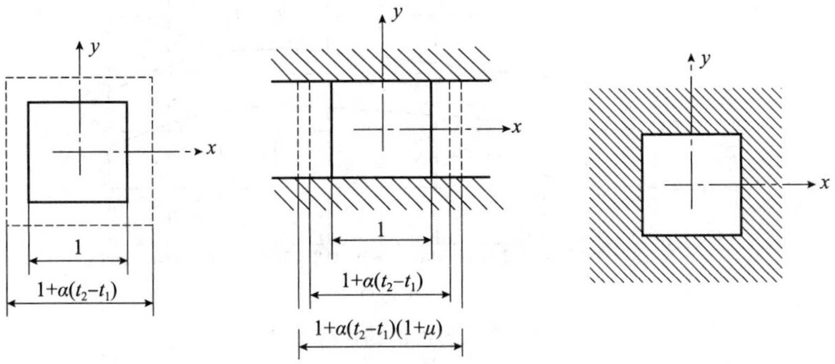

(a)自由膨胀　(b)单向约束　(c)双向约束

图 3-9　热应变

若微元体在 x 方向也受到刚性约束，见图 3-9(c)，则：

$$\frac{1}{E}(\sigma_y^t-\mu\sigma_x^t)+\alpha\Delta t=0$$

$$\frac{1}{E}(\sigma_x^t-\mu\sigma_y^t)+\alpha\Delta t=0$$

解得：

$$\sigma_x^t=\sigma_y^t=-\frac{\alpha E\Delta t}{1-\mu} \qquad (3-14)$$

同理，可求得三向都受刚性约束时的热应力：

$$\sigma_x^t=\sigma_y^t=\sigma_z^t=-\frac{\alpha E\Delta t}{1-2\mu} \tag{3-15}$$

由于实际结构常受到弹性约束，因而式(3-13)~式(3-15)中的热应力，分别为一维、二维和三维约束下的最大热应力。

在上述分析中，假设温度在微元体内均匀分布，且受到外部约束。除此之外，构件内部温度分布不均匀或构件之间热变形的相互约束，也会产生热应力。前者，例如沿径向存在温度梯度的厚壁圆筒。若内壁面温度高于外壁面，内层材料的自由热膨胀变形大于外层，但内层变形受到外层材料的限制，因而内层材料出现了压缩热应力，外层材料出现拉伸应力(径向应力除外)。后者，例如固定管板式换热器，管束与外壳都固定在管板上，若管束温度大于外壳，由于管束与外壳的热变形相互牵制，管束出现压缩热应力，外壳出现拉伸热应力。

在一维、二维和三维约束时，根据式(3-13)~式(3-15)，图3-10所示为碳素钢在不同初始温度下，温度增加1℃($\Delta t=1$℃)时的热应力值。由于$\mu\approx0.3$，三维、二维和一维刚性约束时，热应力的比值约为2.50∶1.43∶1.00。

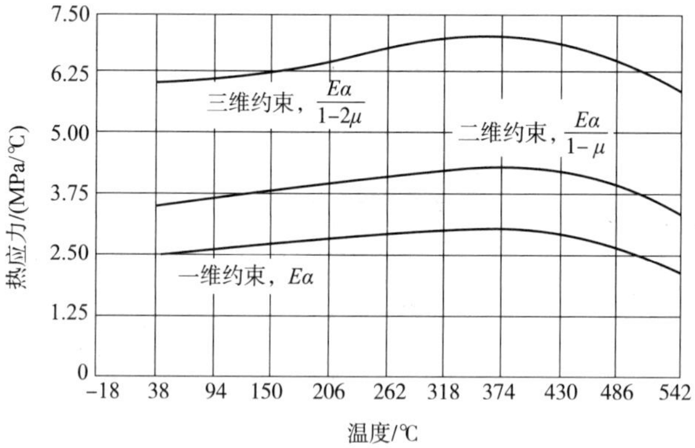

图3-10 碳素钢的热应力值

为求厚壁圆筒中的热应力，须先确定筒壁中的温度分布，再根据平衡方程、几何方程和物理方程，结合边界条件求解。平衡方程和几何方程与拉梅公式推导时所用的方程相同，但物理方程有所不同。因为在温度变化情况下，应变由两部分叠加而成：一是热应变；二是热变形时由于相互约束引起的应变，它与热应力之间满足胡克定律。

当厚壁圆筒处于对称于中心轴且沿轴向不变的温度场时，稳态传热状态下，三向热应力的表达式如下。

周向热应力：$$\sigma_\theta^t=\frac{E\alpha\Delta t}{2(1-\mu)}\left(\frac{1-\ln K_r}{\ln K}-\frac{K_r^2+1}{K^2-1}\right)$$

径向热应力：$$\sigma_r^t=\frac{E\alpha\Delta t}{2(1-\mu)}\left(-\frac{\ln K_r}{\ln K}+\frac{K_r^2-1}{K^2-1}\right)$$

周向热应力：$$\sigma_z^t=\frac{E\alpha\Delta t}{2(1-\mu)}\left(\frac{1-2\ln K_r}{\ln K}-\frac{2}{K^2-1}\right) \tag{3-16}$$

式中 Δt——筒体内外壁的温差，$\Delta t=t_i-t_o$；

t_i——内壁面温度；

t_o——外壁面温度；

K——筒体的外半径与内半径之比，$K=\dfrac{R_o}{R_i}$；

K_r——筒体的外半径与任意半径之比，$K_r=\dfrac{R_o}{r}$。

厚壁圆筒各处的热应力见表 3-2，表中 $p_i=\dfrac{E\alpha\Delta t}{2(1-\mu)}$，分布如图 3-11 所示。

表 3-2 厚壁圆筒中的热应力

热应力	任意半径 r 处	圆筒内壁 $K_r=K$ 处	圆筒外壁 $K_r=1$ 处
σ_r^t	$p_t\left(-\dfrac{\ln K_r}{\ln K}+\dfrac{K_r^2-1}{K^2-1}\right)$	0	0
σ_θ^t	$p_t\left(\dfrac{1-\ln K_r}{\ln K}-\dfrac{K_r^2+1}{K^2-1}\right)$	$p_t\left(\dfrac{1}{\ln K}-\dfrac{2K^2}{K^2-1}\right)$	$p_t\left(\dfrac{1}{\ln K}-\dfrac{2}{K^2-1}\right)$
σ_z^t	$p_t\left(\dfrac{1-2\ln K_r}{\ln K}-\dfrac{2}{K^2-1}\right)$	$p_t\left(\dfrac{1}{\ln K}-\dfrac{2K^2}{K^2-1}\right)$	$p_t\left(\dfrac{1}{\ln K}-\dfrac{2}{K^2-1}\right)$

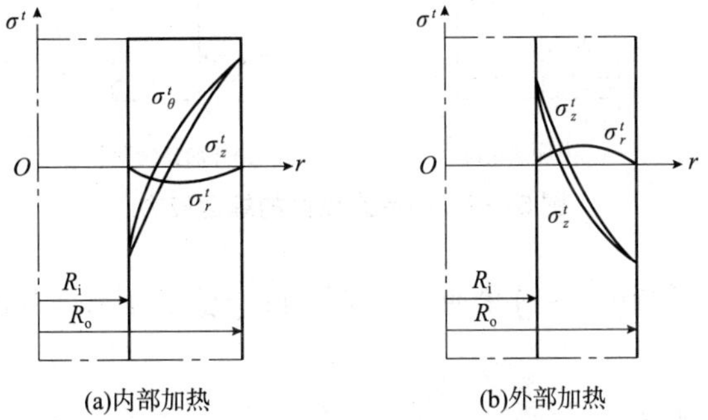

图 3-11 厚壁圆筒中的热应力分布

可见，厚壁圆筒中热应力及其分布规律如下。

①热应力大小与内外壁温差 Δt 成正比。Δt 取决于厚度，径比 K 值越大 Δt 值也越大，表 3-2 中的 p_t 值也越大。

②热应力沿厚度方向是变化的。径向热应力 σ_r^t 在内外壁面处均为 0，在任意半径处的数值均很小，且内加热时，均为压应力(负值)，外加热时均为拉应力(正值)。周向热应力 σ_θ^t 和轴向热应力 σ_z^t，在内加热时，外壁面处拉伸应力有最大值，在内壁处为压应力。反之，在外加热时，内壁面处拉伸应力有最大值，在外壁处为压应力。同时，内壁面的 σ_θ^t 与 σ_z^t 相等，外壁面处的 σ_θ^t 和 σ_z^t 也相等。

③内压与温差同时作用引起的弹性应力。在厚壁圆筒中，如果由内压引起的应力与温差所引起的热应力同时存在，在弹性变形前提下筒壁的总应力为两种应力的叠加，即：

$$\sum\sigma_r=\sigma_r+\sigma_r^t,\ \sum\sigma_\theta=\sigma_\theta+\sigma_\theta^t,\ \sum\sigma_z=\sigma_z+\sigma_z^t \tag{3-17}$$

具体计算公式见表3-3，分布情况见图3-12。可以看出，内加热情况下内壁应力叠加后得到改善，而外壁应力有所恶化。外加热时则相反，内壁应力恶化，而外壁应力得到很大改善。

表3-3　厚壁圆筒在内压与温度差作用下的总应力

总应力	圆筒内壁处 $r=R_i$	圆筒外壁处 $r=R_o$
$\sum\sigma_r$	$-p$	0
$\sum\sigma_\theta$	$(p-p_t)\dfrac{K^2+1}{K^2-1}+p_t\dfrac{1-\ln K}{\ln K}$	$(p-p_t)\dfrac{2}{K^2-1}+p_t\dfrac{1}{\ln K}$
$\sum\sigma_z$	$(p-2p_t)\dfrac{1}{K^2-1}+p_t\dfrac{1-2\ln K}{\ln K}$	$(p-2p_t)\dfrac{1}{K^2-1}+p_t\dfrac{1}{\ln K}$

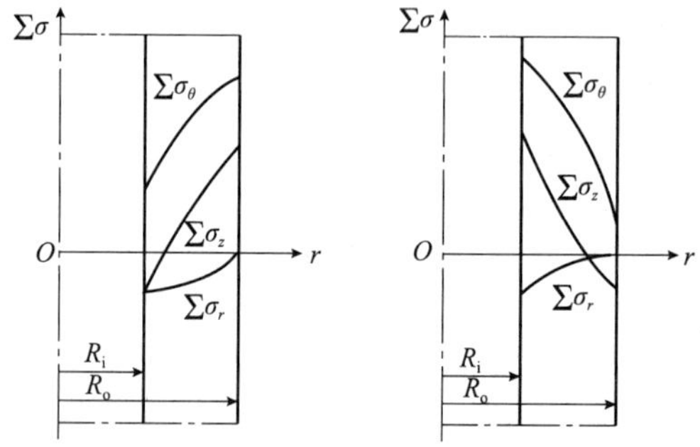

(a)内加热情况　　(b)外加热情况

图3-12　厚壁圆筒内的综合应力

【例题3-2】试计算**【**例题3-1**】**中的热应力。内外壁温差 $\Delta t=100℃$，$E=210\text{GPa}$，$\mu=0.3$，$\alpha=11\times10^{-6}/\text{C}$。

【解】由式(3-16)可得：

$$\sigma_\theta^t=\frac{E\alpha\Delta t}{2(1-\mu)}\left(\frac{1-\ln K_r}{\ln K}-\frac{K_r^2+1}{K^2-1}\right)=\frac{2.1\times10^5\times1.1\times10^{-5}\times100}{2\times(1-0.3)}\left(\frac{1-\ln K_r}{\ln4}-\frac{K_r^2+1}{4^2-1}\right)$$

$$=165\left(\frac{1-\ln K_r}{\ln4}-\frac{K_r^2+1}{15}\right)\text{MPa}$$

同理

$$\sigma_r^t=165\left(-\frac{\ln K_r}{\ln4}-\frac{K_r^2+1}{15}\right)\text{MPa}$$

$$\sigma_z^t=165\left(\frac{1-2\ln K_r}{\ln4}-\frac{2}{15}\right)\text{MPa}$$

现分别取 $r=10\text{mm}$、20mm、40mm，可得如下结果：

应力/MPa	半径 r/mm		
	10	20	40
σ_r^t	0	-49.5	0
σ_θ^t	233	-18.5	97
σ_z^t	-233	-68	97

若将本例结果与例 3-1 叠加，则可得内压与温差同时作用下筒壁中的综合应力如下：

应力/MPa	半径 r/mm		
	10	20	40
$\sum\sigma_r$	-300	-109.5	0
$\sum\sigma_\theta$	107	81.5	137
$\sum\sigma_z$	-213	-48	117

(3)热应力主要有以下几个特点。

①热应力随约束程度的增大而增大。由于材料的线膨胀系数、弹性模量与泊松比随温度变化而变化，热应力不仅与温度变化量有关，而且受初始温度的影响。

②热应力与零外载相平衡，是由热变形受约束引起的自平衡应力，在温度高处发生压缩，温度低处发生拉伸变形。由于温度场不同，热应力既有可能在整台容器中出现，也有可能只在局部区域产生。

③热应力具有自限性，屈服流动或高温蠕变可使热应力降低。对于塑性材料，热应力不会导致构件断裂，但交变热应力有可能导致构件发生疲劳失效或塑性变形累积。

需要指出的是：液氢储罐内胆、固态储氢罐、单层高压储氢容器等储氢设备，在充/放氢、变动工况储存或运输(比如环境温度发生明显变化)时，壳壁中的温度分布随时间而改变，即处于非稳态温度场，此时的热应力要比稳态温度场时大得多，这在温度急剧变化时尤为显著。因此，应严格控制变动工况在储氢设备壳壁及不同结构连接处所引起的温度变化速度。除此之外，为减少热应力，工程上应尽量采取以下措施：避免外部对热变形的约束、设置膨胀节(或柔性元件)、采用良好的保温层等。

2. 弹塑性应力和残余应力

(1)弹塑性应力

对于承受内压的厚壁圆筒，随着内压增大，内壁材料先屈服而呈塑性状态。若内压力继续增大，则屈服层向外扩展，在近内壁处形成塑性区，塑性区之外仍为弹性区，塑性区与弹性区的交界面为一个与厚壁圆筒同心的圆柱面。为分析塑性区与弹性区内的应力分布，从厚壁圆筒远离边缘处的筒体中取一筒节。筒节由塑性区与弹性区组成，如图 3-13 所示。设两区分界面的半径为 R_c，界面上的压力为 p_c(相互间的径向应力)，则塑性区所受外压为 p_c，内压为 p_i；而弹性区所受外压为 0，内压为 p_c。

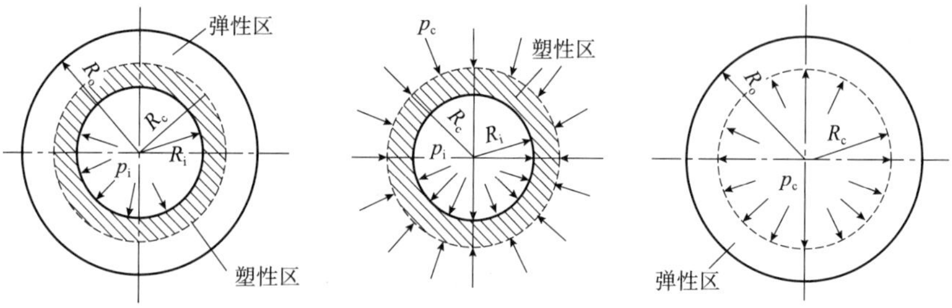

图 3-13　处于弹塑性状态的厚壁圆筒

为了简化分析，假定材料在屈服阶段的塑性变形过程中，不发生应变硬化，即材料为理想弹塑性材料，其应力-应变关系如图 3-14 所示。

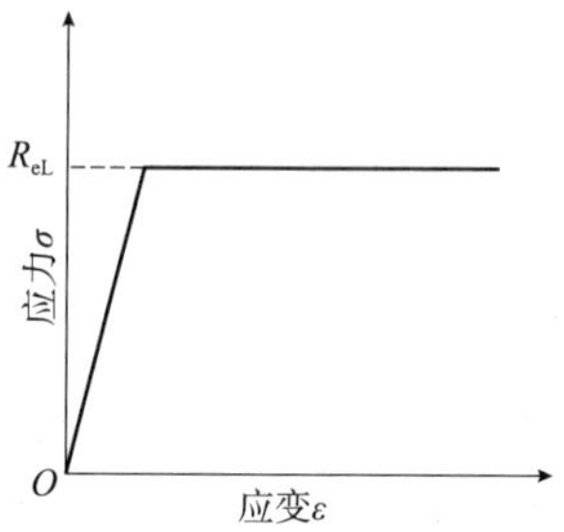

图 3-14　理想弹塑性材料的应力-应变关系

①塑性区应力。塑性区筒体材料处于塑性状态，式(3-4)的微元平衡方程仍可适用。

$$\sigma_\theta-\sigma_r=r\frac{d\sigma_r}{dr}$$

由于圆筒为理想弹塑性材料，且 $\sigma_z=\frac{1}{2}(\sigma_\theta+\sigma_r)$，按 Mises 屈服失效判据得：

$$\sigma_\theta-\sigma_r=\frac{2}{\sqrt{3}}R_{eL} \tag{3-18}$$

式中　R_{eL}——材料的屈服强度。

由式(3-4)和式(3-18)得：

$$d\sigma_r=\frac{2}{\sqrt{3}}R_{eL}\frac{dr}{r}$$

将上式积分得：

$$\sigma_r=\frac{2}{\sqrt{3}}R_{eL}\ln r+A \tag{3-19}$$

式中，A 为积分常数，由边界条件确定。内壁面，即 $r=R_i$ 处，$\sigma_r=-p_i$；在弹塑性交界面，即 $r=R_c$ 处，$\sigma_r=-p_c$。将内壁面边界条件代入式(3-19)，求出积分常数 A，再代回式(3-19)，得 σ_r 的表达式：

$$\sigma_r=\frac{2}{\sqrt{3}}R_{eL}\ln\frac{r}{R_i}-p_i \tag{3-20}$$

将式(3-20)代入式(3-18)，得 σ_θ 的表达式：

$$\sigma_\theta=\frac{2}{\sqrt{3}}R_{\mathrm{eL}}\left(1+\ln\frac{r}{R_{\mathrm{i}}}\right)-p_{\mathrm{i}} \tag{3-21}$$

由于 $\sigma_z=\frac{1}{2}(\sigma_\theta+\sigma_r)$，可得塑性区内轴向应力 σ_z 的表达式：

$$\sigma_z=\frac{R_{\mathrm{eL}}}{\sqrt{3}}\left(1+2\ln\frac{r}{R_{\mathrm{i}}}\right)-p_{\mathrm{i}} \tag{3-22}$$

利用弹塑性交界面边界条件和式(3-20)，可得弹塑性两区交界面上的压力 p_{c} 为：

$$p_{\mathrm{c}}=-\frac{2}{\sqrt{3}}R_{\mathrm{eL}}\ln\frac{R_{\mathrm{c}}}{R_{\mathrm{i}}}+p_{\mathrm{i}} \tag{3-23}$$

②弹性区应力。弹性区相当于承受 p_{c} 内压的弹性厚壁圆筒，设 $K_{\mathrm{c}}=\frac{R_{\mathrm{o}}}{R_{\mathrm{c}}}$，得到弹性区内壁 $r=R_{\mathrm{c}}$ 处的应力表达式：

$$(\sigma_r)_{r=R_{\mathrm{c}}}=-p_{\mathrm{c}}$$

$$(\sigma_\theta)_{r=R_{\mathrm{c}}}=p_{\mathrm{c}}\left(\frac{K_{\mathrm{c}}^2+1}{K_{\mathrm{c}}^2-1}\right)$$

因弹性区内壁处于屈服状态，应符合式(3-18)，即：

$$(\sigma_\theta)_{r=R_{\mathrm{c}}}-(\sigma_r)_{r=R_{\mathrm{c}}}=\frac{2}{\sqrt{3}}R_{\mathrm{eL}}$$

代入式(3-23)并简化后得：

$$p_{\mathrm{c}}=\frac{R_{\mathrm{eL}}}{\sqrt{3}}\frac{R_{\mathrm{o}}^2-R_{\mathrm{c}}^2}{R_{\mathrm{o}}^2} \tag{3-24}$$

考虑弹性区与塑性区是同一连续体内两个部分，界面上的 p_{c} 应为同一数值，令式(3-23)与式(3-24)相等，则可导出内压 p_{i} 与所对应塑性区圆柱面半径 R_{c} 间的关系式：

$$p_{\mathrm{i}}=\frac{R_{\mathrm{eL}}}{\sqrt{3}}\left(1-\frac{R_{\mathrm{c}}^2}{R_{\mathrm{o}}^2}+2\ln\frac{R_{\mathrm{c}}}{R_{\mathrm{i}}}\right) \tag{3-25}$$

由式(3-12)，导出弹性区内半径 r 处，以 R_{c} 表示的各应力表达式为：

$$\sigma_r=\frac{R_{\mathrm{eL}}}{\sqrt{3}}\frac{R_{\mathrm{c}}^2}{R_{\mathrm{o}}^2}\left(1-\frac{R_{\mathrm{o}}^2}{r^2}\right)$$

$$\sigma_\theta=\frac{R_{\mathrm{eL}}}{\sqrt{3}}\frac{R_{\mathrm{c}}^2}{R_{\mathrm{o}}^2}\left(1+\frac{R_{\mathrm{o}}^2}{r^2}\right) \tag{3-26}$$

$$\sigma_z=\frac{R_{\mathrm{eL}}}{\sqrt{3}}\frac{R_{\mathrm{c}}^2}{R_{\mathrm{o}}^2}$$

若按 Tresca 屈服失效判据，也可导出类似的表达式。现将弹塑性分析中所导出的各种应力表达式列于表 3-4 中。

表 3-4　厚壁圆筒弹塑性区的应力（$p_o=0$ 时）

屈服失效判据	应力	塑性区 $R_i \ll r \ll R_c$	弹性区 $R_c \ll r \ll R_o$
Mises	径向应力 σ_r	$\frac{2}{\sqrt{3}}R_{eL}\ln\frac{r}{R_i}-p_i$	$\frac{R_{eL}}{\sqrt{3}}\frac{R_c^2}{R_o^2}\left(1-\frac{R_o^2}{r^2}\right)$
	周向应力 σ_θ	$\frac{2}{\sqrt{3}}R_{eL}\left(1+\ln\frac{r}{R_i}\right)-p_i$	$\frac{R_{eL}}{\sqrt{3}}\frac{R_c^2}{R_o^2}\left(1+\frac{R_o^2}{r^2}\right)$
	轴向应力 σ_z	$\frac{R_{eL}}{\sqrt{3}}\left(1+2\ln\frac{r}{R_i}\right)-p_i$	$\frac{R_{eL}}{\sqrt{3}}\frac{R_c^2}{R_o^2}$
	p_i 与 R_c 的关系	$p_i=\frac{R_{eL}}{\sqrt{3}}\left(1-\frac{R_c^2}{R_o^2}+2\ln\frac{R_c}{R_i}\right)$	
Tresca	径向应力 σ_r	$R_{eL}\ln\frac{r}{R_i}-p_i$	$\frac{R_{eL}}{2}\frac{R_c^2}{R_o^2}\left(1-\frac{R_o^2}{r^2}\right)$
	周向应力 σ_θ	$R_{eL}\left(1+\ln\frac{r}{R_i}\right)-p_i$	$\frac{R_{eL}}{2}\frac{R_c^2}{R_o^2}\left(1+\frac{R_o^2}{r^2}\right)$
	轴向应力 σ_z	$R_{eL}\left(0.5+\ln\frac{r}{R_i}\right)-p_i$	$\frac{R_{eL}}{2}\frac{R_c^2}{R_o^2}$
	p_i 与 R_c 的关系	$p_i=R_{eL}\left(0.5-\frac{R_c^2}{2R_o^2}+\ln\frac{R_c}{R_i}\right)$	

(2)残余应力

当厚壁圆筒进入弹塑性状态后，若将内压力 p_i 全部卸除，塑性区因存在残余变形不能恢复原来尺寸，而弹性区由于本身弹性收缩，力图恢复原来的形状，但受到塑性区残余变形的阻挡，从而在塑性区中出现压缩应力，在弹性区内产生拉伸应力，这种自平衡的应力就是残余应力。把这种卸载后保留下来的变形称为残余变形。

残余应力的计算需根据卸载定理进行。卸载定理是：以载荷的改变量为假想载荷，按弹性理论计算该载荷所引起的应力和应变，此应力和应变实际是应力和应变的改变量。从卸载前的应力和应变减去这些改变量就得到卸载后的应力和应变。

如图 3-15 所示，在内压作用下，弹塑性区的应力和卸除内压后所产生的残余应力在分布上有明显的不同。不难发现，残余应力与以下因素有关：①应力-应变关系简化模型；②屈服失效判据；③弹塑性交界面的半径。

3. 屈服压力和爆破压力

(1)爆破压力

对于塑性材料制造的压力容器，压力与容积变化量的关系曲线如图 3-16 所示。在弹性变形阶段(*OA* 线段)，器壁应力较小，产生弹性变形，内压与容积变化量成正比，到 *A* 点时容器内表面开始屈服，与 *A* 点对应的压力为初始屈服压力 p_s；在弹塑性变形阶段(*AC* 线段)，随着内压的继续提高，材料从内壁向外壁屈服，此时，一方面因塑性变形而使材料强化导致承压能力提高，另一方面因厚度不断减小而使承压能力下降，但材料强化作用大于厚度减小作用，到 C 点时两种作用已接近，C 点对应的压力是容器所能承受的最大压力，称为塑性垮塌压力(plastic collapse pressure)；在爆破阶段(CD 线段)，容积突然急剧增大，使容器继续膨胀所需要的压力也相应减小，压力降落到 D 点，容器爆炸，D 点所对应的压力为爆破压力 p_b(bursting pressure)。

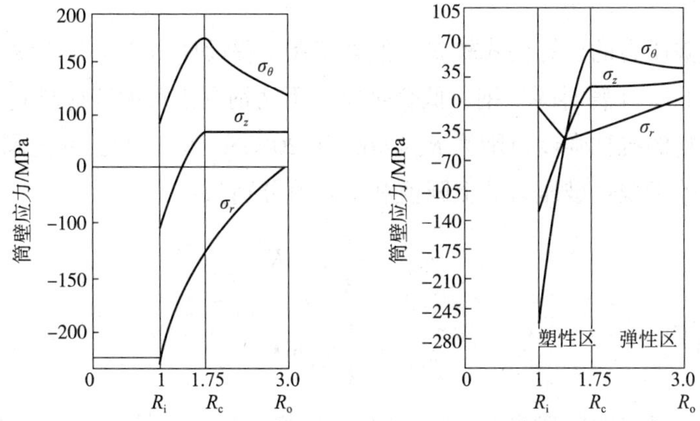

(a)加载时的应力分布　　(b)卸载后的残余应力

图 3-15　弹塑性区的应力分布

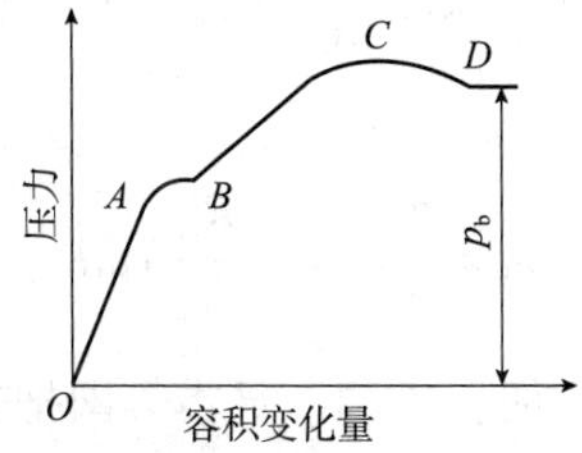

图 3-16　厚壁圆筒中压力与容积变化量的关系曲线

对于内压容器，爆破过程中内压和容积变化量的关系与材料塑性、加压速率、温度、容器容积和厚度等因素有关。对于脆性材料，不会出现弹塑性变形阶段。虽然塑性垮塌压力大于爆破压力，但工程上往往把塑性垮塌压力视为爆破压力。

(2)屈服压力

①初始屈服压力。受内压作用的厚壁圆筒，将表 3-1 中圆筒内表面的应力表达式代入式(3-18)，并使 $p_i=p_s$，得基于 Mises 屈服失效判据的圆筒初始屈服压力 p_s：

$$p_s=\frac{R_{eL}}{\sqrt{3}}\frac{K^2-1}{K^2} \tag{3-27}$$

②全屈服压力。假设材料为理想弹塑性，承受内压的厚壁圆筒，当筒壁达到整体屈服状态时所承受的压力，称为圆筒全屈服压力或极限压力(limit pressure)，用 p_{so} 表示。

筒壁整体屈服时，弹塑性界面的半径等于外半径。按 Mises 屈服失效判据，只要在式(3-25)中，令 $R_c=R_o$，便可导出全屈服压力 p_{so} 表达式。

$$p_{so}=\frac{2}{\sqrt{3}}R_{eL}\ln K \tag{3-28}$$

式(3-28)又称为 Nadai 式。

勿将全屈服压力和塑性垮塌压力等同，前者假设材料为理想弹塑性，后者利用材料的实际应力-应变关系。

(3)爆破压力

厚壁圆筒爆破压力的计算公式较多，但真正在工程设计中应用并不多，最有代表性的是 Faupel 公式。Faupel 曾对碳素钢、低合金钢、不锈钢及铝青铜等材料制成的厚壁圆筒做过爆破试验，材料的抗拉强度范围为 $R_m=460\sim1320\text{MPa}$，断后伸长率范围 $A=12\%\sim80\%$。在整理数据时，他发现爆破压力的上限值和下限值分别为：

$$\begin{aligned}p_{bmax}&=\frac{2}{\sqrt{3}}R_m\ln K\\p_{bmin}&=\frac{2}{\sqrt{3}}R_{eL}\ln K\end{aligned} \tag{3-29}$$

且爆破压力随材料的屈强比 R_{eL}/R_m 呈线性规律变化。于是，Faupel 将爆破压力 p_b 归纳为：

$$p_b=p_{bmin}+\frac{R_{eL}}{R_m}(p_{bmax}-p_{bmin})$$

即：

$$p_b=\frac{2}{\sqrt{3}}R_{eL}\left(2-\frac{R_{eL}}{R_m}\right)\ln K \tag{3-30}$$

Faupel 公式形式简单，计算方便，中国、日本等国把它作为厚壁圆筒强度设计的基本方程。其缺点是计算值与实测值之间的相对误差较大，最大误差达到±15%。为提高厚壁圆筒爆破压力计算精度，研究者提出了许多爆破压力计算公式，本教材从略。

4. 提高屈服承载能力的措施

由单层厚壁圆筒的应力分析可知，在内压力作用下，筒壁内应力分布是不均匀的，内壁处应力最大，外壁处应力最小，随着厚度或径比 K 值的增大，应力沿厚度方向非均匀分布更为突出，内外壁应力差值也增大。如按内壁最大应力作为强度设计的控制条件，那么除内壁外，其他点处，特别是外层材料，均处于远低于控制条件允许的应力水平，致使大部分筒壁材料没有充分发挥它的承受压力载荷的能力。同时，从表 3-1 筒壁应力值可见，随厚度的增加，K 值亦相应增加，但应力计算式 $p_i\dfrac{K^2+1}{K^2-1}$中，分子和分母值都要增加，因此，当径比大到一定程度后，用增加厚度的方法降低壁中应力的效果不明显。

为此，对于压力很高的容器，工程上通常对圆筒施加外压或自增强处理，使内层材料受到压缩预应力作用，而外层材料处于拉伸状态。当厚壁圆筒承受工作压力时，筒壁内的应力分布由按拉梅公式[式(3-12)]确定的弹性应力和残余应力叠加而成。内壁处的总应力有所下降，外壁处的总应力有所上升，均化沿筒壁厚度方向的应力分布，从而提高圆筒的初始屈服压力，更好地利用材料。

对圆筒施加外压的方法有多种，最常用的是采用多层圆筒结构。在内筒外，采用钢板、型带、钢丝等作外层材料，用过盈套合、包扎、缠绕等方法，将内圆筒与外层材料组合成一整体。在施加外压过程中，内筒受到外压作用，处于压缩状态。

需要指出的是：实际的多层厚壁圆筒，由于层间间隙存在，且不均匀，特别是经过水压试验后，层间又有不同程度的间隙改变，应力分布十分复杂。因此，目前在大多数情况下，多层厚壁圆筒不以得到满意的预应力为主要目的，而是为了得到较大的厚度，在设计中不考虑预应力存在的有利影响(除超高压容器外)，而只是作为强度储备。

将厚壁圆筒在使用之前进行加压处理，使其内压力超过初始屈服压力。如前所述，当压力卸除后，塑性区中形成残余压缩应力，弹性区中形成残余拉伸应力。这种通过超工作压力处理，由筒壁自身外层材料的弹性收缩引起残余应力的方法，称为自增强。

3.4.3 受内压壳体与接管连接处的局部应力

除受到介质压力作用外，储氢设备还承受通过接管或其他附件传递来的局部载荷，如设备的自重、物料的重量、管道及附件的重量、支座的约束反力、温度变化引起的载荷等。这些载荷通常仅对附件与设备相连的局部区域产生影响。此外，在压力作用下，储氢容器材料或结构不连续处，如截面尺寸、几何形状突变的区域、两种不同材料的连接处等，也会在局部区域产生附加应力。上述两种情况下产生的应力，均称为局部应力。

局部应力的危害性与材料的韧性和载荷形式密切相关。对于韧性好的材料，当局部应力达到屈服强度时，该处材料的变形可以继续增加，而应力却不再加大，载荷继续增加，增加的力就由其他尚未屈服的材料来承担，这种应力再分配可使局部高应力缓解，或通过几次载荷循环使结构趋于安定，故在一定条件下局部高应力是允许的。但是，过大的局部应力会使结构处于不安定状态；在变动载荷(包括冲击载荷)作用下，局部应力处易形成裂纹，有可能导致疲劳失效。因此，清楚了解局部应力产生的原因，掌握一些简便的计算方法和测试手段，懂得如何采取相应的措施来降低局部应力是十分必要的。

局部应力不仅与载荷大小有关，而且与载荷作用处的局部结构形状和尺寸密切相关，很难甚至无法对其进行精确的理论分析。在大多数情况下，必须依靠有限元、边界元等数值计算方法和实验应力测试方法，以数值解或(和)实测值为基础，整理、归纳出经验公式和图表，供设计计算时使用。

下面以受内压壳体与接管连接处局部应力的分析为例，介绍局部应力求解的常用方法、基本思路，以及降低局部应力的措施。

由于几何形状及尺寸的突变，受内压壳体与接管连接处附近的局部范围内会产生较高的不连续应力。对这类应力的求解相当复杂，工程上常采用应力集中系数法、经验公式、数值计算和实验应力测试法计算局部应力。

(1)应力集中系数法

在计算壳体与接管连接处的最大应力时，常采用应力集中系数法。受内压壳体与接管连接处的最大弹性应力 σ_{max} 与该壳体不开孔时的环向薄膜应力 σ_θ 之比称为应力集中系数 K_t，即：

$$K_t = \frac{\sigma_{max}}{\sigma_\theta} \tag{3-31}$$

①应力集中系数曲线。为了方便设计，通过理论计算，往往将不同直径、不同厚度的壳体，带有不同直径与厚度的接管的应力集中系数综合成一系列曲线，即应力集中系数曲线。利用这种曲线可以方便地计算出最大应力。图 3-17～图 3-19 分别为在内压作用下，球壳带平齐式接管、球壳带内伸式接管和圆柱壳开孔接管的应力集中系数曲线。

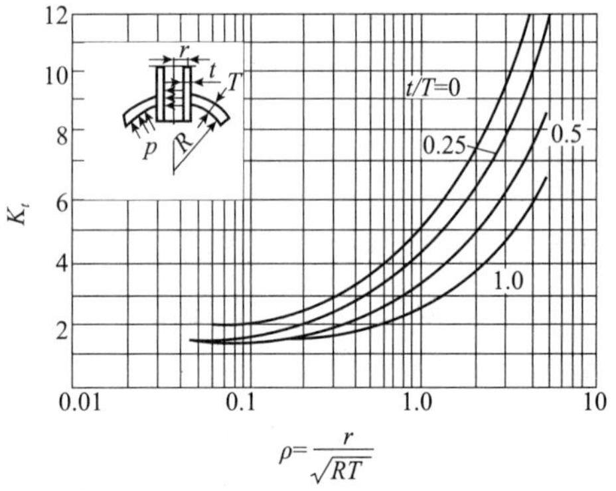

图 3-17　球壳带平齐式接管的应力集中系数曲线

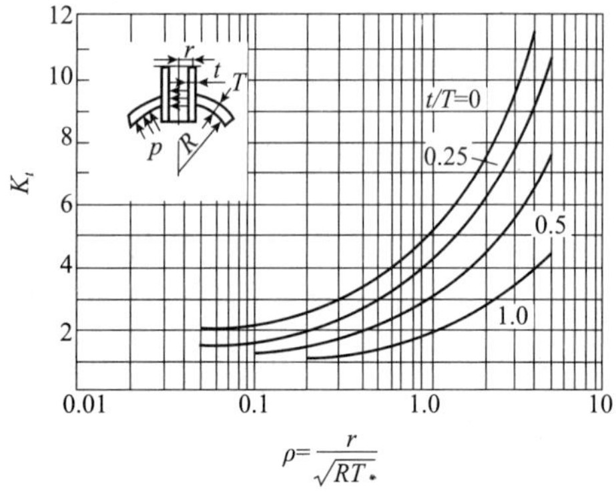

图 3-18　球壳带内伸式接管的应力集中系数曲线

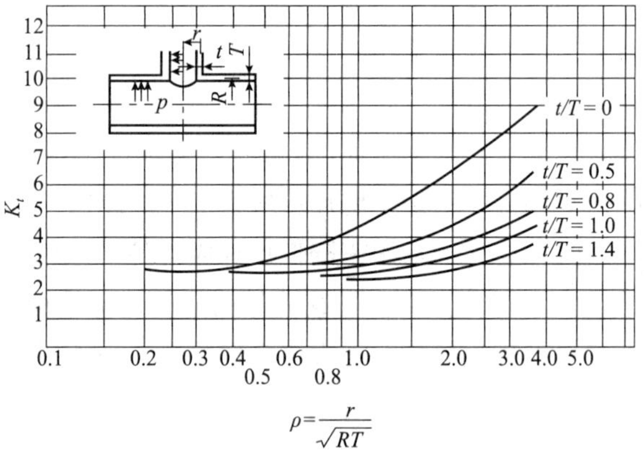

图 3-19　圆柱壳开孔接管的应力集中系数曲线

图 3-17～图 3-19 中，采用两个与应力集中系数相关的无因次几何参数，即开孔系数 ρ 和接管厚度 t 与壳体厚度 T 之比 t/T。开孔系数 ρ 与壳体平均半径 R、厚度及接管平均半径 r 有关，其表达式为：

$$\rho = \frac{r}{\sqrt{RT}} \tag{3-32}$$

$\sqrt{RT}$为边缘效应的衰减长度，故开孔系数表示开孔大小和壳体局部应力衰减长度的比值。从图中可以看出，应力集中系数 K_t 随着开孔系数 ρ 的增大而增大，随厚度比 t/T 的增大而减小。内伸式接管的应力集中系数较小。也就是说，增大接管和壳体的厚度，减小接管半径，有利于降低应力集中系数。

值得注意的是，当开孔太大或太小，或厚度太大或太小时，应力集中系数并非只是开孔系数的单一函数，应力集中系数曲线都有一定的适用范围。例如，球壳带接管的应力集中系数曲线，对开孔大小和壳体厚度的限制范围为：

$$0.01 \leqslant \frac{r}{R} \leqslant 0.4$$

$$30 \leqslant \frac{R}{T} \leqslant 150$$

椭圆形封头上接管连接处的局部应力，只要将椭圆曲率半径折算成球的半径，就可采用球壳上接管连接处局部应力的计算方法。

②应力指数法。对于内压壳体(球壳和圆柱壳)与接管连接处的最大应力，美国压力容器研究委员会以大量实验分析为基础，提出了一种简易的计算方法，称为应力指数法。与应力集中系数曲线不同的是，该方法考虑了连接处的3个应力：经向应力、径向应力和法向应力(图3-20)；应力指数是所考虑的各应力分量与壳体在无开孔接管时的环向应力之比。应力指数法已列入中国、美国、日本等国家压力容器分析设计标准。

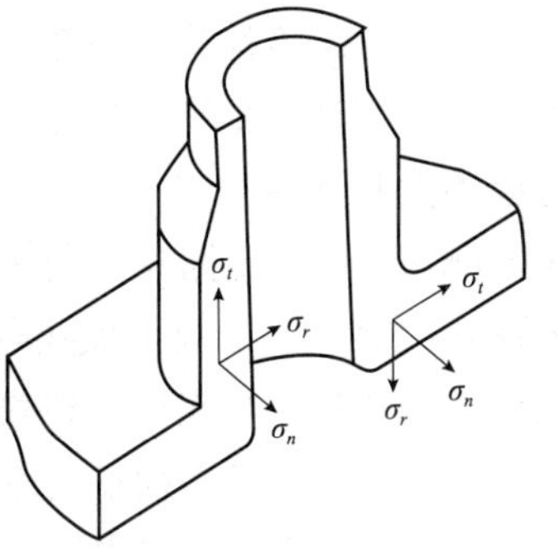

图3-20 接管连接处的各向应力分量

(2)经验公式

大量的试验研究、数值计算和理论分析表明，受内压壳体与接管连接处的应力集中系数 K_t 一般可表示为3个无因次参量的函数。这3个无因次参数是：接管中面直径 d 与壳体中面直径 D 之比$\frac{d}{D}$，接管厚度 t 与壳体厚度 T 之比$\frac{t}{T}$和壳体中面直径 D 与其厚度 T 之比$\frac{D}{T}$。到目前为止，已提出了许多应力集中系数经验公式。对圆柱壳上的径向接管，常用的经验公式有以下几个。

Rodabaugh 公式：

$$K_1 = 2.8\left(\frac{D}{T}\right)^{0.182}\left(\frac{d}{D}\right)^{0.367}\left(\frac{t}{T}\right)^{-0.382}\left(\frac{r_0}{t}\right)^{-0.148} \tag{3-33}$$

Rodabaugh 公式考虑了接管与圆柱壳过渡处外圆角半径 r_0 的影响，已被 ASME 规范第Ⅲ篇 NB-3683.8 所采用，适用范围为 $D/T<100$，$0.09 \leqslant t/T \leqslant 4.3$，$0.5<r_0/t<12.5$，对$d/D$无要求。

Decock 公式：

$$K_t=\frac{2+2\frac{d}{D}\sqrt{\frac{d}{D}\frac{t}{T}}+1.25\frac{d}{D}\sqrt{\frac{D}{T}}}{1+\frac{t}{T}\sqrt{\frac{d}{D}\frac{t}{T}}} \tag{3-34}$$

Decock 公式的适用范围为 $1.4\leqslant\frac{D}{T}\leqslant240$，$0.04\leqslant\frac{d}{D}\leqslant1.0$，$0.048\leqslant\frac{t}{T}\leqslant2.8$。

(3)数值计算

应力数值计算的方法比较多，如差分法、变分法、有限元法和边界元法等，但目前使用最广泛的是有限元法。

有限元法的基本思路是：将连续体离散为有限个单元的组合体，以单元结点的参量为基本未知量，单元内的相应参量用单元结点上的数值插值，将一个连续体的无限自由度问题变成有限自由度的问题，再利用整体分析求出未知量。显然，随着单元数量的增加，解的近似程度将不断改进，如单元满足收敛要求，近似解也最终收敛于精确解。

(4)实验应力测试法

理论计算或数值计算模型都经过一定的简化，用实验应力测试方法直接测量计算部位的应力，是验证计算结果可靠性的有效方法。实验应力测试的方法很多，但最常用的两种方法是电测法和光弹性法。

①电测法。金属电阻丝承受拉伸或压缩变形时，电阻也将发生改变。将电阻丝往复绕成特殊形状(如栅状)，就可做成电阻应变片。测量前，将电阻应变片用特殊的胶合剂粘贴在欲测应变的部位，当壳体受到载荷作用发生变形时，电阻应变片中的电阻丝随之一起变形，导致电阻丝长度及截面积的改变，从而引起其电阻值的变化。可见，电阻的变化与应变有一定的对应关系。通过电阻应变仪，就可测得相应的应变。利用胡克定律或其他理论公式，就可求得应力值。

电测时，应尽量消除产生各种测量误差的因素。例如，应变片位置的偏差，应变片与壳壁接触的紧密程度，应变片与导线的焊接质量，环境、温度的变化等。

②光弹性法。光弹性法是一种光学应力测量方法。采用一种具有双折射性能的透明塑料，如环氧树脂和聚碳酸酯，制成与被测试结构几何形状相似的模型，模拟实际零件的受载情况，将受载后的塑料模型置于偏振光场中，即可获得干涉条纹图。根据光弹性原理，算出模型中各点的应力大小及其方向，而实际被测试结构上的应力可根据模型相似理论换算得到。光弹性法的特点是直观性强，可直接看到应力集中的部位，从而能迅速求出应力集中系数。利用光弹性法，不仅能解决二维问题，而且能有效解决三维问题，不仅能得到边界上的应力分布而且能得到内部截面的应力分布。而电测法只能获得构件表面的应力分布。

3.5 失效模式和设计准则

3.5.1 失效模式

在外部载荷、服役环境、制造残余影响等因素单独或者共同作用下，往往会造成压力容器损伤。当损伤积累到一定程度，就会危及压力容器安全和功能，导致压力容器失效。压力容器在规定的服役环境和寿命内，因尺寸、形状或者材料性能变化而危及安全或者丧失规定功能的现象，称为压力容器失效。虽然压力容器失效的原因多种多样，但是失效的最终表现形式主要为过度变形、断裂和泄漏。防止失效是压力容器设计的重要任务。学习压力容器常见的失效模式及其原因，对于正确理解、使用和制定压力容器规范标准，分析和预防失效，都具有十分重要的意义。

压力容器失效模式是指容器失效后可观察和测量的宏观特征，它有多种分类方法。根据失效时间，压力容器失效可分为突发型失效和退化型失效。突发型失效又称短期失效，是指容器在丧失功能之前保持或基本保持所需功能，但由于某种原因在某个时刻突然失效，如塑性垮塌(韧性断裂)、脆性断裂、接头泄漏、局部过度应变等。退化型失效是指随着服役时间的延长，容器性能逐渐下降，直至达到某一临界值而导致功能丧失，如腐蚀、蠕变、疲劳等。退化型失效又可分为两类：一类是由长期载荷引起的，如蠕变、腐蚀、氢致滞后开裂等；另一类是由交变载荷引起的，如疲劳、棘轮等。按照失效原因，压力容器失效大致可分为强度失效、刚度失效、屈曲失效和泄漏失效四类。

1. 强度失效

因材料屈服或者断裂引起的压力容器失效，称为强度失效，包括塑性垮塌、局部过度应变、脆性断裂、疲劳、棘轮、蠕变、腐蚀等。

①塑性垮塌，是指在单调加载条件下压力容器因过量总体塑性变形而不能继续承载导致的破坏。其特征是：破坏后有肉眼可见的宏观变形，如整体鼓胀，周长伸长率可达10%~50%，破口处壁厚显著减薄；没有碎片，或者偶尔有少量碎片，在这种情况下，按实测厚度计算的爆破压力与实际爆破压力相当接近。

壁厚过薄和超压是引起压力容器塑性垮塌的主要原因。导致壁厚过薄的情况大致有两种：厚度未经正确的设计计算，以及厚度因腐蚀、冲蚀等原因而减薄；操作失误、液体受热膨胀、化学反应失控等均可引起超压。例如，压力较高的气体进入设计压力较小的容器空间、容器内产生的气体无法及时排出等。

严格按照标准进行设计、制造，并配备相应的超压释放装置，同时遵循有关规定进行运输、安装、使用、检验和检测，可以避免压力容器在设计寿命内发生塑性垮塌。

②局部过度应变，是指压力容器结构不连续处因材料延性耗尽而产生的裂纹或者撕裂。

在三向拉应力作用下，材料韧性(断裂应变)会下降。在压力容器结构不连续区，如螺纹根部，有可能在容器没有塑性垮塌前，就因材料延性耗尽产生裂纹而失效。

③脆性断裂，是指压力容器未经明显的塑性变形而发生的断裂。这种断裂是在较低应力水平下发生的，断裂时的应力远低于材料强度极限，故又称为低应力脆断。其特征是：断裂时容器没有明显的鼓胀；断口齐平，并与最大主应力方向垂直；断裂速度极快，易形成碎片。由于脆性断裂时容器往往没有超压，爆破片、安全阀等超压释放装置不会动作，其危险性要比塑性垮塌大得多。

材料脆性和缺陷两种原因都会引起压力容器脆性断裂。除材料选用不当，焊接与热处理工艺不合理导致材料脆化外，低温、高压氢环境、中子辐照等也会使材料脆化。压力容器用钢一般韧性较好，但若存在严重的原始缺陷(如原材料的夹渣、分层、折叠等)、制造缺陷(如焊接引起的未熔透、裂纹等)或者使用中产生的缺陷，也会导致脆性断裂发生。

④疲劳，是指在交变载荷作用下，容器在应力集中部位产生局部的永久性损伤，并在一定载荷循环次数后形成裂纹或者裂纹进一步扩展至完全断裂。其特征是：每次载荷循环的前半周和后半周在容器的同一部位相继产生方向相反的应变。

⑤棘轮，是指压力容器由于同时承受恒定载荷和交变载荷作用而产生且按逐个循环渐增的累积塑性变形。其特征是：每次加载循环的前半周和后半周在容器的不同部位(两个不同部位的范围有部分重叠)轮流产生方向相同的塑性变形。各个循环产生的塑性变形将逐个累积，直至因产生过量塑性变形而失效。

⑥蠕变，是指在保持应力不变的条件下，应变随时间延长而不断缓慢增加的现象。长期在高温下工作，蠕变会导致压力容器壁厚变薄、直径增大(鼓胀)，甚至造成断裂。从断裂前的变形来看，蠕变具有韧性断裂的特征；而就断裂时的应力而言，蠕变断裂又具有脆性断裂的特征。

⑦腐蚀，是指金属与其周围介质发生化学或者电化学作用而产生的破坏现象。因均匀腐蚀导致的厚度减薄，或局部腐蚀造成的凹坑，所引起的压力容器失效一般有明显的塑性变形，具有韧性断裂特征；因晶间腐蚀、应力腐蚀等引起的断裂没有明显的塑性变形，具有脆性断裂特征。

2. 刚度失效

由于压力容器的变形大到足以影响其正常工作而引起的失效，称为刚度失效。例如，露天立置的塔在风载荷作用下，发生过大的弯曲变形，造成塔盘倾斜而影响塔的正常工作。

3. 屈曲失效

在压应力作用下，压力容器突然失去其原有的规则几何形状而引起的失效称为屈曲失效。容器弹性屈曲的一个重要特征是弹性挠度与载荷不成比例，且临界压力与材料的强度无关，主要取决于容器的尺寸和材料的弹性模量。但当容器中的应力水平超过材料的屈服强度而发生非弹性屈曲时，临界压力还与材料的强度有关。

4. 泄漏失效

压力容器本体或者连接件失去密封功能，称为泄漏失效。泄漏失效的诱因包括超压、疲劳、低温、温度交变等。泄漏不仅有可能引起中毒、燃烧和爆炸等事故，而且会造成环境污染。设计压力容器时，应重视各可拆式接头和不同压力腔之间连接接头(如换热管和管板的连接)的密封性能。

除上述单因素导致的失效模式外，在多种因素共同作用下，压力容器有可能同时发生多种模式的失效。例如，羰基合成乙酸装置中，主反应器内有乙酸、碘甲烷、乙酸甲酯、碘化氢、丙酸等强腐蚀性介质，存在均匀腐蚀、晶间腐蚀和应力腐蚀三种失效模式。随着社会的进步，压力容器失效的外延不断扩大。除危及安全、丧失功能外，振动、噪声等对操作和环境有影响的失效模式也越来越受到重视。

3.5.2　设计准则

1. 失效判据

随着损伤的累积，压力容器将进入极限状态。超过它后设计规定的功能将不再满足或者将危及安全，即失效。极限状态又可分为终极极限状态和可用极限状态。终极极限状态是指超过它后安全要求就不再满足的结构状态，与安全有关，如塑性垮塌、屈曲、剧毒介质泄漏等。可用极限状态是指超过它后规定功能要求就不再满足的结构状态，与功能有关，如过度变形、无危害介质泄漏等。

描述极限状态的方程，称为失效判据。每一种失效模式都有与其对应的极限状态。例如，当内压等于塑性垮塌压力时，压力容器将发生塑性垮塌；当外压等于临界压力时，压力容器将发生屈曲；当应力强度因子等于临界应力强度因子时，压力容器将发生脆性断裂。随着对失效机理认识的深入，会不断提出新的极限状态，与某一失效模式相对应的极限状态，不一定只有一个。例如，塑性垮塌就有容器总体部位的应力等于材料的屈服强度、内压等于全屈服压力、内压等于塑性垮塌压力等极限状态。

失效判据是否正确，适用于什么场合，必须由实践来检验。适用于某种场合的失效判据并不一定适用于另一场合。失效判据不能直接用于压力容器的设计计算。这是因为压力容器存在许多不确定因素，包括材料质量不稳定性、强度设计准则和设计计算方法的可靠性、建造技术能力的高低、建造质量管理方式和水平、操作条件的波动、超压释放装置动作压力的误差、使用场合的重要性、造成事故后的危害性，以及迄今尚未认识的其他因素。为使压力容器在特定失效模式下有足够的安全裕度，工程上在处理上述不确定因素时，较为常用的方法是引入“安全系数”，得到与失效判据相对应的设计准则。显然，对于不同的设计准则，安全系数的含义并不相同。根据设计准则就可以得到相应的设计计算方法。

压力容器设计时，应根据容器设计条件，考虑容器在运输、安装、使用中可能出现的所有失效模式，选择合适的失效判据和相应的设计准则，进行设计计算，并从结构、材料、制造、检验等方面提出建造技术要求。必要时，还应对使用时的检测、诊断、监控和应急提出要求。

压力容器设计准则大致可分为强度失效设计准则、刚度失效设计准则、屈曲失效设计准则和泄漏失效设计准则。

2. 强度失效设计准则

在常温、静载作用下，屈服和断裂是压力容器强度失效的两种主要形式。现介绍几种常用的压力容器强度失效设计准则。

(1)弹性失效设计准则

弹性失效设计准则将容器总体部位的初始屈服视为失效。对于韧性材料，在单向拉伸应力 σ 作用下，屈服失效判据的数学表达式为：

$$\sigma = R_{eL} \tag{3-35}$$

式中　R_{eL}——材料的屈服强度，MPa。

用许用应力$[\sigma]^t$代替式(3-35)中的材料屈服强度，得到相应的设计准则：

$$\sigma \leqslant [\sigma]^t \tag{3-36}$$

由于历史的原因，压力容器设计中，常用最大拉应力σ_1来代替式(3-36)中的应力σ，建立设计准则，即：

$$\sigma_1 \leqslant [\sigma]^t \tag{3-37}$$

在有的文献中，称式(3-37)为基于最大拉应力的弹性失效设计准则，简称最大拉应力准则。

处于任意应力状态的韧性材料，工程上常采用的屈服失效判据主要有：Tresca屈服失效判据和Mises屈服失效判据。

Tresca屈服失效判据又称为最大切应力屈服失效判据或第三强度理论。这一判据认为材料屈服的条件是最大切应力达到某个极限值，其数学表达式为：

$$\sigma_1 - \sigma_3 = R_{eL}$$

相应的设计准则为：

$$\sigma_1 - \sigma_3 \leqslant [\sigma]^t \tag{3-38}$$

式(3-38)为最大切应力屈服失效设计准则，简称为最大切应力准则。

Mises屈服失效判据又称为形状改变比能屈服失效判据或第四强度理论。这一判据认为引起材料屈服的是与应力偏量有关的形状改变比能，其数学表达式为：

$$\sqrt{\frac{1}{2}[(\sigma_1-\sigma_2)^2+(\sigma_2-\sigma_3)^2+(\sigma_3-\sigma_1)^2]} = R_{eL}$$

相应的设计准则为：

$$\sqrt{\frac{1}{2}[(\sigma_1-\sigma_2)^2+(\sigma_2-\sigma_3)^2+(\sigma_3-\sigma_1)^2]} \leqslant [\sigma]^t \tag{3-39}$$

式(3-39)为形状改变比能屈服失效设计准则，简称为形状改变比能准则。

工程上，常常将强度设计准则中直接与许用应力$[\sigma]^t$比较的量，称为应力强度或相当应力，用σ_{eqi}表示，$i=1$，3，4分别表示最大拉应力、最大切应力和形状改变比能准则的序号。有的文献将许用应力称为设计应力强度。综合式(3-36)~式(3-39)，可以把弹性失效设计准则写成统一形式为：

$$\sigma_{eqi} \leqslant [\sigma]^t$$

应力强度是由3个主应力按一定形式组合而成的，它本身没有确切的物理含义，只是为了方便而引入的名词和记号。与最大拉应力、最大切应力和形状改变比能准则相对应的应力强度分别为：

$$\sigma_{eq1} = \sigma_1$$

$$\sigma_{eq3} = \sigma_1 - \sigma_3$$

$$\sigma_{eq4} = \sqrt{\frac{1}{2}[(\sigma_1-\sigma_2)^2+(\sigma_2-\sigma_3)^2+(\sigma_3-\sigma_1)^2]}$$

(2)塑性失效设计准则

弹性失效设计准则是以危险点的应力强度达到许用应力为依据的。对于各处应力相等的构件，如内压薄壁圆筒，这种设计准则是合理的。但是对于应力分布不均匀的构件，如内压厚壁圆筒，由于材料韧性较好，当危险点(内壁)发生屈服时，其余各点仍处于弹性状态，故不会导致整个截面的屈服，因而构件仍能继续承载。在这种情况下，弹性失效(一点强度)设计准则就显得有些保守。

设材料是理想弹塑性的，以整个危险面屈服作为失效状态的设计准则，称为塑性失效准则。对于内压厚壁圆筒，整个截面屈服时的压力就是全屈服压力 p_{so}，塑性失效判据可表示为：

$$p=p_{so} \tag{3-40}$$

式中　p——设计压力。

引入全屈服安全系数 n_{so}，得出相应的塑性失效设计准则为：

$$p\leqslant\frac{p_{so}}{n_{so}} \tag{3-41}$$

(3)爆破失效设计准则

压力容器用韧性材料一般具有应变硬化现象，爆破压力大于全屈服压力。爆破失效设计准则以容器爆破作为失效状态，相应的设计准则为：

$$p\leqslant\frac{p_{b}}{n_{b}} \tag{3-42}$$

式中　p_b——爆破压力；

n_b——爆破安全系数。

(4)弹塑性失效设计准则

弹塑性失效设计准则又称安定性准则，适用于各种载荷不按同一比例递增、载荷大小反复变化的场合。与压力容器内最大应力点进入塑性相对应的载荷称为初始屈服载荷。当容器承受稍大于初始屈服载荷的载荷时，容器内将产生少量的局部塑性变形。因局部塑性区周围的广大区域仍处于弹性状态，会制约塑性变形，当载荷卸除后就形成残余应力场。若容器所受的载荷较小，即载荷引起的应力和残余应力叠加后总是小于屈服强度，则容器在载荷的反复作用下，始终保持弹性行为，不会产生新的塑性变形，处于“安定”状态。随着载荷的继续增大，卸载时的残余应力可能超过屈服强度而导致反向屈服，或者加载时的应力与残余应力之和也可能超过屈服强度，从而导致塑性变形的累积，于是容器就会丧失安定，出现渐增塑性变形。与安定和不安定的临界状态相对应的载荷变化范围称为安定载荷。

弹塑性失效认为只要载荷变化范围达到安定载荷，容器就失效。由于超过安定载荷后容器并不立即破坏，因而危险性较小。工程上一般取安定载荷的安全系数为1.0，即压力容器承受的最大载荷变化范围不大于安定载荷。

(5)疲劳失效设计准则

压力容器疲劳一般属于低周疲劳，循环次数一般在10^5次以下。低周疲劳时，每次循环中材料都将产生一定的塑性应变。根据试验研究和理论分析结果，可以得到虚拟应力幅与许用循环次数之间的关系曲线，即低周疲劳设计曲线。由容器应力集中部位的最大虚拟应力幅，按低周疲劳设计曲线可以确定许用循环次数，只要该循环次数不小于容器所需的循环次数，容器就不会发生疲劳失效，这就是疲劳失效设计准则。此外，按照断裂力学理论可以建立另一种带裂纹的压力容器疲劳失效设计准则，即按照疲劳裂纹扩展与断裂的规律对循环载荷作用下的容器作出安全评定。

(6)蠕变失效设计准则

将应力限制在由蠕变极限和持久强度确定的许用应力以内，便可防止容器在使用寿命内发生蠕变失效，这就是蠕变失效设计准则。

(7)脆性断裂失效设计准则

传统强度设计准则假设材料是无缺陷的均匀连续体，因而难以解释脆性断裂现象。脆性断裂属于断裂力学的研究领域。

断裂力学认为材料中存在缺陷，其目的是研究缺陷在载荷和环境作用下的破坏规律，建立缺陷几何参数、材料韧性和结构承载能力之间的定量关系。在压力容器中，断裂力学的应用主要分两类：一类是指导压力容器的选材和设计；另一类是在役压力容器的安全评定，按合乎使用的原则，判断含缺陷压力容器能否继续使用。

研究表明，压力容器是否发生脆性断裂主要取决于材料韧性、缺陷处的应力水平和缺陷的几何参数。因此，防止压力容器发生脆性破坏也应从这三个方面着手。

在材料方面，通常根据受压元件的厚度、应力水平、最低金属温度、载荷性质、介质对材料韧性的影响等因素，提出材料夏比 V 形缺口冲击吸收功或断裂韧性验收指标。对于相同材料，薄钢板或钢带的性能(特别是韧性)比厚钢板和大型锻件好，因而采用多层结构可以提高抗脆断性能。

在缺陷方面，一是尽量减少焊接接头；二是提高无损检测技术，使之能发现更小的缺陷，不但使缺陷存在的可能性减少，而且使缺陷的尺寸减小。

在设计方面，根据无损检测水平，假设压力容器高应力区存在裂纹，利用断裂力学方法进行裂纹安全性评估，确保容器不发生低应力脆性破坏。

应力腐蚀、疲劳等失效过程，一般都是裂纹扩展到一定程度后才突然发生快速断裂。因而这种先爆后漏的失效方式具有很大的危险性。但是，如果材料有足够的韧性，在快速断裂发生前，裂纹已穿透器壁，导致泄漏发生，可避免突然发生快速断裂，减少损失。能够满足这种要求的设计，称为未爆先漏设计。ASME Ⅷ-3 给出了压力在 70MPa 以上压力容器的未爆先漏设计方法。

需要指出的是，采用防脆断设计方法，并不表明容器在制造时允许存在假设中所说的裂纹，而是指容器万一有裂纹时(漏检或在使用中产生)要确保不发生脆性断裂事故，其实质是要求材料在使用环境下必须有足够的断裂韧性。

3. 刚度失效设计准则

在载荷作用下，要求构件的弹性位移和(或)转角不超过规定的数值。于是，刚度设计准则为：

$$\begin{cases}\omega \leqslant [\omega] \\ \theta \leqslant [\theta]\end{cases} \tag{3-43}$$

式中 ω——载荷作用下产生的位移；

$[\omega]$——许用位移；

θ——载荷作用下产生的转角；

$[\theta]$——许用转角。

4. 屈曲失效设计准则

压力容器设计中，应防止屈曲发生。例如，仅受均布外压的圆筒，外压应小于周向临界压力；由弯矩或弯矩和压力共同引起的轴向压缩，压应力应小于轴向临界应力。

5. 泄漏失效设计准则

泄漏失效不仅是由于压力容器遭受机械性损伤，也是容器本身或附件连接部件失去密封功能发生的失效形式，它是直接引发设备燃烧、爆炸、中毒和环境污染等事故的必要条件。

对于泄漏，常用紧密性(tightness)这一概念来比较或评价密封的有效性。紧密性用被密封流体在单位时间内通过泄漏通道的体积或质量，即泄漏率来表示。漏与不漏(或零泄漏)是相对于某种泄漏检测仪器的灵敏度范围而言的。不同的测量方法和仪器有不同的灵敏度范围。不漏的含义是指容器泄漏率小于所用泄漏检测仪器可以分辨的最低泄漏率。因此，泄漏只是一个相对的概念。

压力容器泄漏失效设计准则是指容器发生的泄漏率(L)不超过允许泄漏率($[L]$)，即$L \leqslant [L]$。一般根据容器内介质的价值、对人员和设备的危害性以及环境保护的要求，确定允许泄漏率。介质危害性越大，环保要求越高，要求的紧密性等级越高，密封设计的要求也越严格。为评定密封件质量，美国压力容器研究委员会(PVRC)对螺栓法兰连接接头定义了5个级别的紧密性水平，即经济、标准、紧密、严密和极密，每级相差10^{-2}数量级。标准紧密度是指单位垫片直径(外直径150mm)的质量泄漏率为0.002mg/(s·mm)。

由于泄漏是一个受众多因素，包括安装、设计、制造和检验、运行和维护等影响的复杂问题，现有的设计规范中有关密封装置或连接部件的设计多数没有与泄漏发生定量的关系，而是用强度或(和)刚度失效设计准则替代泄漏失效设计准则，并结合使用经验，以满足设备接头的密封要求。

3.6 储氢设备壳体的常规设计

3.6.1 常规设计概述

常规设计只考虑单一的最大载荷工况，按一次施加的静力载荷处理，不考虑交变载荷，也不区分短期载荷和永久载荷，因而不涉及容器的疲劳寿命问题。

在求解压力容器各受压元件应力时，主要采用材料力学及板壳理论，按最大拉应力准则来推导受压元件的强度尺寸计算公式。强度校核时，大部分场合将受压元件的应力强度限制在材料的许用应力以内；对于可能导致失稳的元件，则根据所计算出的临界压力引入必要的稳定性安全系数，作为其许用外压力。

对结构不连续处的边缘应力，常规设计采用分析设计标准中的有关规定和思想，确定元件结构的某些相关尺寸范围，或借助于大量实践所积累的经验引入各种系数来限制。如在椭圆形封头厚度计算式中引入的形状系数；对于不等厚的对接焊，当两板厚度之差超过一定值时，规定对厚板须按一定斜度进行削薄过渡处理等。

3.6.2　内压圆筒常规设计

压力容器材料的韧性较好，在弹性失效设计准则中，采用式(3-38)或式(3-39)较为合理。但对于压力容器常用的内压薄壁回转壳体，在远离结构不连续处，周向应力、经向应力和径向应力为三个主应力，且与周向应力和经向应力相比，径向应力可忽略不计，因此采用式(3-37)和式(3-38)所得结果一致。考虑式(3-37)的形式简单，在一定条件下不至于引起大的误差，且使用得最早，有成熟使用经验，所以不少国家的压力容器标准仍将该式作为设计准则。

对于承受内压的薄壁圆筒，$\sigma_1=\sigma_\theta$，由式(3-37)得：

$$\sigma_1=\sigma_\theta=\frac{pD}{2\delta}\leqslant[\sigma]^t$$

用 $D=\frac{K+1}{2}D_i$、$\delta=\frac{K-1}{2}D_i$（D_i 系圆筒内直径）代入上式，经化简得：

$$p\frac{K+1}{2(K-1)}\leqslant[\sigma]^t \tag{3-44}$$

取等号得径比 K 为：

$$K=\frac{2[\sigma]^t+p}{2[\sigma]^t-p} \tag{3-45}$$

圆筒厚度计算式为：

$$\delta=\frac{2pR_i}{2[\sigma]^t-p} \tag{3-46}$$

式(3-46)称为中径公式。

(1)单层圆筒

承受内压圆筒计算厚度的计算可直接采用式(3-46)，但式中压力 p 应采用计算压力 p_c，考虑焊接可能引起的强度削弱，$[\sigma]^t$ 应乘以焊接接头系数 ϕ，经化简后可得圆筒的厚度计算式：

$$\delta=\frac{p_cD_i}{2[\sigma]^t\phi-p_c} \tag{3-47}$$

式中　δ——计算厚度，mm；

p_c——计算压力，MPa；

ϕ——焊接接头系数。

当已知圆筒尺寸 D_i、δ_n 或 δ_e，需对圆筒进行强度校核时，其应力强度判别按式(3-48)进行。

$$\sigma^t=\frac{p_c(D_i+\delta_e)}{2\delta_e}\leqslant[\sigma]^t\phi \tag{3-48}$$

式中　δ_e——有效厚度，$\delta_e=\delta_n-C$，mm；

δ_n——名义厚度，mm；

C——厚度附加量，mm；

σ^t——设计温度下圆筒的计算应力，MPa。

因此，圆筒的最大允许工作压力$[p_w]$为：

$$[p_w]=\frac{2\delta_e[\sigma]^t\phi}{D_i+\delta_e} \tag{3-49}$$

式中　$[p_w]$——圆筒的最大允许工作压力，MPa。

式(3-47)是由圆筒的薄膜应力按最大拉应力准则导出的，因而只能用于一定的厚度范围，如厚度过大，则由于实际应力情况与应力沿厚度均布的假设相差太大而不能使用。按照薄壳理论，它仅能在 $\delta/D\leqslant0.1$ 即 $K\leqslant1.2$ 范围内适用。但作为工程设计，由于采用了最大拉应力准则，且在确定许用应力时引入了材料设计系数，故可将其适用的厚度范围略加扩大，即扩大到在最大承压(液压试验)时圆筒内壁的应力强度在材料屈服强度以内。

按形状改变比能屈服失效判据计算出的内压厚壁圆筒初始屈服压力与实测值较为吻合，因而与形状改变比能准则相对应的应力强度 σ_{eq4} 能较好地反映厚壁圆筒的实际应力水平。σ_{eq4} 为：

$$\sigma_{eq4}=\frac{\sqrt{3}K^2}{K^2-1}p_c$$

与中径公式相对应的应力强度 σ_{eqm} 为：

$$\sigma_{eqm}=\frac{K+1}{2(K-1)}p_c$$

$\sigma_{eq4}/\sigma_{eqm}$ 随径比 K 的增大而增大。当 $K=1.5$ 时，比值为：

$$\sigma_{eq4}/\sigma_{eqm}\approx1.25$$

这表明内壁实际应力强度是按中径公式计算的应力强度的 1.25 倍。TSG 21—2016《固定式压力容器安全技术监察规程》规定，常规设计方法的 $n_s\geqslant1.5$、$n_b\geqslant2.7$。考虑厚壁压力容器用钢的屈强比大于 0.58，许用应力主要取决于钢材的抗拉强度，相对于屈服强度的安全系数 $n_s\geqslant0.58\times2.7=1.57$。在这种情况下，若圆筒径比不超过 1.5，仍可按式(3-47)计算圆筒厚度。因为在液压试验($p_T=1.25p$)时，圆筒内表面的实际应力强度最大为许用应力的 $1.25\times1.25=1.56$ 倍，说明圆筒内表面金属仍未达到屈服强度，处于弹性状态。

当 $K=1.5$ 时，$\delta=D_i(K-1)/2=0.25D_i$，代入式(3-47)得：

$$0.25D_i=\frac{p_cD_i}{2[\sigma]^t\phi-p_c}$$

即 $p_c=0.4[\sigma]^t\phi$。这就是将式(3-47)的适用范围规定为 $p_c\leqslant0.4[\sigma]^t\phi$ 的依据所在。

对计算压力大于 $0.4[\sigma]^t\phi$ 的单层厚壁圆筒，常采用塑性失效设计准则或爆破失效设计准则进行设计。

对于内压厚壁圆筒，与 Mises 屈服失效判据相对应的全屈服压力可按式(3-28)计算。

将式(3-28)代入式(3-41)，得：

$$n_{so}p=\frac{2}{\sqrt{3}}R_{eL}\ln K$$

圆筒计算厚度为：

$$\delta=R_i(K-1)=R_i\left(e^{\frac{\sqrt{3}n_{so}}{2R_{eL}}p}-1\right) \tag{3-50}$$

n_{so} 的取值范围为 2.0~2.2。ASME Ⅷ-3 采用式(3-50)。

当采用爆破失效设计准则时，若用 Faupel 公式计算爆破压力，将式(3-28)代入式(3-42)，得圆筒计算厚度计算公式

$$\delta=R_i\left(e^{\frac{\sqrt{3}n_b}{2R_{eL}\left(2-\frac{R_{eL}}{R_m}\right)}p}-1\right) \tag{3-51}$$

n_b 的取值范围为 2.5~3.0。日本的《超高压圆筒容器设计规则》和中国的《超高压容器安全监察规程》等都采用式(3-51)。

(2)多层厚壁圆筒

多层厚壁圆筒在制造过程中，都施加了一定大小的预应力。在内压作用下，这些预应力将使圆筒内壁应力降低，外壁应力增加，厚度方向应力分布趋向于均匀，从而提高圆筒的弹性承载能力。但由于结构和制造上的原因，要定量地控制预应力的大小是困难的。例如，多层包扎式圆筒的预应力主要是由焊缝冷却收缩造成的，其大小在制造时不易控制。因为焊缝的宽度、数量、焊接温度、材料等因素都对预应力的大小有影响，层板间摩擦力的存在也会使焊缝收缩所产生的压力不能均匀地分布于整个圆筒表面。绕带式圆筒的预应力及其应力分布情况，在很大程度上取决于钢带缠绕的工艺过程及缠绕质量。为此设计计算时，往往偏于安全而不考虑预应力的影响，仅作强度储备之用。只有在压力很高时，才考虑预应力的作用。

热套式、多层包扎式、绕板式、扁平钢带倾角错绕式圆筒的厚度计算方法与单层厚壁圆筒基本相同，即在计算压力不超过 $0.4[\sigma]^t\phi$ 时，按式(3-47)计算。不同之处是许用应力用组合许用应力代替。多层圆筒的组合许用应力 $[\sigma]^t\phi$ 为：

$$[\sigma]^t\phi=\frac{\delta_i}{\delta_n}[\sigma_i]^t\phi_i+\frac{\delta_o}{\delta_n}[\sigma_o]^t\phi_o \tag{3-52}$$

式中　δ_i——多层圆筒内筒的名义厚度，mm；

δ_o——多层圆筒层板或钢带层总厚度，mm；

$[\sigma_i]^t$——设计温度下多层圆筒内筒材料的许用应力，MPa；

$[\sigma_o]^t$——设计温度下多层圆筒层板或带层材料的许用应力，对扁平钢带倾角错绕式筒体，应乘以同层钢带间隙引起的削弱系数0.98，MPa；

ϕ_i——多层圆筒内筒的焊接接头系数，一般取1.0；

ϕ_o——多层圆筒层板层或带层的焊接接头系数，取1.0。

圆筒除了承受由压力引起的应力外，当容器在较高温度操作时，还将不可避免地承受较大的热应力，因此在圆筒设计时应考虑热应力的影响。但由于热壁容器大都采取良好的保温设施，且在使用过程中，一般均严格控制其加热和冷却速度，以降低热应力。因而，热应力一般不会影响圆筒的强度，所以在常规设计中不对圆筒的热应力进行校核计算。

(3)设计参数的确定

压力容器设计技术参数主要有设计压力、设计温度、厚度及其附加量、焊接接头系数和许用应力等。

1)设计压力

设计压力是指设定的容器顶部的最高压力，它与相应的设计温度一起作为设计载荷条件，其值不得低于工作压力。工作压力是指容器在正常工作过程中顶部可能产生的最高压力。设计压力应视内压或外压容器分别取值。

当内压容器上装有安全泄放装置时，其设计压力应根据不同形式的安全泄放装置确定。装设安全阀的容器，考虑安全阀开启动作的滞后，容器不能及时泄压，设计压力不应低于安全阀的整定压力，通常可取最高工作压力的1.05~1.10倍；装设爆破片时，设计压力不得低于爆破片的设计爆破压力。

对于盛装液化气体的容器，由于容器内介质压力为液化气体的饱和蒸气压，在规定的装量系数范围内，与体积无关，仅取决于温度的变化，故设计压力与周围的大气环境温度密切相关。此外，还要考虑容器外壁是否有保冷设施，可靠的保冷设施能有效地保证容器内温度不受大气环境温度的影响，即设计压力应根据工作条件下可能达到的最高金属温度确定。

计算压力是指在相应设计温度下，用以确定元件最危险截面厚度的压力，其中包括液柱静压力。通常情况下，计算压力等于设计压力加上液柱静压力。当元件所承受的液柱静压力小于5%设计压力时，可忽略不计。

2)设计温度

设计温度也为压力容器的设计载荷条件之一，它是指容器在正常工作情况下，设定的元件的金属温度(沿元件金属截面的温度平均值)。当元件金属温度不低于0℃时，设计温度不得低于元件金属可能达到的最高温度；当元件金属温度低于0℃时，其值不得高于元件金属可能达到的最低温度。GB/T 150.3—2024《压力容器　第3部分：设计》规定，设计温度低于-20℃的非合金钢、低合金钢、双相不锈钢和铁素体不锈钢制容器，以及设计温度低于-196℃的奥氏体不锈钢制容器属于低温容器。元件的金属温度可以通过传热计算或实测得到，也可按内部介质的最高(最低)温度确定，或在此基准上增加(或减少)一定数值。

设计温度与设计压力存在对应关系。当压力容器具有不同的操作工况时，应按最苛刻的压力与温度的组合设定容器的设计条件，而不能按其在不同工况下各自的最苛刻条件确定设计温度和设计压力。

3)厚度及其附加量

式(3-47)所给出的厚度为计算厚度，并未包括厚度附加量。设计时要考虑的厚度附加量 C 由钢材的厚度负偏差 C_1 和腐蚀裕量 C_2 组成，即 $C=C_1+C_2$，不包括加工减薄量 C_3。加工减薄量一般根据具体制造工艺和板材的实际厚度由制造厂而并非由设计人员确定。因此，出厂时的实际厚度可能和图样厚度不完全一致。

计算厚度(δ)是按有关公式采用计算压力得到的厚度。必要时还应计入其他载荷对厚度的影响。

设计厚度(δ_d)是计算厚度与腐蚀裕量之和。

名义厚度(δ_n)指设计厚度加钢材厚度负偏差后向上圆整至钢材标准规格的厚度，即标注在图样上的厚度。

有效厚度(δ_e)为名义厚度减去腐蚀裕量和钢材负偏差。

成形后厚度指制造厂考虑加工减薄量并按钢板厚度规格第二次向上圆整得到的坯板厚度，再减去实际加工减薄量后的厚度，也为出厂时容器的实际厚度。一般情况下，只要成形后厚度大于设计厚度就可满足强度要求。

对于压力较低的容器，按强度公式计算出来的厚度很薄，往往会给制造和运输、吊装带来困难，为此对壳体元件规定了不包括腐蚀裕量的最小厚度 δ_{min}。对碳素钢、低合金钢制的容器，$\delta_{min}\geqslant 3$mm；对高合金钢制的容器，$\delta_{min}\geqslant 2$mm。

各种厚度间的关系见图 3-21。

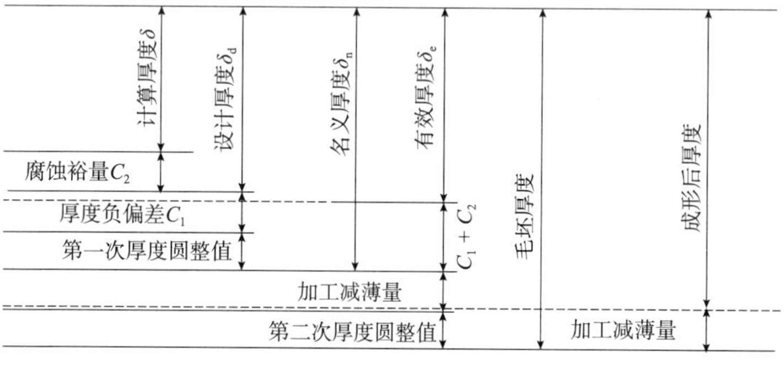

图 3-21　厚度关系示意

钢板或钢管厚度负偏差 C_1 应按相应钢材标准的规定选取。按 GB/T 709—2019《热轧钢板和钢带的尺寸、外形、重量及允许偏差》的规定，热轧钢板按厚度偏差可分为 N、A、B、C 四个类别，其中 N 类正偏差与负偏差相等；A 类按公称厚度规定负偏差；B 类固定负偏差为 0.3mm；C 类固定负偏差为零，按公称厚度规定正偏差。普通单轧钢板厚度允许偏差应符合 N 类的规定。厚度负偏差不仅与钢板厚度有关，还随着钢板宽度的变化有所不同，如同样是 10mm 的热轧钢板，当钢板宽度为 1500～2500mm 时，允许负偏差为 -0.65mm；当钢板宽度为 2501～4000mm 时，允许负偏差为 -0.80mm；当钢板宽度大于 4000mm 时，允许负偏差达到 -0.90mm。同时，根据需方要求也可以供应厚度偏差类别为 A、B、C 类的单轧钢板。GB/T 713.1～713.7—2023《承压设备用钢板和钢带》中列举的压力容器专用钢板的厚度负偏差按 GB/T 709—2019 中的 B 类要求，即 Q245R、Q345R 和 16MnDR 等压力容器常用钢板的负偏差均为 -0.30mm。

腐蚀裕量主要是防止容器受压元件由于均匀腐蚀、机械磨损而导致厚度削弱减薄。与腐蚀介质直接接触的筒体、封头、接管等受压元件，均应考虑材料的腐蚀裕量。腐蚀裕量一般可根据钢材在介质中的均匀腐蚀速率和容器的设计寿命确定。在无特殊腐蚀情况下，对于碳素钢和低合金钢，$C_2 \geqslant 1$mm；对于不锈钢，当介质的腐蚀性极微时，可取 $C_2=0$。

但腐蚀裕量只对防止发生均匀腐蚀破坏有意义；对于应力腐蚀、氢脆和缝隙腐蚀等非均匀腐蚀，用增加腐蚀裕量的办法来防止腐蚀效果不佳。此时应着重于选择耐腐蚀材料或进行适当的防腐蚀处理。

4）焊接接头系数

通过焊接制成的容器，焊缝中可能存在夹渣、未熔透、裂纹、气孔等焊接缺陷，且在焊缝的热影响区很容易形成粗大晶粒而使母材强度或塑性有所降低，因此焊缝往往成为容器强度比较薄弱的环节。为弥补焊缝对容器整体强度的削弱，在强度计算中需引入焊接接头系数。焊接接头系数表示焊缝金属与母材强度的比值，反映容器强度受削弱的程度。

影响焊接接头系数大小的因素较多，但主要与焊接接头形式和焊缝无损检测的要求及长度比例有关。钢制压力容器的焊接接头系数可按表 3-5 选取。

表 3-5 钢制压力容器的焊接接头系数 ϕ 值

焊接接头形式	无损检测比例	ϕ 值	焊接接头形式	无损检测比例	ϕ 值
双面焊对接接头和相当于双面焊的全焊透对接接头	100%	1.00	单面焊对接接头（沿焊缝根部全长有紧贴基本金属的垫板）	100%	0.90
	局部	0.85		局部	0.80

5）许用应力

许用应力是容器壳体、封头等受压元件的材料许用强度，取材料强度失效判据的极限值与相应的安全系数之比。压力容器安全系数是中国一个约定俗成的特有名词。它并不代表压力容器的安全性，只是针对塑性垮塌、蠕变等特定失效模式给出安全裕度，称为“确定材料许用应力的系数或者材料设计系数”更为确切。设计时必须合理地选择材料的许用应力。采用过小的许用应力，会使设计的部件过分笨重而浪费材料，反之则使部件过于单薄而容易破损。

材料强度失效判据的极限值可以用不同的方式表示，如屈服强度 R_{eL}（或 $R_{p0.2}$，$R_{p1.0}$）、抗拉强度 R_m、持久强度 R_D、蠕变极限 R_n 等。应根据失效类型来确定极限值。

在蠕变温度以下，通常取材料常温下标准抗拉强度下限值 R_m、常温或设计温度下的标准屈服强度 R_{eL} 或 R_{eL}^t 三者除以各自的安全系数后所得到的最小值，作为压力容器受压元件设计时的许用应力，即按式(3-53)取值：

$$[\sigma]=\min\left\{\frac{R_m}{n_b},\ \frac{R_{eL}}{n_s},\ \frac{R_{eL}^t}{n_s}\right\} \tag{3-53}$$

也就是说在设计受压元件时，以抗拉强度和屈服强度同时来控制许用应力。因为对韧性材料制造的容器，按弹性失效设计准则，容器总体部位的最大应力强度应低于材料的屈服强度，故许用应力应以屈服强度为基准。目前在压力容器设计中，不少规范同时用抗拉强度作为计算许用应力的基准，其目的是能在一定程度上防止断裂失效。

当碳素钢或低合金钢的设计温度超过420℃，铬钼合金钢设计温度高于450℃，奥氏体不锈钢设计温度高于550℃时，有可能产生蠕变，因而必须同时考虑基于高温蠕变极限 R_n^t 或持久强度 R_D^t 的许用应力，即：

$$[\sigma]^t=\frac{R_D^t}{n_D}\quad 或\quad [\sigma]^t=\frac{R_n^t}{n_n} \tag{3-54}$$

安全系数是一个强度“保险”系数，主要是保证受压元件强度有足够的安全储备量。其大小与应力计算的精确性、材料性能的均匀性、载荷的确切程度、制造工艺和使用管理的先进性以及检验水平等因素有着密切关系。安全系数数值的确定，不仅需要一定的理论分析，更需要长期实践经验积累。近年来，随着生产的发展和科学研究的深入，对压力容器设计、制造、检验和使用的认识日益全面、深刻，安全系数也逐步降低。以常规设计为例，中国在20世纪50年代取 $n_b \geqslant 4.0$，$n_s \geqslant 3.0$，90年代为 $n_b \geqslant 3.0$，$n_s \geqslant 1.6$(或1.5)，而现在则降为 $n_b \geqslant 2.7$，$n_s \geqslant 1.5$。

GB/T 150.2—2024《压力容器　第2部分：材料》给出了钢板、钢管、锻件以及螺栓材料在设计温度下的许用应力值，同时也列出了确定钢材许用应力的依据，表3-6所示为钢材(除螺栓材料外)许用应力的确定依据。如果引用标准允许采用 $R_{p1.0}^t$，则可以用 $R_{p1.0}^t$ 代替 $R_{p0.2}^t$。设计计算时许用应力可直接从许用应力表中查得，也可按表3-6规定求得，但须注意钢板许用应力随钢板厚度增加或温度升高而降低。螺栓的许用应力应依据材料的不同状态和直径大小而定。为保证螺栓法兰连接结构的密封性，须严格控制螺栓的弹性变形。一般情况下，螺栓材料的许用应力取值比其他受压元件材料低；同时为防止小直径螺栓在安装时断裂，小直径螺栓的许用应力也比大直径的低。

表3-6　钢制压力容器用材料许用应力的取值方法

材料	许用应力 取下列各值中的最小值/MPa
碳素钢、低合金钢	$\frac{R_m}{2.7}$，$\frac{R_{eL}}{1.5}$，$\frac{R_{eL}^t}{1.5}$，$\frac{R_D^t}{1.5}$，$\frac{R_n^t}{1.0}$
高合金钢	$\frac{R_m}{2.7}$，$\frac{R_{eL}(R_{p0.2})}{1.5}$，$\frac{R_{eL}^t(R_{p0.2}^t)^{①}}{1.5}$，$\frac{R_D^t}{1.5}$，$\frac{R_n^t}{1.0}$

注：①对奥氏体高合金钢制受压元件，当设计温度低于蠕变范围，且允许有微量的永久变形时，可适当提高许用应力至 $0.9R_{eL}^t(R_{p0.2}^t)$，但不得超过 $\frac{R_{eL}(R_{p0.2})}{1.5}$，此规定不适用于法兰或其他有永久变形就产生泄漏或故障的场合。

【例题3-3】某内压圆柱形筒体，其设计压力 $p=0.4$MPa，设计温度 $t=70$℃，圆筒内径 $D_i=1000$mm，总高3000mm，盛装液体介质，介质密度 $\rho=1000\text{kg/m}^3$，圆筒材料为Q345R，腐蚀裕量 C_2 取2mm，焊接接头系数 $\Phi=0.85$。已知设计温度下Q345R的许用应力，在厚度为3~16mm时，$[\sigma]^t=189$MPa；厚度为16~36mm时，$[\sigma]^t=185$MPa。试求该筒体厚度。

【解】(1)根据设计压力和液柱静压力确定计算压力

液柱静压力为0.03MPa，已大于设计压力的5%，故应计入计算压力中，则 $p_c=p+0.03=0.43$MPa。

(2)设计厚度

假设材料的许用应力 $[\sigma]^t=189$MPa(厚度为6~16mm时)。筒体计算厚度按式(3-47)计算：

$$\delta=\frac{p_c D_i}{2[\sigma]^t\phi-p_c}=\frac{0.43\times1000}{2\times189\times0.85-0.43}=1.34(\text{mm})$$

设计厚度 $\delta_d=\delta+C_2=1.34+2=3.34$(mm)。

对Q345R钢板负偏差 $C_1=0.3$mm，因而可取名义厚度 $\delta_n=4$mm。但对低合金钢制的容器，规定不包括腐蚀裕量的最小厚度应不小于3mm，若加上2mm的腐蚀裕量，名义厚度至少应取5mm。由钢材标准规格，名义厚度取6mm。

(3)检查

$\delta_n=6$mm，$[\sigma]^t$ 没有变化，故取名义厚度6mm合适。

3.6.3 外压圆筒设计

由壳体稳定性分析可知，为计算筒体的许用外压力，首先必须假设圆筒的名义厚度 δ_n，计算有效厚度 δ_e，求出临界长度 L_{cr}，将圆筒的外压计算长度 L 与 L_{cr} 进行比较，判断圆筒属于长圆筒还是短圆筒；然后根据圆筒类型，选用相应公式计算临界压力 p_{cr}；再选取合适的稳定性安全系数 m，计算许用外压 $[p]=\frac{p_{cr}}{m}$，比较设计压力 p 和 $[p]$ 的大小。若 $p\leq[p]$ 且较为接近，则假设的名义厚度 δ_n 符合要求；否则应重新假设 δ_n，重复以上步骤，直到满足要求为止。上述过程即为用解析法求取外压容器许用压力的设计步骤，是一个反复试算的过程，因而比较烦琐。为避免解析法设计的不足，各国设计规范均推荐采用图算法。下面介绍外压圆筒及带加强圈圆筒图算法的原理及工程设计方法。

(1)图算法的原理

假设圆筒仅受径向均匀外压，而不受轴向外压，与圆环一样处于单向(周向)应力状态。从工程设计角度，可按下式计算长圆筒临界压力：

$$p_{cr}=2.2E\left(\frac{\delta_e}{D_o}\right)^3$$

而短圆筒临界压力按美国海军水槽公式计算：

$$p_{cr}=2.59E\frac{\left(\frac{\delta_e}{D_o}\right)^{2.5}}{\frac{L}{D_o}-0.45\left(\frac{\delta_e}{D_o}\right)^{0.5}}$$

圆筒在 p_{cr} 作用下，产生的周向应力为：

$$\sigma_{cr}=\frac{p_{cr}D_o}{2\delta_e}$$

为避开材料的弹性模量 E（因其在塑性状态时为变量），采用应变表征失稳时的特征。不论长圆筒或短圆筒，失稳时的周向应变（按单向应力时的胡克定律）为：

$$\varepsilon_{cr}=\frac{\sigma_{cr}}{E}=\frac{p_{cr}D_o}{2E\delta_e} \tag{3-55}$$

将长、短圆筒的 p_{cr} 公式分别代入式（3-56）中，得：

长圆筒：

$$\varepsilon_{cr}=\frac{1.1}{\left(\frac{D_o}{\delta_e}\right)^2} \tag{3-56}$$

短圆筒：

$$\varepsilon_{cr}=\frac{1.3}{\left[\frac{L}{D_o}-0.45\left(\frac{D_o}{\delta_e}\right)^{-0.5}\right]\left(\frac{D_o}{\delta_e}\right)^{1.5}} \tag{3-57}$$

由式（3-56）和式（3-57）可见，失稳时周向应变仅与筒体结构特征参数 L/D_o，D_o/δ_e 有关，因而可以用如下函数式表示

$$\varepsilon_{cr}=f\left(\frac{L}{D_o},\ \frac{D_o}{\delta_e}\right) \tag{3-58}$$

对于径向受均匀外压以及径向和轴向受相同外压的圆筒，令外压应变系数 $A=\varepsilon_{cr}$，并将式（3-56）和式（3-57）以 A 作为横坐标，L/D_o 作为纵坐标，D_o/δ_e 作为参量绘成曲线，如图 3-22 所示。与纵坐标平行的直线簇表示长圆筒，失稳时外压应变系数 A 与 L/D_o 无关；图下方的斜平行线簇表示短圆筒，失稳时外压应变系数 A 与 L/D_o、D_o/δ_e 都有关。因该图与材料的弹性模量 E 无关，所以对任何材料的圆筒都适用。

若已知 L/D_o 和 D_o/δ_e 值，即可用图 3-22 找出失稳时的外压应变系数 A。对于不同材料的外压圆筒，还需找出 A 与 p_{cr} 的关系，才能判定圆筒在操作外压力下是否安全。

对于临界压力 p_{cr}，引入稳定性安全系数 m 而得许用外压力 $[p]$，故 $p_{cr}=m[p]$。将此关系代入式（3-56）整理得：

$$\varepsilon_{cr}=\frac{m[p]D_o}{2E\delta_e}$$

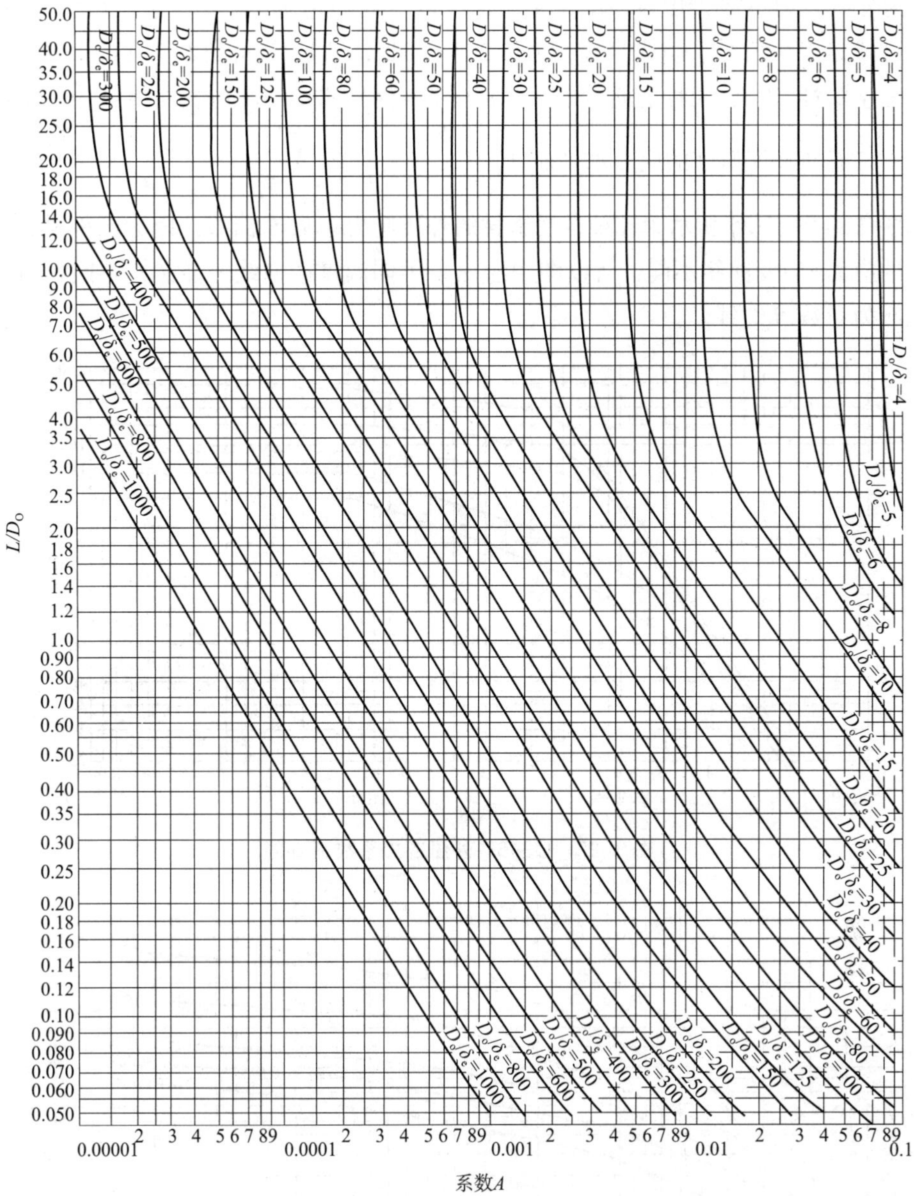

图 3-22 外压应变系数 A 曲线(适用于所有材料)

即：

$$\frac{D_o[p]}{\delta_e}=\frac{2}{m}E\varepsilon_{cr}$$

令 $B=\dfrac{D_o[p]}{\delta_e}$，GB/T 150 和 ASME Ⅷ-1 均取圆筒的稳定性安全系数 $m=3$。将 B 和 m 代入上式可得：

$$B=\frac{2}{3}E\varepsilon_{cr}=\frac{2}{3}\sigma_{cr} \tag{3-59}$$

B 为外压应力系数(MPa)，B 和 A 一起反映了材料应力-应变关系。在弹性范围内，钢的弹件模量 E 为常数，将纵坐标应力按 2/3 比例缩小后，就得到 B 与 A 的关系。若圆筒失稳时发生塑性变形，工程上通常采用正切弹性模量，即应力-应变曲线上任一点的斜率 $E_t = \frac{d\sigma}{d\varepsilon}$，其值随圆筒所处的应力水平而异。

图 3-23~图 3-25 所示为几种常用钢材的外压应力系数 B 曲线。因为同种材料在不同温度下的应力-应变曲线不同，所以图中绘出了不同温度的曲线。显然，不同材料有不同的外压应力系数 B 曲线。

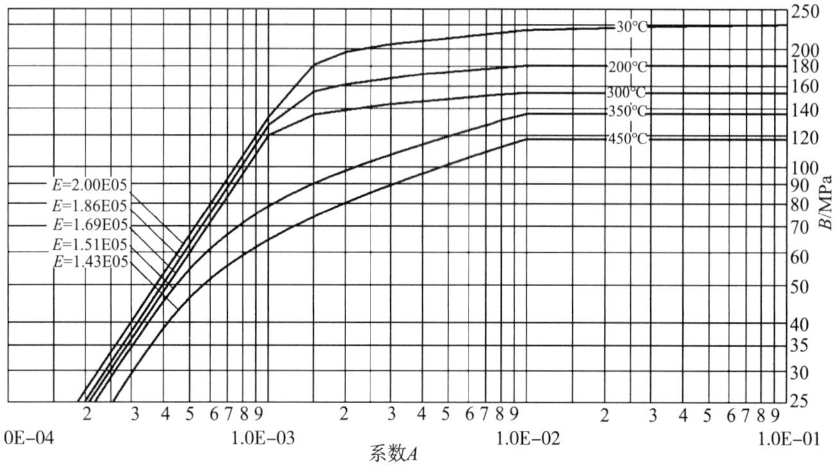

图 3-23　Q345R 外压应力系数 A 曲线

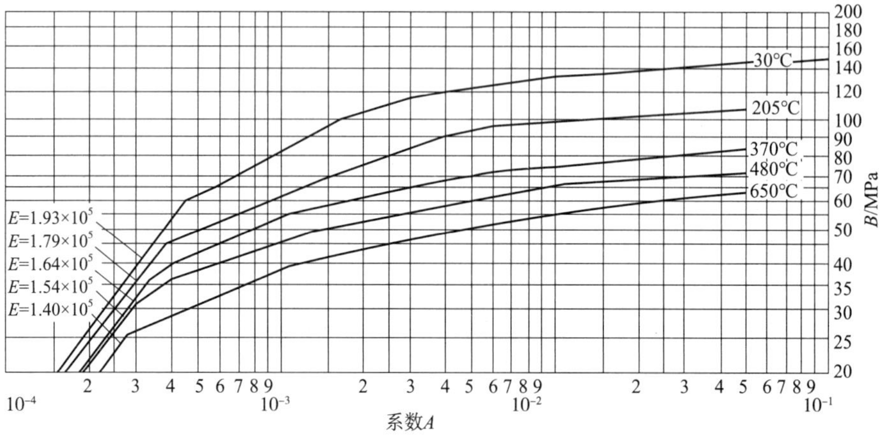

图 3-24　S30408 外压应力系数 A 曲线

外压应力系数 B 曲线图中的直线部分表示材料处于弹性状态，属于弹性失稳，此时 B 与 A 成正比，为节省篇幅，图 3-23~图 3-25 曲线中弹性范围仅作出一小部分。由 A 查 B 时，若相应温度下的 B 与 A 关系曲线相交不到，则表明筒体属于弹性失稳，可由 $B = 2/3EA$，求取 B。

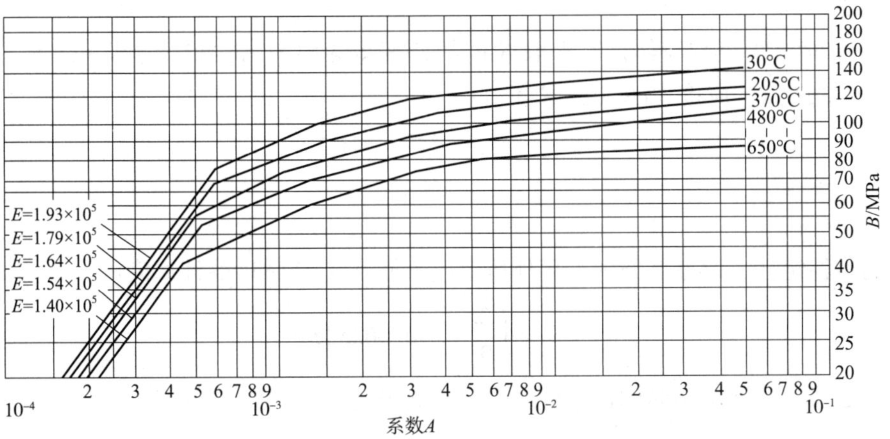

图 3-25 S31608 外压应力系数 A 曲线

(2)工程设计方法

工程设计中，根据 D_o/δ_e 值大小，将外压圆筒划分为厚壁圆筒和薄壁圆筒。薄壁圆筒的外压计算仅考虑失稳问题，而厚壁圆筒则要同时考虑失稳和强度失效。关于厚壁圆筒和薄壁圆筒的界限，GB/T 150. 3—2024 按 $D_o/\delta_e=20$ 作为界限进行划分，即 $D_o/\delta_e<20$ 时为厚壁圆筒，$D_o/\delta_e\geqslant 20$ 时为薄壁圆筒；而 ASME Ⅷ-1 和日本等国家的标准则以 $D_o/\delta_e=10$ 为界限。下面按 GB/T 150. 3—2024 的规定介绍外压圆筒的图算法设计步骤。

1)薄壁圆筒

对于 $D_o/\delta_e\geqslant 20$ 的薄壁圆筒，仅需进行稳定性校核。

①假设名义厚度 δ_n，令 $\delta_e=\delta_n-C$，计算出 L/D_o 和 D_o/δ_e；

②以 L/D_o、D_o/δ_e 值由图 3-22 查取 A 值，若 L/D_o 值大于 50，则用 $L/D_o=50$ 查取 A 值；

③根据圆筒材料选用相应的外压应力系数 B 曲线(图 3-23～图 3-25)，在图的横坐标上找出系数 A 值。在该 A 值和设计温度(遇中间温度用内插法)下求取相应的 B 值，见图 3-26 中标记①。然后按式(3-60)计算许用外压力$[p]$：

$$[p]=\frac{B}{D_o/\delta_e} \tag{3-60}$$

若所得 A 值落在设计温度下材料线的左方，见图 3-26 中标记②，则用式(3-61)计算许用外压力$[p]$：

$$[p]=\frac{2AE}{3\left(\dfrac{D_o}{\delta_e}\right)} \tag{3-61}$$

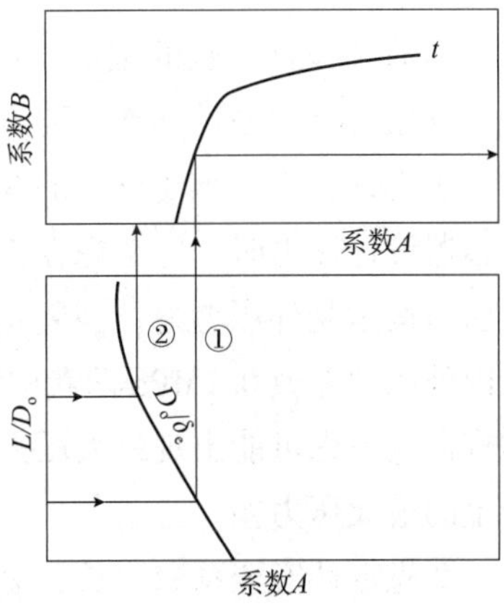

图 3-26 图算法求解过程

④比较计算外压力 p_c 与许用外压力$[p]$，若 $p_c\leqslant[p]$且较接近，则假设的名义厚度 δ_n 合理，否则应再假设名义厚度，重复上述步骤直到满足要求为止。

2)厚壁圆筒

对于 $D_o/\delta_e<20$ 的厚壁圆筒，求取 B 值的计算步骤同 $D_o/\delta_e \geqslant 20$ 的薄壁圆筒；但是对 $D_o/\delta_e<4.0$ 的圆筒，应按式(3-62)求 A 值：

$$A=\frac{1.1}{\left(\frac{D_o}{\delta_e}\right)^2} \tag{3-62}$$

为满足稳定性，厚壁圆筒的许用外压力应不低于式(3-63)的计算值：

$$[p]=\left(\frac{2.25}{D_o/\delta_e}-0.0625\right)B \tag{3-63}$$

为满足强度，厚壁圆筒的许用外压力应不低于式(3-64)的计算值：

$$[p]=\frac{2\sigma_o}{D_o/\delta_e}\left(1-\frac{1}{D_o/\delta_e}\right) \tag{3-64}$$

式中，σ_o 为应力，$\sigma_0=\min\{\sigma_0=2[\sigma]^t,\ \sigma_0=0.9R_{eL}^t$ 或 $\sigma_0=0.9R_{p0.2}^t\}$，MPa。

为防止圆筒的失稳和强度失效，厚壁圆筒的许用外压力必须取式(3-63)和式(3-64)中的较小值。

3)圆筒轴向许用压应力的确定

设圆筒最大许用压应力 $[\sigma]_{cr}=B$，求系数 B 步骤如下。

①假设 δ_n，令 $\delta_e=\delta_n-C$，按式(3-65)计算系数 A：

$$A=\frac{0.094}{R_i/\delta_e} \tag{3-65}$$

②选用相应材料的外压应力系数曲线查取 B，此 B 值即为 $[\sigma]_{cr}$。若 A 值落在设计温度下材料线的左方，则表明圆筒属于弹性失稳，可直接由式(3-66)计算：

$$B=\frac{2}{3}EA \tag{3-66}$$

4)有关设计参数的规定

外压容器的设计参数主要有设计压力、稳定性安全系数和外压计算长度等。

①设计压力。承受外压的容器设计压力定义与内压容器相同但取值方法不同。确定外压容器设计压力时，应考虑在正常工作情况下可能出现的最大内外压力差；真空容器的设计压力按承受外压考虑；当装有安全控制装置(如真空泄放阀)时，设计压力取 1.25 倍最大内外压力差或 0.1MPa 两者中的较小值；当无安全控制装置时，取 0.1MPa。对于带夹套的容器应考虑可能出现最大压力差的危险工况，如内容器突然泄压而夹套内仍有压力时所产生的最大压力差。

②稳定性安全系数。长、短圆筒的临界压力计算公式，是按理想的无初始不圆度求得的。实际上，圆筒在经历成型、焊接或焊后热处理后存在各种原始缺陷，如几何形状和尺寸的偏差、材料性能不均匀性等，都会直接影响临界压力计算值的准确性；加上受载可能不完全对称，因而根据线性小挠度理论得到的临界压力与试验结果有一定误差。为此，在计算许用设计外压力时，必须考虑一定的稳定性安全系数 m。按 GB/T 150.3—2024 规定，

对圆筒，m 取 3.0；对球壳和成形封头，m 取 15。

但在稳定性安全系数 m 取 3 的同时，对外压圆筒的形状偏差还有特殊要求。如 GB/T 150.4—2024《压力容器 第 4 部分：制造、检验和验收》规定，受外压及真空的圆筒在同一断面一定弦长范围内，实际形状与真正圆形之间的正负偏差不得超过一定值，具体规定可参见文献。

③外压计算长度。外压圆筒的计算长度是指圆筒外部或内部两相邻刚性构件之间的最大距离，通常封头、法兰、加强圈等均可视为刚性构件。图 3-27 所示为外压计算长度取法示意。对于椭圆形封头和碟形封头，应计入直边段以及封头曲面深度的 1/3。这是由于这两种封头与圆筒对接时，在外压作用下，封头的过渡区产生环向拉应力，因此在过渡区不存在外压失稳问题，所以可将该部位视作圆筒的一个顶端。对于带夹套的圆筒，则取承受外压的圆筒长度；对于圆筒部分有加强圈(或可作为加强的构件)时，则取相邻加强圈中心线间的最大距离。

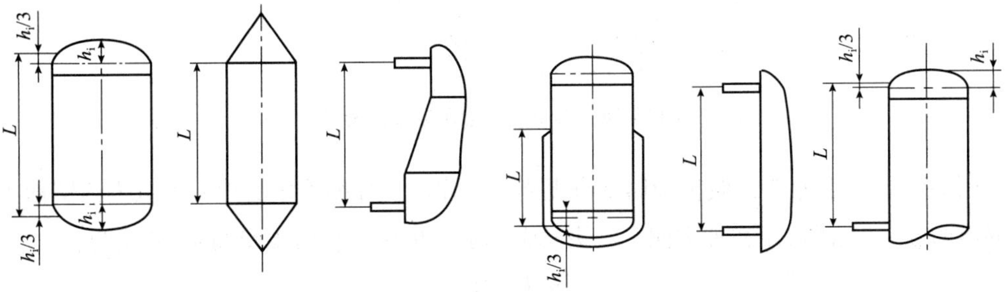

图 3-27 外压圆筒的计算长度

5)加强圈的设计计算

在外压圆筒上设置加强圈、将长圆筒转化为短圆筒，可以有效地减小圆筒厚度、提高圆筒稳定性。加强圈设计主要是确定加强圈的间距、截面尺寸及结构设计，以保证有足够的稳定性。

加强圈的间距。在外压圆筒上设置加强圈，必须使其属于短圆筒才有实际作用。当圆筒的 δ_e/D_o 已知，且计算外压 p_c 值给定时，可由短圆筒许用外压力计算公式(3-67)导出加强圈的最大间距，即：

$$L_{max}=\frac{2.6ED_o}{mp_c(D_o/\delta_e)^{2.5}} \tag{3-67}$$

由式(3-67)可知，加强圈数量增多，L_{max} 值减小，则圆筒厚度可减薄；反之，圆筒厚度须增加。

①加强圈截面尺寸的确定。

如图 3-28 所示，将加强圈当作受压圆环，视每个加强圈承受两侧 $L_s/2$ 范围内的载荷，因而其临界载荷可按圆环失稳公式计算，即：

$$\bar{p}_{cr}=\frac{24EI}{D_s^3} \tag{3-68}$$

式中 $\bar{p}_{cr}$——加强圈单位周长上的临界压力，N/mm；

I——加强圈截面对其中性轴的惯性矩，mm^4；

D_s——加强圈中性轴的直径，mm。

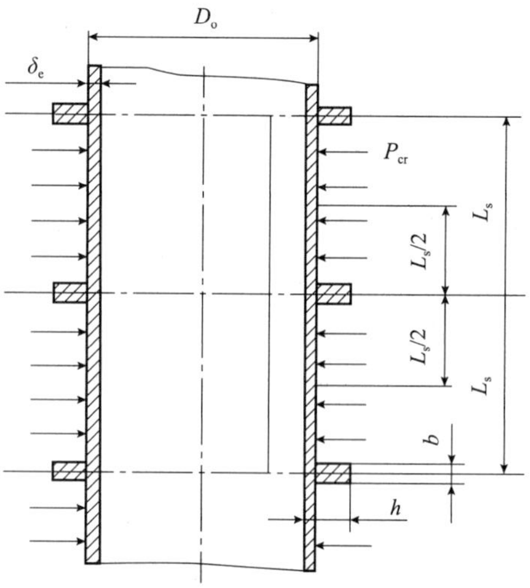

图 3-28 每个加强圈所承受的载荷

因加强圈间距为 L_s，假设圆筒本身无刚性，作用在加强圈中心线两侧范围内圆筒上的临界压力 p_{cr}，全部作用在加强圈上，则每个加强圈单位周长所承受的 p_{cr} 公式为：

$$\bar{p}_{cr}=\frac{p_{cr}L_s\pi D_s}{\pi D_s}=p_{cr}L_s$$

将上式代入式(3-68)，取 $D_o\approx D_s$，则：

$$\bar{p}_{cr}=p_{cr}L_s=\frac{24EI}{D_o^3} \quad 或 \quad I=\frac{p_{cr}L_sD_o^3}{24E} \tag{3-69}$$

将式(3-69)变换为：

$$I=\frac{p_{cr}D_o\delta_eL_sD_o^2}{2\delta_e 12E}$$

并以 $\sigma_{cr}=\dfrac{p_{cr}D_o}{2\delta_e}$和 $A=\varepsilon_{cr}=\dfrac{\sigma_{cr}}{E}=\dfrac{p_{cr}D_o}{2\delta_eE}$ 代入式(3-70)，得：

$$I=\frac{\delta_eL_sD_o^2}{12E}\sigma_{cr}=\frac{\delta_eL_sD_o^2}{12}A \tag{3-70}$$

式(3-70)是假设外压力全部由加强圈承担的情况，实际上加强圈和圆筒共同承受外压力，应计算其组合惯性矩。对图 3-28 等间距设置加强圈的圆筒，可将其视作厚度为 δ_y 的当量圆筒，此当量厚度为：

$$\delta_y=\delta_e+\frac{A_s}{L_s} \tag{3-71}$$

式中 δ_y——当量厚度，mm；

A_s——单个加强圈的截面积，mm^2；

L_s——加强圈的间距，mm。

用 δ_y 代替式(3-70)中 δ_e 并考虑加强圈和圆筒连接大多采用间断焊，因而增加10%的惯性矩以提高稳定性裕度，即将式(3-70)乘以1.1，得到保持稳定时加强圈和圆筒组合段所需的最小惯性矩：

$$I=\frac{D_o^2L_s(\delta_e+A_s/L_s)}{10.9}A \tag{3-72}$$

和前面介绍的圆筒稳定性计算相比，求解 A 的过程刚好和假定圆筒厚度求其许用外压力的过程相反。在加强圈设计时，通常是已知加强圈欲承受的外压力 p_c，而求解其所需惯性矩。因此先假设加强圈的个数与间距 $L_s(L_s \leqslant L_{max})$，然后选择加强圈尺寸(可按型钢规格)计算或由手册查得 A_s，并计算加强圈与当量圆筒实际所具有的组合惯性矩 I_s；同时，根据已知的 p_c、D_o 和选择的 δ_e、L_s，按式(3-73)计算当量圆筒周向失稳时的 B 值，即：

$$B=\frac{p_cD_o}{\delta_y}=\frac{p_cD_o}{\delta_e+A_s/L_s} \tag{3-73}$$

然后按相应材料的外压应力系数曲线，由 B 值查取 A 值(若查图时无交点，则按 $A=3B/2E$ 计算)，再把查得的 A 值代入式(3-73)中，即可求得所需的最小惯性矩 I。比较 I_s 和 I，若 I_s 大于并接近 I，则满足要求，否则应重新选择加强圈尺寸，重复上述计算，直至满足要求为止。

②加强圈与圆筒的连接结构。

加强圈常用扁钢、角钢、工字钢或其他型钢制成，可以设置在容器的内部或外部，其材料多为碳素钢。当圆筒材料为不锈钢等贵重金属时，在圆筒外部设置碳素钢加强圈，可以节省贵重金属。

加强圈与圆筒连接可采用连续的或间断的焊接，其焊接结构如图3-29所示。当加强圈设置在容器外面时，加强圈每侧间断焊接的总长，应不小于圆筒外圆周长的1/2；当加强圈设置在容器里面时，焊接总长应不小于圆筒内圆周长的1/3。加强圈两侧的间断焊缝可以错开或并排布置，但焊缝之间的最大间隙对外加强圈为 $8\delta_n$，对内加强圈为 $12\delta_n$(δ_n 为圆筒的名义厚度)。

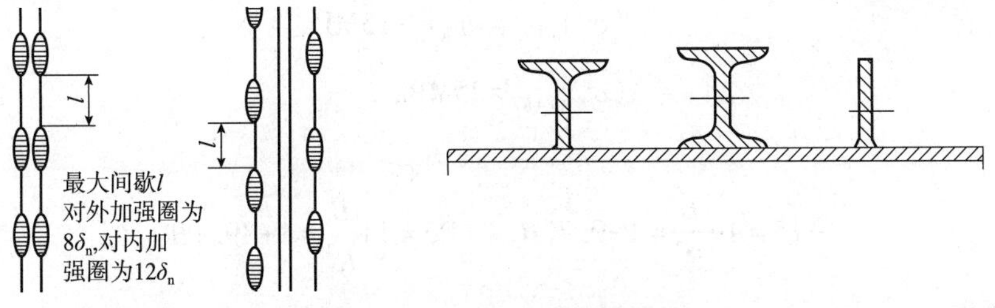

图3-29 加强圈与圆筒的连接

为保证圆筒与加强圈的加强作用，加强圈应整圈围绕在圆筒的圆周上，而不许任意削弱或割断。对设置在内部的加强圈，若由于工艺需要开设排液孔、排气孔，使加强圈局部有所削弱或割断，则削弱或割断的弧长不得大于图 3-30 所给定的值。

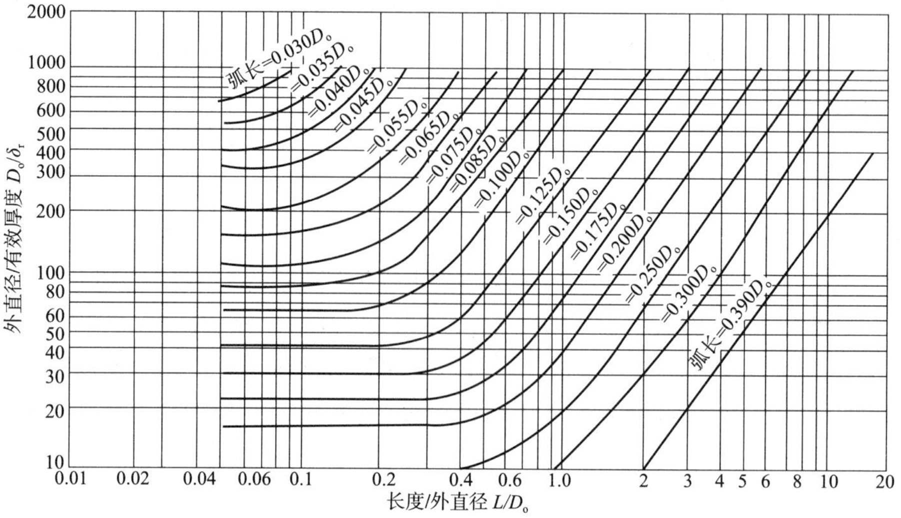

图 3-30　圆筒上加强圈允许的间断弧长值

带加强圈外压圆筒有三种失效形式，即加强圈与圆筒同时失稳、加强圈两侧的圆筒失稳和加强圈本身失稳。当加强圈两侧的圆筒失稳时，为使加强圈承受外压引起的径向压缩载荷，加强圈与圆筒间的焊接接头应能承受单位长度上的径向载荷 p_cL_s；当加强圈本身失稳时，横力弯曲将引起剪力，焊接接头必须能承受剪力 $0.01p_cL_sD_o$ 引起的切应力。根据上述要求，可确定焊缝的尺寸。

【例题 3-4】 一内半径 $R_i=160$mm，外半径 $R_o=320$mm 的厚壁圆筒，承受外压 $p_o=15$MPa 的作用，材料的弹性模量 $E=2\times10^5$MPa，$\mu=0.3$。试问在此情况下：当向筒内施加多大的内压 p_i，其内壁周向应力 σ_θ 达到 25MPa?

【解】 由拉美公式可知：

$$\sigma_r=A-\frac{B}{r^2}\qquad \sigma_\theta=A+\frac{B}{r^2}$$

由边界条件

$$(\sigma_r)_{r=R_o}=-p_o=-15\text{MPa}$$

$$(\sigma_\theta)_{r=R_i}=25\text{MPa}$$

得：

$$-15=A-\frac{B}{R_o^2}=A-9.77B\qquad 25=A+\frac{B}{R_i^2}=A+39.1B$$

由此解得：

$$A=-6.98\qquad B=0.818$$

于是

$$\sigma_r = -6.98 - \frac{0.818}{r^2}$$

$$\sigma_\theta = -6.98 + \frac{0.818}{r^2}$$

则

$$(\sigma_r)_{r=R_i} = -6.98 - \frac{0.818}{R_i^2} = -6.98 - \frac{0.818}{0.16^2} = -38.93\text{MPa}$$

$$(\delta_r)_{r=R_i} = -6.98 - \frac{0.818}{R_0^2} = -6.98 - \frac{0.818}{0.16^2} = -38.93\text{MPa}$$

因此 $p_i = 38.93\text{MPa}$。

3.6.4 封头设计

压力容器封头的种类较多，分为凸形封头、锥壳、变径段、平盖及紧缩口等，其中凸形封头包括半球形封头、椭圆形封头、碟形封头和球冠形封头。采用什么样的封头要根据工艺条件的要求、制造的难易程度和材料的消耗等情况来决定。

对受均匀内压封头的强度计算，由于封头和圆筒相连接，因而不仅需要考虑封头本身因内压引起的薄膜应力，还要考虑与圆筒连接处的不连续应力。连接处总应力的大小与封头的几何形状和尺寸，封头与圆筒厚度的比值大小有关。但在导出封头厚度设计公式时，主要利用内压薄膜应力作为依据，而将因不连续效应产生的应力增强影响以应力增强系数的形式引入厚度计算式中。应力增强系数由有力矩理论解析导出，并辅以实验修正。封头设计时，一般应优先选用封头标准中推荐的形式与参数，然后根据受压情况进行强度或稳定性计算，确定合适的厚度。

1. 半球形封头

常见容器凸形封头的型式如图 3-31 所示。半球形封头为半个球壳，如图 3-31(a)所示。

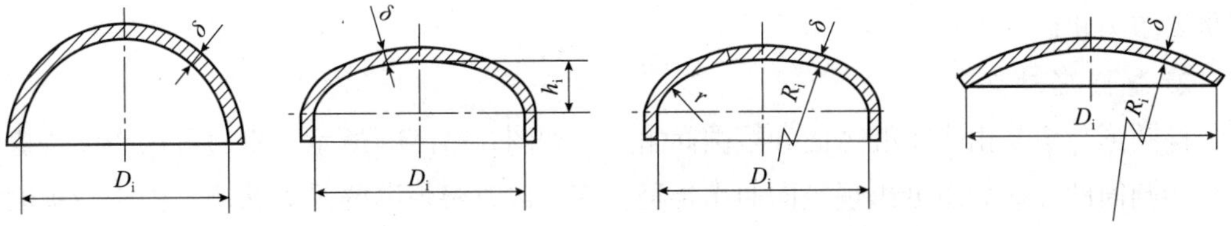

图 3-31 常见容器凸形封头的型式

(1)受内压的半球形封头

在均匀内压作用下，薄壁球形容器的薄膜应力为相同直径圆筒的一半，故从受力分析来看，球形封头是最理想的结构形式。但缺点是深度大，直径小时，整体冲压困难，大直径采用分瓣冲压，其拼焊工作量也较大。半球形封头常用在高压容器上。

式(3-74)为受内压的半球形封头厚度计算公式，其推导过程与圆筒厚度计算公式类似：

$$\delta=\frac{p_c D_i}{4[\sigma]^t\phi-p_c} \tag{3-74}$$

式中　D_i——球壳的内直径，mm。

为同时满足弹性要求，将式(3-74)的适用范围限于 $p_c\leqslant0.6[\sigma]^t\phi$，相当于 $K\leqslant1.35$。

(2)受外压的半球形封头

同外压圆筒，受外压的半球形封头(或外压球壳)在工程上广泛采用图算法。工程上，常采用基于非线性大挠度理论并修正的球壳临界压力计算公式：

$$p_{cr}=0.25E(\delta_e/R_o)^2$$

引入稳定性安全系数，取 $m=3$，可得球壳的许用外压力为：

$$[p]=\frac{p_{cr}}{3}=\frac{0.0833E}{(R_o/\delta_e)^2} \tag{3-75}$$

令 $B=\dfrac{[p]R_o}{\delta_e}$，根据 $B=2/3EA=\dfrac{[p]R_o}{\delta_e}$，得 $[p]=\dfrac{2EA}{3(R_o/\delta_e)}$。将$[p]$代入式(3-75)得：

$$A=\frac{0.125}{R_o/\delta_e} \tag{3-76}$$

与外压圆筒一样，系数 A、B 可直接利用前面介绍的外压应变系数 A 曲线和外压应力系数 B 曲线查取。由 B 和$[p]$的关系式得半球形封头的许用外压力为：

$$[p]=\frac{B}{R_o/\delta_e} \tag{3-77}$$

用图算法设计半球形封头(或外压球壳)时，先假定名义厚度 δ_n，令 $\delta_e=\delta_n-C$，用式(3-76)计算出 A，然后根据所用材料选用外压应力系数曲线，由 A 查取 B，再按式(3-77)计算许用外压力$[p]$。如所得 A 值落在设计温度下材料线的左侧，则直接用式(3-75)计算$[p]$。若$[p]\geqslant p_c$ 且较接近，则该封头厚度合理，否则应重新假设 δ_n，重复上述步骤直到满足要求为止。

2. 椭圆形封头

椭圆形封头是由半个椭球面和短圆筒组成，如图 3-31(b)所示。直边段的作用是避免封头和圆筒的连接焊缝处出现经向曲率半径突变，以改善焊缝的受力状况。由于封头的椭球部分经线曲率变化平滑连续，故应力分布比较均匀，且椭圆形封头深度较半球形封头小得多，易于冲压成型，是目前中、低压容器中应用较多的封头之一。

(1)受内压(凹面受压)的椭圆形封头

受内压椭圆形封头中的应力，包括由内压引起的薄膜应力和封头与圆筒连接处的不连续应力。研究表明，在一定条件下，椭圆形封头中的最大应力和圆筒周向薄膜应力的比值，与椭圆形封头长轴与短轴之比 a/b 的值有关，见图 3-32 中虚线。可知：封头中最大应力的位置和大小均随 a/b 的改变而变化，故在 $a/b=1.0\sim2.6$ 范围内，工程设计采用以下简化式代替该曲线。

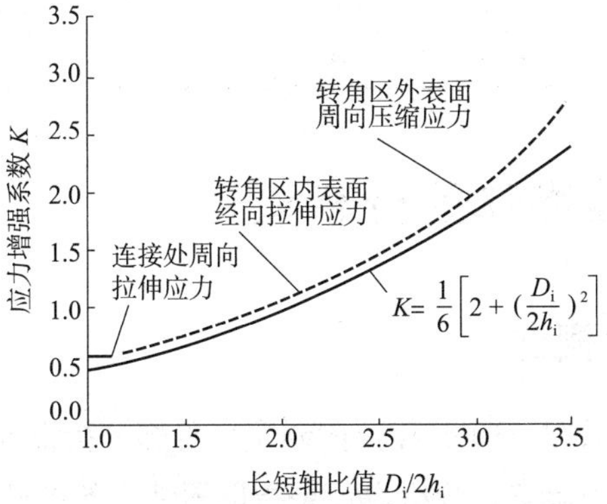

图 3-32　椭圆形封头的应力增强系数

$$K=\frac{1}{6}\left[2+\left(\frac{D_i}{2h_i}\right)^2\right] \tag{3-78}$$

K 称为应力增强系数或形状系数，即封头上最大总应力/圆筒上周向薄膜应力 $=K$，相当于封头上最大总应力/球壳上薄膜应力 $=2K$，因而，对于 $a/b=1.0\sim2.6$ 的椭圆形封头，其最大总应力为半径等于椭圆形封头直径的半球形封头薄膜应力的 K 倍。故其厚度计算式可以用半径为 D_i 的半球形封头厚度乘以 K 而得，即：

$$\delta=\frac{Kp_cD_i}{2[\sigma]^t\phi-0.5p_c} \tag{3-79}$$

当 $D_i/2h_i=2$ 时，为标准椭圆形封头，此时 $K=1$，厚度计算式为：

$$\delta=\frac{p_cD_i}{2[\sigma]^t\phi-0.5p_c} \tag{3-80}$$

椭圆形封头的最大允许工作压力按式(3-81)确定：

$$[p_w]=\frac{2[\sigma]^t\phi\delta_e}{KD_i+0.5\delta_e} \tag{3-81}$$

按上面的计算公式，从强度上避免了封头发生屈服。然而根据应力分析，承受内压的标准椭圆形封头在过渡转角区存在较高的周向压应力，这样内压椭圆形封头虽然满足强度要求，但仍有可能发生周向皱褶而导致局部屈曲失效。特别是大直径、薄壁椭圆形封头，很容易在弹性范围内因屈曲而破坏。迄今为止，已对这一问题进行了深入研究，提出了几种设计方法，但计算过程较为繁复。目前，工程上一般采用限制椭圆形封头最小厚度的方法，如 GB/T 150.3—2024 规定 $K\leqslant1$ 的椭圆形封头的有效厚度应不小于封头内直径的 0.15%，$K>1$ 的椭圆形封头的有效厚度应不小于 0.30%。

(2)受外压(凸面受压)的椭圆形封头

其外压稳定性计算公式和图算法步骤同受外压的半球形封头，但公式及算图中的球面外半径 R_o 由椭圆形封头的当量球壳外半径 $R_o=K_1D_o$ 代替，K_1 值是由椭圆长短轴比值 $D_o/(2h_o)$ $(h_o=h_i+\delta_n)$ 决定的系数，其值可由表 3-7(遇中间值用内插法求得)查得。

表 3-7 系数 K_1

$D_o/2h_o$	2.6	2.4	2.2	2.0	1.8	1.6	1.4	1.2	1.0
K_1	1.18	1.08	0.99	0.90	0.81	0.73	0.65	0.57	0.50

3.7 储氢容器壳体的分析设计

3.7.1 分析设计概述

为克服常规设计的局限性，1965 年美国颁布了首部分析设计标准。经过 60 年的发展，分析设计的内涵不断扩充和调整。分析设计是指以塑性失效准则为基础，采用精细的力学分析手段的压力容器设计方法。目前，分析设计主要包括应力分类法和基于失效模式的直接法。GB/T 4732.1~4732.6—2024《压力容器分析设计》提供了以弹性应力分析或弹塑性应力分析为基础，基于失效模式的设计方法，适用于钢制压力容器的分析设计。

3.7.2 弹性应力分析方法

弹性应力分析设计法的思想是：进行容器设计时必须先进行详细的应力分析，将各种外载荷或变形约束产生的应力分别计算出来，然后进行应力分类，分清主次，分别根据各类应力对容器强度影响的程度，采用不同的安全系数和不同的许用应力加以限制，以保证压力容器在各类应力作用下既能安全可靠地工作，又较经济合理。

1. 应力分类

对于承压设备，根据各种应力本身的性质及对失效模式所起的不同作用予以分类如下：

(1)一次应力 P

一次应力是为平衡压力与其他机械载荷所必需的正应力或切应力。它需要满足外载和内力的平衡关系。一次应力具有非自限性，当达到或超过材料的屈服点时，将使容器过度变形而破坏。一次应力是个统称，具体包括下述三类：

1)一次总体薄膜应力 P_m

一次总体薄膜应力存在于结构总体范围内，其应力达到材料的屈服强度时，会使受压元件的总体范围内整个壁厚的材料同时进入屈服，使受压元件产生过量的弹性和塑性变形而直接导致结构破坏，它是各类应力中对容器危害性最大的应力。例如，各种壳体中平衡内压或分布载荷所引起的薄膜应力。

2)一次局部薄膜应力 P_L

一次局部薄膜应力存在于结构局部范围内，由介质压力或其他机械载荷所引起的，只要符合局部区域和薄膜应力的特征都可以称为一次局部薄膜应力。一次局部薄膜应力即使达到材料的屈服强度也不会造成结构整体过大的弹性和塑性变形，因而允许这类应力强度有比一次总体薄膜应力较宽的校核条件。例如容器支座，由于自重或外载在壳体上所引起的薄膜应力。

3）一次弯曲应力 P_b

一次弯曲应力是弯曲应力中的一种，是由介质压力或其他机械载荷引起的，沿容器壁厚方向形成线性分布，内外壁表面大小相等、方向相反、中间面为中性面的应力，它满足外载和内力的平衡关系。一次弯曲应力对结构整体的危害程度同一次局部薄膜应力相似，因而这类应力的强度校核条件也比一次总体薄膜应力较宽。如平盖中心部位由压力引起的弯曲应力。

（2）二次应力 Q

二次应力是为满足外部约束条件或结构自身变形连续要求所需的正应力或切应力。由温度差引起的热应力都由变形协调关系导出，根据其存在范围是属于整体还是局部分别划入二次应力或峰值应力。二次应力具有自限性，由于应力分布是局部的，当二次应力的应力强度达到材料的屈服点时，相邻部分之间的约束便得到缓和，使变形趋向协调而不再继续发展，应力自动限制在一定范围内。如换热器管板与筒体连接处由于径向膨胀量不同所产生的热应力等。

（3）峰值应力 F

峰值应力定义为在局部结构不连续处总应力去除一次应力及二次应力后剩余的应力。它的基本特性是不会引起结构任何比较显著的变形，仅可能是导致容器出现疲劳破坏和脆性断裂的潜在原因。峰值应力的划分并不以它沿器壁厚度是均匀分布、线性分布还是非线性分布来定义，不是高度集中的应力，如果它不会引起结构显著的变形，也可划归为峰值应力。例如，在碳钢容器的奥氏体钢覆层中出现的温差应力。压力容器典型结构中的应力分类参见我国现行标准 GB/T 4732.4—2024《压力容器分析设计　第 4 部分：应力分类方法》《钢制压力容器——分析设计标准》。

2. 各类应力值的限制

对于各类不同应力，由于它们对容器强度的危害性不同，它们的应力强度允许值也就各不相同。美国的 ASME 和我国的 GB/T 4732.1～4732.6—2024《压力容器分析设计》中规定对各类应力的应力强度的限制如下：

（1）一次应力中的总体薄膜应力 P_m 的应力强度应小于许用应力$[\sigma]$；

（2）一次应力中的局部薄膜应力 P_L 的应力强度应小于 $1.5[\sigma]$；

（3）一次应力中的总体薄膜应力 P_m 或局部薄膜应力 P_L 与弯曲应力 P_b 之和的应力强度应小于 $1.5[\sigma]$；

（4）一次应力中的总体薄膜应力 P_m 或局部薄膜应力 P_L 和弯曲应力 P_b、二次应力 Q 之和的应力强度应小于 $3[\sigma]$；

（5）一次应力（包括 P_m 或 P_L、P_b）与二次应力 Q 及峰值应力 F 之和的应力强度不能超过疲劳曲线所确定的许用应力幅 S_a。

为简明起见，各类应力的应力强度许用值见表 3-8。

表 3-8　各类应力的应力强度许用值

应力种类	一次应力			二次应力	峰值应力
	总体薄膜应力	局部薄膜应力	弯曲应力		
符号	P_m	P_L	P_b	Q	F
应力分量的组合和应力强度的许用数值	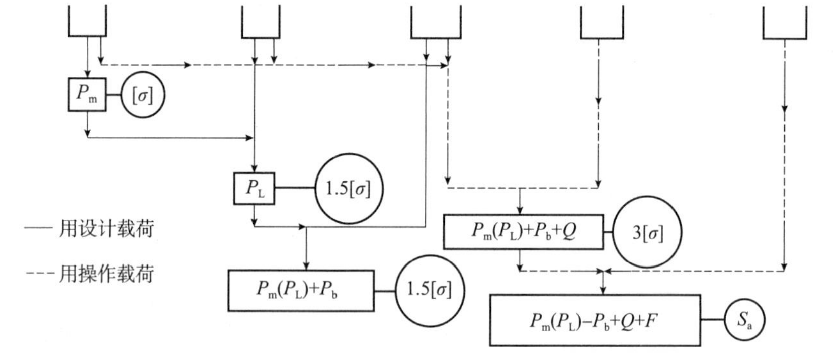				

3.7.3　弹塑性分析方法

考虑材料应变强化性能和结构非线性变形影响的塑性力学分析可使压力容器的设计更为合理。有限元技术作为塑性力学分析的有力工具，可用于压力容器的设计中。进入 21 世纪，压力容器的分析设计在原有弹性分析设计的基础上扩展为弹塑性分析设计，并被纳入压力容器的标准中。EN13445-3—2002 附录 B 中的直接法、ASME Ⅷ-2— 2007 版压力容器分析设计规范中引入的弹塑性分析方法，在降低安全系数、全面引入数值分析工具和弹塑性分析评定方面具有突出特点，为压力容器的设计提供了功能强大的分析手段和先进可靠的安全评定准则，成为实现压力容器安全性和经济性相结合设计的有效途径。

1. 材料本构模型

结构变形和材料应变强化指数对压力容器爆破压力的影响很大，且对破坏形式产生影响。相比于弹性分析采用线弹性材料模型，弹塑性分析采用考虑材料-应变强化效应的真实材料应力-应变曲线，能够更真实地反映压力容器在载荷作用下的实际响应。获取考虑材料应变强化效应的本构模型有实验法和计算法。

(1) 实验法

实验法即在常温下对拉伸试件或者其他元件在内压作用下的变形实验获得材料的载荷-位移曲线，然后把载荷位移曲线转换为工程应力-应变曲线和真实应力-应变曲线的一种方法。实验法获取的本构模型能够准确地反映材料变形时的实际响应行为，不同种类的材料，其本构关系式会有不同，图 3-33 所示为经典碳钢材料的应力-应变曲线。

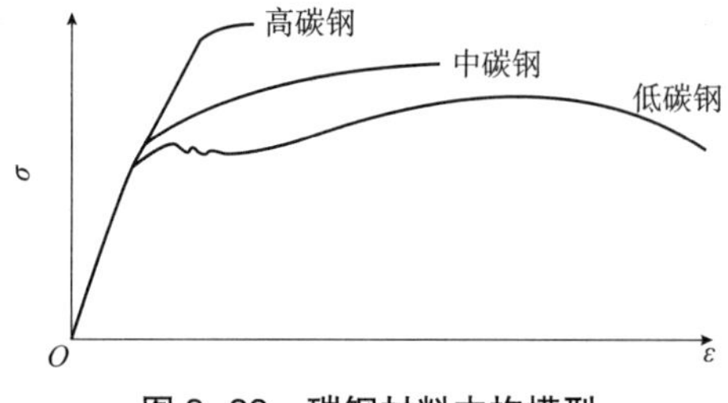

图 3-33　碳钢材料本构模型

(2)计算法

2007年美国ASME颁布的锅炉压力容器规范第Ⅷ卷第2分篇，首次在承压设备标准中引入弹塑性应力分析法，率先在国际上提出了考虑材料塑性应变强化的本构模型。ASME应变强化模型采用由材料屈服强度、抗拉强度及断后延伸率等转化而来的材料真实应力-应变曲线进行容器的分析设计，降低了容器的设计壁厚，体现了安全性和经济性的结合。

2. 载荷情况

在进行压力容器分析设计时，应考虑作用在元件上的所有载荷。除了以压力形式作用的载荷外，还应考虑各种附加载荷。如果载荷是随时间变化的，则要拟定载荷频率曲线以表示每一规定载荷随时间的变化关系。设计中应考虑的各种附加载荷如表3-9所示。在分析设计中，应考虑各种载荷工况的组合情况，表3-10对典型载荷进行了详细说明。

表3-9　在设计中所考虑的载荷和载荷工况

载荷工况	设计载荷
压力试验	(1)元件加上绝热层、防火层、安装的内件、平台以及在安装位置由元件所支承的其他设备的载荷； (2)包括压力推力的管道载荷； (3)不包括振动和用于维修的活载荷在内的适用活载荷； (4)除非规定为气压试验，否则，压力试验以及冲洗设备和管道用的流体(水)载荷； (5)风载荷
正常操作	(1)元件加上绝热层、耐火层、防火层、安装的内件、催化剂、填料、平台以及在安装位置由元件所支承的其他设备的静载荷； (2)包括压力推力的管道载荷； (3)适用的活载荷； (4)在正常操作时的压力和流体载荷； (5)温差载荷
正常操作加临时性(注：临时性载荷通常由风和地震所控制，但是其他类型如雪和冰载荷也可以控制)	(1)元件加上绝热层、耐火层、防火层、安装的内件、催化剂、填料、平台以及在安装位置由元件所支承的其他设备的静载荷； (2)包括压力推力的管道载荷； (3)适用的活载荷； (4)在正常操作时的压力和流体载荷； (5)温差载荷； (6)风、地震或其他临时性载荷，取其中的较大者； (7)由于波动作用引起的载荷
异常和启动操作加临时性	(1)元件加上绝热层、耐火层、防火层、安装的内件、催化剂、填料、平台以及在安装位置由元件所支承的其他设备的静载荷； (2)包括压力推力的管道载荷； (3)适用的活载荷； (4)压力加异常或启动操作情况相关联的流体载荷； (5)温差载荷； (6)风载荷

表 3-10 载荷说明

设计载荷参数	说明
P	最大许用工作内压和外压
P_S	由液体或堆积材料（如催化剂）引起的静压力
D	容器、物料以及在所关注位置处附属物的自重，包括以下情况： ·内件、支座（如裙座、支耳、鞍座和支腿）以及附属物（例如平台、扶梯等）在内的容器重量； ·在操作或试验状态时容器的物料重量； ·耐火衬里，绝热层； ·由诸如电机、机械装置、其他容器和管道等连接设备的重量所引起的静止反力
L	·活附属物载荷； ·稳态和短暂的流体冲力影响
E	地震载荷
W	风载荷
W_{Pt}	是否在风载荷情况下做压力试验，在此情况下的设计风速应按照相关要求规定
S_S	雪载荷
T	载荷情况是否自限（温差载荷，所作用的范围）。此载荷情况并不特有地对坍塌载荷有影响，但是在弹性流动所引起的应力，若没有产生过量的变形，不足以缓和至载荷再分布的情况，则应予考虑

3. 总体塑性变形失效

总体塑性变形考虑的短时响应（不考虑蠕变影响）和单调加载的情况，主要涉及总体塑性变形和局部过度应变这两种失效。总体塑性设计时，结构的响应情况会因结构的材料不同、结构形状不同（这里主要指材料的应变强化作用的强弱、结构几何强化或者弱化的大小）而表现出不同的响应［对应不同形状的载荷-变形（位移）曲线］。

4. 弹塑性分析求总体载荷

弹塑性分析采用的材料模型为真实的应力-应变曲线，与采用线弹性模型的应力分类法和采用理想弹塑性模型的极限分析法相比，其与结构的实际行为更加接近，对应力-应变等的分析更加准确，而且由塑性变形以及元件变形特征引起的应力再分布能够在分析中直接体现。

在进行有限元弹塑性分析时，当由小的载荷增量也不能获得平衡解的这一点（求解不再收敛）所对应的载荷即为结构的总体塑性载荷，许用载荷由总体塑性载荷除以设计系数获得。

在进行弹塑性分析时，除了要防止总体塑性失效外，还要防止局部失效。在弹性分析中，校核局部失效时，采用局部一次薄膜应力加弯曲各主应力的综合，即$(\sigma_1+\sigma_2+\sigma_3)\leqslant 4S$。在弹塑性分析中，防止局部失效由应力控制变为应变控制：欧盟标准规定对于弹塑性分析，操作时应变不能大于5%，实验时不能大于7%；美国标准并未给出应变限制的具体值，但给出了应变限制公式。

(1)防局部失效的一般方法

利用弹塑性分析方法防止局部失效的过程如下：

①根据局部失效准则，基于载荷情况组合完成弹塑性应力分析，在分析中应计及几何非线性的影响。

②对元件中所经受评定的位置，确定其主应力 σ_1、σ_2、σ_3，采用第四强度理论确定当量应力 σ_e 及其当量塑性应变 ε_{peq}。

③采用式(3-82)确定三轴向应变的极限 ε_L。

$$\varepsilon_L=\varepsilon_{Lu}\exp\left\{-\left(\frac{\alpha_{s1}}{1+m_2}\right)\left[\frac{\sigma_1+\sigma_2+\sigma_3}{3\sigma_e}-\frac{1}{3}\right]\right\} \tag{3-82}$$

④确定成型应变 ε_{cf}，如果元件按照相关要求进行了热处理，则可以假设成型应变为0。

⑤确定应变极限是否满足极限要求，如果满足式(3-83)，则对规定的载荷情况下，元件中该处是合格的。

$$\varepsilon_{peq}+\varepsilon_{cf}\leqslant\varepsilon_L \tag{3-83}$$

(2)应变极限损伤法

除以上方法外，防止局部失效的评定方法还有应变极限损伤计算方法。在此方法中，载荷被分成 K 个载荷增量，其对应的主应力和当量应力分别为 $\sigma_{1,k}$、$\sigma_{2,k}$、$\sigma_{3,k}$、$\sigma_{e,k}$，每个载荷增量引起的当量塑性应变的改变则为 $\varepsilon_{peq,k}$，可由每一载荷增量计算得出。对 k^{th} 载荷增量的应变极限 $\varepsilon_{L,k}$，用式(3-84)计算，对每一载荷增量的应变损伤采用式(3-85)计算，成型引起的应变损伤 $D_{\varepsilon form}$ 由式(3-86)计算，如果热处理严格按照要求进行，则由成型引起的应变损伤可以为零。积累的应变损伤采用式(3-87)计算，如果满足此式，则对规定的载荷顺序，元件中的该位置是合格的。

$$\varepsilon_{L,k}=\varepsilon_{Lu}\exp\left\{-\left(\frac{\alpha_{s1}}{1+m_2}\right)\left[\frac{\sigma_{1,k}+\sigma_{2,k}+\sigma_{3,k}}{3\sigma_{e,k}}-\frac{1}{3}\right]\right\} \tag{3-84}$$

$$D_{\varepsilon,k}=\frac{\Delta\varepsilon_{peq,k}}{\sigma_{L,k}} \tag{3-85}$$

$$D_{\varepsilon form}=\frac{\varepsilon_{ef}}{\varepsilon_{Lu}\exp\left[-0.67\left(\frac{\alpha_{s1}}{1+m_2}\right)\right]} \tag{3-86}$$

$$D_{\varepsilon}=D_{\varepsilon form}+\sum_{i=1}^{M}D_{\varepsilon,k}\leqslant 1.0 \tag{3-87}$$

5. 弹塑性有限元分析实例

(1)问题描述

容器筒体内径和壁厚分别为500mm、6.5mm。采用壁厚8.5mm的标准椭圆封头。筒体和封头的材料均为1.4301奥氏体不锈钢，其实测工程屈服强度、工程抗拉强度及断后延伸率分别为282MPa、747MPa和0.51。

(2)分析过程

分析过程中，采用多线性等向强化材料模型，以模拟具有几何非线性和材料非线性响应的大变形。材料模型需输入的真实应力-应变数据由通过工程屈服强度、抗拉强度及断后延伸率代入 ASME 模型计算求得。图 3-34 所示为该容器材料的 ASME 真实应力-应变曲线。根据结构的对称性，容器模型取容器轴向长度的 1/2 和周向的 1/4 建模。筒体轴向端部约束轴向位移，周向断面分别约束各自法向位移。

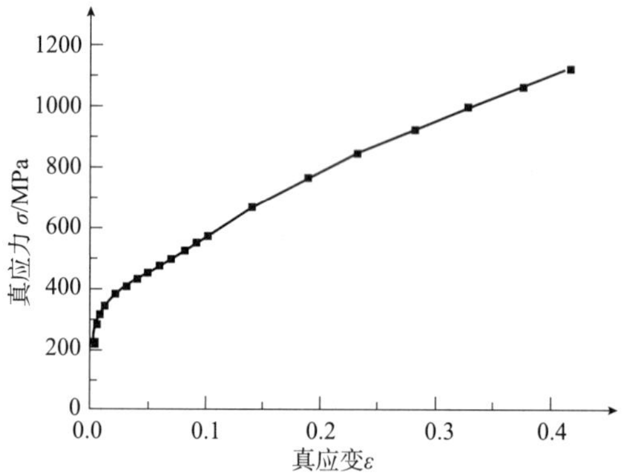

图 3-34　ASME 标准中 1.4301 奥氏体不锈钢真实应力-应变曲线

材料真实应力-应变曲线分别取标准保证值和实测值下的 ASME 真实应力-应变曲线，分两次进行模拟。模拟时采用米塞斯(Von Mises)屈服准则，按大变形条件，分多个子步缓慢加载至容器的最大有限元计算压力，把最大计算压力作为容器的爆破压力。有限元求解之前进行非线性求解设置，采用逐步加载的增量法，打开大变形，设定子步数为 45，最小的子步数为 30，最大的子步数为 100；为与 17MPa 的最大加载内压相对应，设定时间为 17s；打开时间观测器，方便观测有限元求解过程。

(3)结果分析

弹塑性分析能够准确求得引起结构塑性失稳的载荷，这可以由小的载荷增量再也不能获得平衡解的这一点表示，在 ANSYS 中，即该解不再收敛。有限元求解完后，先找出最大载荷子步下结构的最大应变节点，在该模型分析中，最大应变节点位于筒体端部；然后提取该节点在不同载荷步下的应变强度及其对应的时间，根据时间与载荷的对应关系，将时间值转换为内压值，作出该节点的载荷-应变曲线，如图 3-35 所示。弹塑性分析能够准确求得容器的最大承载能力和筒体在不同应变下对应的载荷值。由图 3-35 可知：当容器主体产生 1%、5%、10%应变时的内压分别为 9.15MPa、11.24MPa、13.23MPa，最大承载能力为 16.11MPa。而容器的设计压力则由最大承载能力除以设计系数确定，如果设计系数为 2.4，则设计压力为 16.11/2.4=6.71(MPa)。

3.7.4　疲劳分析

压力容器在下列情况下会产生交变应力：

(1)频繁的间断操作和开停工造成压力和各种载荷的交变；

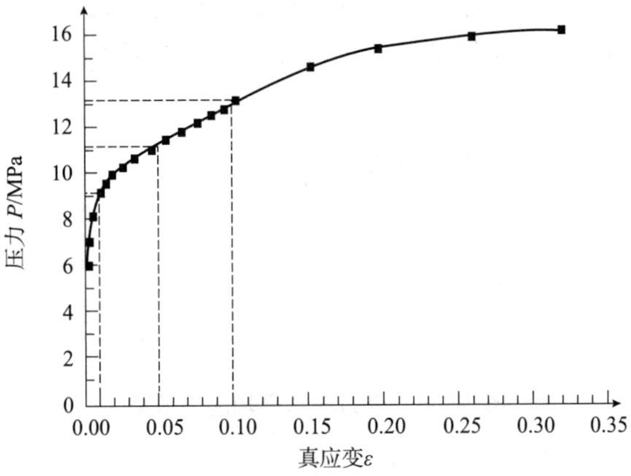

图 3-35　压力-应变曲线

(2)运行时出现的压力波动；

(3)运行时出现的周期性温度变化；

(4)在正常的温度变化时，容器及其部件膨胀和压缩受到了约束；

(5)外加的载荷反复交变；

(6)强迫振动。

如果交变应力幅度较大，超过使用材料的疲劳持久极限，在交变应力的作用下，位于高应力区受力最大的金属晶粒将会产生滑移，并逐渐发展成微小裂纹，裂纹不断扩展，最后导致容器的泄漏或破裂。容器在交变应力作用下的这种破坏称为疲劳。因此，疲劳失效实质上就是裂纹形成与扩展而造成破坏的过程。

1. 疲劳分析设计法

疲劳问题可分为高循环疲劳与低循环疲劳。在使用期内，应力循环超过 10^5 次的称为高循环疲劳，循环次数在 $10^2 \sim 10^5$ 范围内的称为低循环疲劳。在设计回转机械时，高循环疲劳是主要的考虑因素，而对于压力容器，除个别情况外，应力循环很少有超过 10^5 次的，故属于低循环疲劳的范围。本小节重点讨论这种低循环疲劳破坏。

在一般情况下，波动应力与时间的关系可用图 3-36 来表示。在图 3-36 中 σ_{max} 和 σ_{min} 分别表示循环期间的最大和最小应力值(代数值)，σ_m 表示平均应力，即：

$$\sigma_m = \frac{1}{2}(\sigma_{max} + \sigma_{min}) \tag{3-88}$$

σ_r 为应力范围，是指循环期间最大与最小应力间的代数差，即：

$$\sigma_r = \sigma_{max} - \sigma_{min} \tag{3-89}$$

σ_a 为交变应力幅，为应力范围的 1/2，即：

$$\sigma_a = \frac{1}{2}(\sigma_{max} - \sigma_{min}) \tag{3-90}$$

因此，一个波动应力可分为一个稳定应力(平均应力)分量和一个交变应力分量(图 3-36)。

在特殊情况下，$\sigma_{max}/\sigma_{min}=-1$，即 $\sigma_m=0$，属于对称应力循环(图 3-37)。当 $\sigma_{max}/\sigma_{min}=1$，即 $\sigma_a=0$，此时应力不随时间而变化，便成了静应力的情况。

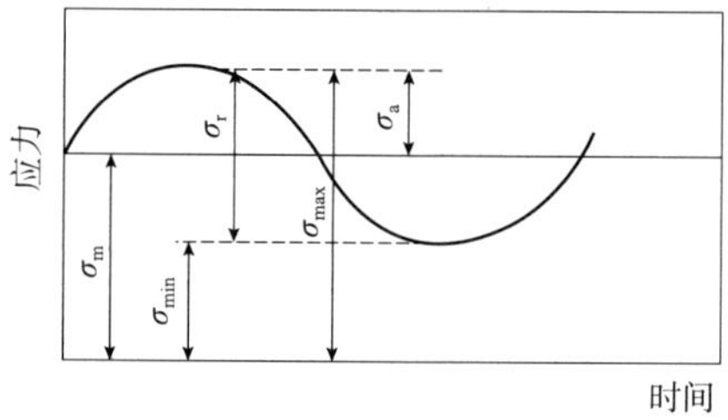

图 3-36　应力围绕平均应力波动

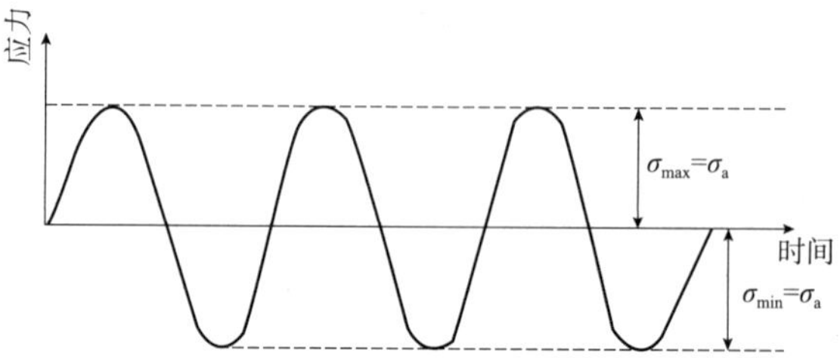

图 3-37　对称应力循环

压力容器疲劳设计应在一次应力强度和一次加二次应力强度满足限制条件的前提下进行，其基础是应力分析。目前，疲劳设计方法主要有三种，即基于试验的疲劳设计、以断裂力学为基础的疲劳设计和采用设计疲劳曲线的疲劳设计。

(1)基于试验的疲劳设计

所设计的压力容器的应力循环次数应小于疲劳试验得到的循环次数。疲劳试验用试件的材料、机械加工和热处理工艺应与所设计的容器相同。疲劳试验的成本较高，一般用于设计方案验证，以及在腐蚀、高温等特种条件下使用的压力容器疲劳设计。

(2)以断裂力学为基础的疲劳设计

假设初始裂纹尺寸，根据断裂模型确定最终裂纹尺寸，再利用合适的裂纹扩展速率计算公式，推算出断裂发生时的循环次数，要求计算出的循环次数大于压力容器所需要的循环次数。该方法已列入 ASME Ⅷ-3，用于超高压容器的疲劳设计。

(3)采用设计疲劳曲线的疲劳设计

设计疲劳曲线有两类，一类是以应力范围 σ_R 定义的疲劳强度，设计疲劳曲线为应力范围和应力循环次数的关系曲线，即 σ_R-N 曲线。例如，EN13445《非火焰接触压力容器》“疲劳寿命详细评估”中，针对不同类型的焊接接头，给出了 10 条 $g-N$ 曲线，详见图 3-38。曲线中 32，40，…，100 等数值表示不同焊接接头在 2×10^6 次循环下的疲劳强度。另一类是以应力幅 S_a 定义的疲劳强度，设计疲劳曲线为应力幅和应力循环次数的关系曲线，即 S_a-N 曲线。JB 4732—1995、ASME Ⅷ-2 等规范标准均采用 S_a-N 曲线。

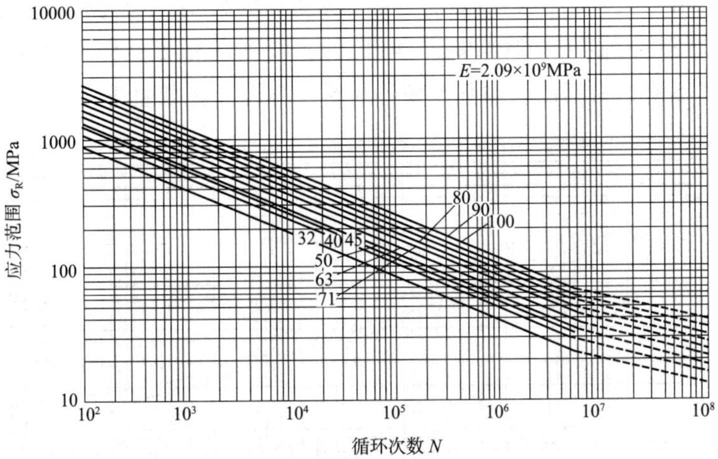

图 3-38 焊接接头设计疲劳曲线

在低循环疲劳破坏时，应力值往往高于材料的屈服强度，因而引起破坏时应变值比屈服应变值要大。如果按应力幅与循环次数作图，则数据非常分散，疲劳曲线很不可靠。因此，在进行低循环疲劳试验时最好采用应变作为控制变量。为了更易观察试验结果的规律性提出了“虚拟应力幅”S 的概念。“虚拟应力幅”S，就是假定材料的总应变范围 ε_t 全部为弹性应变时的交变应力幅，由于实际上有塑性应变 ε_p 存在，所以此应力幅为“虚拟”的。若材料的弹性模量为 E，则虚拟应力幅为：

$$S=\frac{1}{2}E\varepsilon_t \tag{3-91}$$

在这种情况下，应变量的大小才是真正衡量交变应力大小的依据，因此，对于这种高应力低循环的疲劳来说，又常被称为应变控制的疲劳过程。

图 3-39 所示的曲线 1 是奥氏体不锈钢的低循环疲劳试验曲线，图中纵坐标表示“虚拟应力幅”，横坐标表示破坏循环次数；曲线 2 为计算曲线；曲线 3 为设计曲线，它是根据试验曲线 1 对应力幅取安全系数为 2，或对循环次数取安全系数为 20，取各点的两种应力幅中较小值连接而得。利用设计曲线 3，便可求得规定的循环次数时的许用交变应力幅 S_a。

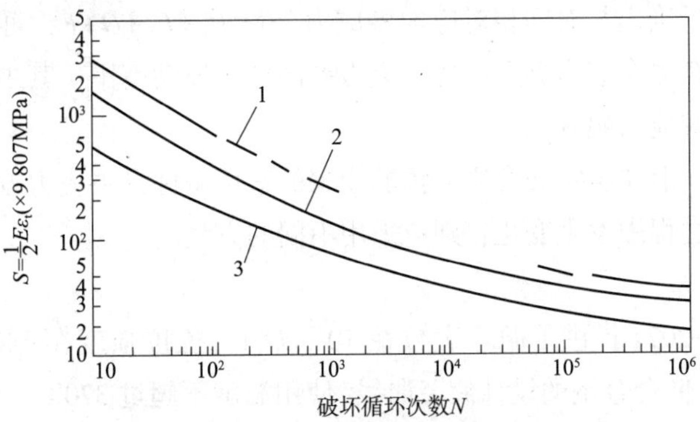

图 3-39 奥氏体不锈钢的疲劳曲线

1—试验曲线($R_A=72.6$，$\sigma_D=294$MPa)；2—计算曲线($R_A=50$，$\sigma_D=255$MPa)；3—设计曲线

图 3-40 中的两条设计曲线，适用于两种强度限的材料。如材料强度限在两者之间，则对两疲劳曲线使用内插法。除了图 3-40 以外，我国以疲劳分析为基础的设计方法中，还给出了奥氏体不锈钢材料以及高强度螺栓材料等的设计疲劳曲线。

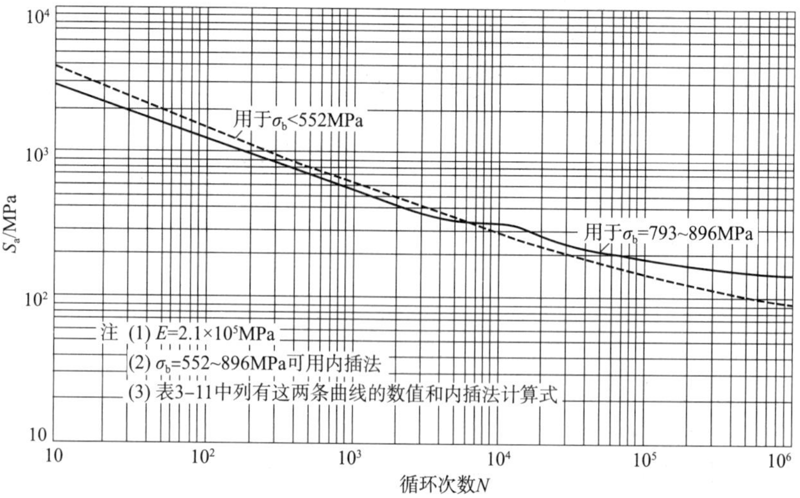

图 3-40 温度低于 375℃的碳钢、低合金钢、高强度钢的疲劳设计曲线

表 3-11 从图 3-40 中设计疲劳曲线得到的交变应力幅 S_a 值 （单位：MPa）

循环次数 N	1×10	2×10	5×10	1×10^2	2×10^2	5×10^2	1×10^3	2×10^3	5×10^3
抗拉强度 793~896MPa	2900	2210	1590	1210	931	689	538	427	338
抗拉强度≤552MPa	4000	2830	1900	1410	1070	724	572	441	331
循环次数 N	1×10^4	1.2×10^4	2×10^4	5×10^4	1×10^5	2×10^5	5×10^5	1×10^6	
抗拉强度 793~896MPa	303	297	248	200	179	166	152	138	
抗拉强度≤552MPa	262	—	214	159	138	114	93.1	77.2	

采用 S_a-N 曲线的疲劳设计主要包括确定交变应力幅、根据交变应力幅由设计疲劳曲线确定允许循环次数、疲劳强度校核等，下面分别予以介绍。

1）交变应力幅的确定

先通过应力分析确定与时间相对应的各应力分量 P_L+P_b+Q+F，再计算各主应力及主应力差，然后确定在整个应力循环中各主应力差的最大波动范围，其中绝对值最大的波动范围的一半即为交变应力幅 S_{alt}。

需要指出的是，上述确定交变应力幅的步骤的适用条件是主应力方向不变。如果主应力方向在载荷循环过程中发生变化，则应采用不同的方法。

2）设计疲劳曲线

GB/T 4732.4—2024 提供了循环次数在 10^7 以内、抗拉强度在 540MPa 以下及 793~892MPa 的碳素钢、低合金钢的设计疲劳曲线（使用温度不超过 370℃，如图 3-40 所示）以及奥氏体不锈钢及高强度螺柱材料的设计疲劳曲线。这些曲线均根据应变控制的低循环疲劳试验曲线，经最大平均应力影响的修正，取安全系数而得。由于疲劳数据的分散性大，因此取较大的安全系数。在 ASME Ⅷ-2 和 GB/T 4732. 1~4732. 6—2024 中，应力幅的安全系数为 2，疲劳寿命的安全系数为 20(此值是三项系数的乘积：数据分散度 2×尺寸因素 2. 5×表面粗糙及环境因素 4)。

3)疲劳强度校核

上面计算出的交变应力幅 S_{au} 应作设计温度的校正，若设计疲劳曲线注明的材料弹性模量为 E，则设计温度下的交变应力幅为 $S'_{alt}=S_{alt}\dfrac{E}{E_t}$。由 S_{alt} 在相应材料的设计疲劳曲线上查出对应的允许循环次数 N，它不应小于由容器操作条件所给出的预计循环次数 n，否则须采取措施降低峰值应力，重新设计。

2. 疲劳积累损伤

压力容器在实际运行中所受的交变载荷幅有时是随时间变化的，其大小载荷幅的作用顺序甚至是随机的，若总按其中的最大幅值来计算交变应力幅就太保守，若以低应力幅进行设计，就会出现不安全的后果。对于变幅疲劳或随机疲劳问题，工程上普遍采用线性疲劳累积损伤准则来解决。线性疲劳累积损伤准则，亦称迈诺(Miner)准则，即：当材料承受高于疲劳极限的应力时，每一循环都使材料产生一定量的损伤，这损伤是能积累的。当损伤积累到临界值时便发生破坏。

显然，线性疲劳累积损伤准则认为累积损伤的结果与不同交变应力幅作用顺序无关，而实际上作用顺序是有影响的，例如高应力幅作用在前，造成应力集中区屈服，卸载后便会产生一定的残余压缩应力，这将使以后的低应力幅造成的损伤程度下降，这个因素在线性累积损伤准则中没有考虑。不过压力容器在设计时很难预测在使用中不同交变载荷的作用顺序，鉴于线性疲劳累积损伤准则计算方便，工程上仍大量使用。如果考虑作用顺序及其他因素的影响，问题则复杂得多，目前尚无成熟的理论和方法。

基于线性疲劳累积损伤准则的设计计算步骤如下：

已知各交变应力幅 S_{a1}、S_{a2}、S_{a3}…，从疲劳设计曲线上确定每种应力幅单独作用时，其许用的循环次数分别为 N_1、N_2、N_3…，各应力幅 S_{a1}、S_{a2}、S_{a3}…下实际的循环次数分别为 n_1、n_2、n_3…，则用总寿命的分数 n_i/N_i 表示损伤程度，此比值称为损伤度。

设计时，应使各损伤度累积叠加不超过 1，即：

$$\sum \frac{n}{N}=\frac{n_1}{N_1}+\frac{n_2}{N_2}+\frac{n_3}{N_3}+\cdots \leqslant 1 \tag{3-92}$$

容器在整个使用过程中，当各种不同应力数值和次数的应力循环混合作用时，正确区别每一循环的重复次数和应力值是极为重要的。这是因为应力值的某些增加可以引起疲劳寿命的明显下降，故两个重叠应力幅度的影响不能由各自幅度所算得的损伤度相加，应力幅度必须在计算损伤度之前相加。例如：一种应力循环形式产生应力差值由 0~412MPa 变化 1000 次循环，另一种应力循环形式产生由 0~343MPa 变化 10000 次循环，需考虑的两种循环形式由下列参数规定。

第一种循环：$n_1=1000$；$S_{a1}=(412+343)/2=377.5(\text{MPa})$

第二种循环：$n_2=9000$；$S_{a2}=(0+343)/2=171.5(\mathrm{MPa})$

至于当存在影响疲劳累积损伤的其他因素（如应变硬化、应变软化、缺口钝化等）时，至今还没有一个更为成熟的理论来充分说明。

以上分别讨论了平均应力、容器结构及非恒定应力幅对低循环疲劳的影响。除此以外，环境介质对疲劳也将产生影响，当构件同时承受交变载荷和腐蚀介质的共同作用时的疲劳寿命一般都明显低于单纯交变载荷下的寿命，这就是“腐蚀疲劳”。

3. 容器不需作疲劳分析的规定

疲劳分析是建立在应力分析的基础上，计算工作量很大，而且，不是所有承受交变载荷的容器都会发生疲劳，因此，分析设计规定，当满足一定的条件时，承受交变载荷的容器可免作疲劳分析。显然，免作疲劳分析的条件应该是与交变载荷大小、循环次数、材料性质以及结构应力集中的程度等因素有关，但为了便于应用，常以交变载荷的循环次数作为判据，并从偏于保守的角度作出规定。例如，GB/T 4732.1～4732.6—2024 规定，对于常温抗拉强度 $R_n \leqslant 550\mathrm{MPa}$ 的钢材，若下列 4 条中总循环次数不超过 1000 次，容器整体部位可以不作疲劳分析。

(1)包括启动与停车在内的全范围压力循环的预计(设计)循环次数；

(2)压力波动范围超过设计压力 20%的工作压力循环的预计(设计)循环次数；

(3)容器上包括接管在内的任意相邻两点之间金属温差波动的有效次数，这里的有效次数是指金属温差波动的循环次数乘以从表 3-12 查得系数值之积的和；

表 3-12　温差波动有效次数计算用系数

金属温差波动/℃	≤25	26～50	51～100	101～150	151～200	201～250	>250
系数	0	1	2	4	8	12	20

(4)由热膨胀系数不同的材料组成的部件(包括焊缝)，当$(\alpha_1-\alpha_2)\Delta T>0.00034$ 时的温度波动循环次数，其中 α_1 与 α_2 是两种材料的平均线膨胀系数，ΔT 为工作时温度总波动范围。

4. 影响疲劳寿命的其他因素

影响疲劳寿命的因素很多，除了材料本身的抗疲劳性能以及交变载荷作用下的应力幅(包括考虑平均应力影响)外，主要还有容器结构、容器表面性能和环境。

(1)容器结构

应力的大小对压力容器的疲劳寿命起决定性作用。结构中有可能引起应力集中的部位，都会影响容器的疲劳寿命。应力集中导致容器疲劳承载能力降低的程度可用疲劳强度减弱系数 K_f 来表示，K_f 的定义为：

$$K_f=\frac{\text{无缺口试件在 } N \text{ 次循环次数下破坏时的应力}}{\text{缺口试件在 } N \text{ 次循环次数下破坏时的应力}}$$

式中的“缺口”是指引起容器应力集中的任何结构不连续。K_f 和应力集中系数 K_t 不同，K_t 仅反映结构局部不连续的特性，且仅指结构全部处于弹性状态时的特性；而 K_f 的大小不

但与 K_t 有关，而且还与应力梯度、材料、载荷类型有关。一般 $K_f \geq K_t$，在无法获得 K_f 时用 K_t 代替是偏安全的。ASME Ⅷ-2 及 GB/T 4732.1~4732.6—2024 中给出了一些有关开孔、焊缝等处的 K_f 值，例如用于疲劳分析的角焊缝疲劳强度减弱系数 K_f 取 4。除裂纹缺陷外，K_f 值一般不超过 5。

(2)容器表面性能

疲劳裂纹一般在容器表面上形核，容器表面状态对疲劳寿命有显著影响。粗糙表面上的沟痕会引起应力集中，改变材料对疲劳裂纹的形核能力。残余应力会改变平均应力和容器的疲劳寿命。压缩残余应力可提高疲劳寿命，拉伸残余应力则起降低作用。提高容器的表面质量、在表面引入压缩残余应力都是提高压力容器疲劳寿命的有效途径。

(3)环境

许多压力容器并非在室温下承受交变载荷，因此，应考虑温度对容器疲劳寿命的影响。在低于材料蠕变温度的范围内，温度升高，容器的疲劳寿命下降，但不严重，可以通过温度对材料弹性模量的影响来反映。如果温度超过蠕变温度，容器受蠕变和交变载荷联合作用情况会变得非常复杂，目前尚缺乏足够的实验数据。因此，分析设计标准要求设计温度低于蠕变温度。

腐蚀性介质对容器的腐蚀表现在使容器表面的粗糙度增加、降低材料抗疲劳性能以及减小容器有效承载截面、提高实际工作应力，从而使得容器的疲劳寿命大大降低。腐蚀与交变载荷联合作用所引起的腐蚀疲劳是压力容器最危险的失效形式之一，但由于腐蚀介质的多样化，使得对腐蚀和交变载荷共同作用下的研究变得十分复杂，尚未形成规范，因而分析设计标准中未考虑腐蚀对钢材抗疲劳性能的影响。

目前，高压氢气环境下压力容器用钢疲劳设计曲线、疲劳门槛值等关键数据仍在测试，非金属材料、零部件及氢系统的测试数据还极为匮乏，抗氢性能测试评价方法尚需完善。基础数据的缺乏使得氢能高压储运设备在选材、设计、制造工艺优化等方面面临困难。例如，T/CATSI 05003—2020《加氢站储氢压力容器专项技术要求》虽然规定加氢站储氢容器的疲劳评定可采用疲劳设计曲线法，但由于尚无高压氢环境下的材料疲劳设计曲线，该方法在实际应用中受限。

思考题

3-1 一内径 $D_i = 1220$mm，外径 $D_o = 1520$mm 的圆筒，承受 35MPa 的内压，试计算下列各应力的数值并确定出现的位置：(1)最大周向应力；(2)最大径向应力；(3)最大剪应力。

3-2 试求两端封闭圆筒轴向应力和内半径处的周向应力。该圆筒的内径为 20mm，而外半径为 30mm，它同时承受外压 $P_o = 20$MPa，和 $P_i = 60$MPa。

3-3 一钢制圆筒 $K=3$，在稳态热传导条件下，内壁温度高于外壁温度 10℃，试求出此圆筒产生最大和最小热应力为多少？已知该圆筒材料之 $E = 2.1 \times 10^5$MPa，$\mu = 0.3$，$\alpha = 11.4 \times 10^{-6}$/C。

3-4 圆筒形容器，内径 $D_i=400$mm，壁厚 $t=50$mm，操作内压力 $P=10$MPa，工作时容器内壁面温度 $t_1=500$℃，外壁面温度 $t_0=475$℃，试求圆筒内外表面上的周向应力、径向应力和轴向应力(取 $\delta_\theta^1=\delta_z^1=m\Delta t$MPa，其中 $m=1.8$)。

3-5 一高压容器，其筒体内径 $D_i=1000$mm，外径 $D_o=1250$mm，承受内压 $P_o=35$MPa，试求：(1)内外壁面的主应力值为多少？(2)外壁面的周向应力变为多少($E=2.1\times10^5$MPa，$\mu=0.3$)？

3-6 一开口圆筒承受内压 $P=40$MPa，设内半径 $R_i=180$mm，当内壁面当量应力达到 $\delta_c=160$MPa 时，试问按第三强度理论：(1)筒体外半径为多少？(2)若筒体改为封闭则筒体外径又为多少？

3-7 由内径 100mm，外径 150mm 和内径 50mm，外径 100.02mm 两个圆筒热套成组合圆筒，试计算在接触面上产生的套合压力为多大？已知两个圆筒材料之弹性模量均为 $E=2.08\times10^5$MPa。

3-8 一厚壁圆筒，外径 $D_o=720$mm，内径 $D_i=500$mm，试求：(1)当内壁进入屈服，最大内压为多少？(2)若为双层组合圆筒($R_c=\sqrt{R_iR_o}$)，当内壁进入屈服，它能承受的最大允许内压为多少？(3)此情况下其过盈量应取多少(按 Tresca 屈服条件)？筒体材料为 15MnV，其 $\delta_y=400$MPa，$E=2\times10^5$MPa。

3-9 试证明按 Mises 屈服条件，球形厚壁容器的全屈服压力 $P_y=2\delta_y\ln K$。

3-10 某高压反应器，设计压力 $P=230$MPa，设计温度 $T=300$℃，其筒体内径 $D_i=305$mm，外径 $D_o=508$mm，筒体材料的屈服限 $\delta_y=750$MPa，采用自增强技术，设定筒壁内弹塑性交界面处 $R_c=180.5$mm，试计算：(1)自增强压力 P_i 为多少(按 Mises 屈服条件)？(2)R_c 处在设计压力下的环向合成应力为多大？

第4章　高压气态储氢设备设计

高压气态储氢设备一般为圆柱形，结构上有单层和多层之分。单层钢质高压储氢容器即Ⅰ型容器，最早出现，技术成熟，应用广泛。多层高压储氢容器根据各层材质、设计理论、制造工艺、检验手段等的不同，又分为钢制内胆钢带错绕的全多层金属储氢容器、层板包扎式储氢容器和纤维缠绕复合材料储氢容器三大类。本章从结构、选材、设计、校核、检验等方面分别对这几类储氢容器进行论述。学习重点是各类高压气态储氢容器的结构特征、失效模式、设计方法、制造工艺和检验手段。

4.1　单层金属储氢容器

4.1.1　概述

早在1880年，锻铁容器就被用于氢气的储存，储氢压力可达12MPa。19世纪80年代后期，英国和德国用无缝钢管通过拉伸和成型制造出压力容器，显著提升了单层金属压力容器的储气压力。到20世纪60年代，单层金属储氢气瓶的工作压力已经从15MPa增加到30MPa。早期的储氢容器与其他压缩气体用储罐无异，直径通常在150~200mm，容积通常为40L，储氢压力为15MPa。目前，钢制无缝储氢容器(也常被称为瓶式压力容器)常见规格为ϕ406，壁厚为40~60mm，长度通常为4000~10000mm；储氢压力已提高至45MPa，能满足35MPa车载储氢容器快速充装的需要。为提高单层高强钢制储氢容器的质量储氢密度，必须进一步提高储氢压力。国内石家庄某企业推出了50MPa压力级别的单层储氢容器产品，100MPa压力级别的储氢容器正在研制中。国际上，美国于2018年突破了单层高压储氢容器的热处理技术，面向市场推出100MPa单层储氢容器，其外形尺寸为ϕ406mm×56mm；韩国、日本也有类似的100MPa级储氢容器产品。

单层钢质无缝储氢容器发展时间较长，气瓶的生产线设备技术十分成熟(一条生产线每日可生产数台容器)，具有成本低、交货快的优点。钢制无缝储氢容器一般采用CrMo低合金高强钢无缝钢管制造，两端热旋压封头收口，结构上不允许焊接，属于整体无焊缝结构，如图4-1所示。单层钢制无缝储氢容器的缺点是：容器壁厚过大，易导致单边热处理淬透性差，热处理后均匀性差，制造工艺技术难度大。

单层金属储氢压力容器多为瓶状，按照公称工作压力可分为高压气瓶(≥10MPa)和低压气瓶(<10MPa)，按照公称容积可分为小容积气瓶(≤12L)、中容积气瓶(>12L且≤150L)和大容积气瓶(>150L且≤3000L)。现阶段，在储氢领域，中容积储氢瓶和大容积储氢瓶分别常用作氢气管束式集装箱和氢气长管拖车两类移动式储氢容器。20MPa 高压大容积储氢瓶还常与 45MPa 钢制Ⅱ型瓶和 98MPa 钢带缠绕式压力容器组合应用于加氢站中。

长管拖车是储存、运输压缩气体的专用车辆，主要用于运输压缩天然气、氢气等能源气体，以及压缩氧气、氮气、氦气等工业气体，具有机动、灵活、便捷等特点。氢气长管拖车主要由走行装置、大容积气瓶、连接装置组成(图 4-1)，其中大容积气瓶外径为 ϕ559mm、ϕ610mm，瓶体材料选择 4130X，公称压力有 20MPa、25MPa 等，长度为 8m、11m。为提高运输效率，大容积气瓶呈现出高压化、大型化和轻量化的发展趋势，压力已达到 45MPa，外径达到 ϕ720mm，并已开发出铝(塑料)内胆纤维全缠绕大容积气瓶。

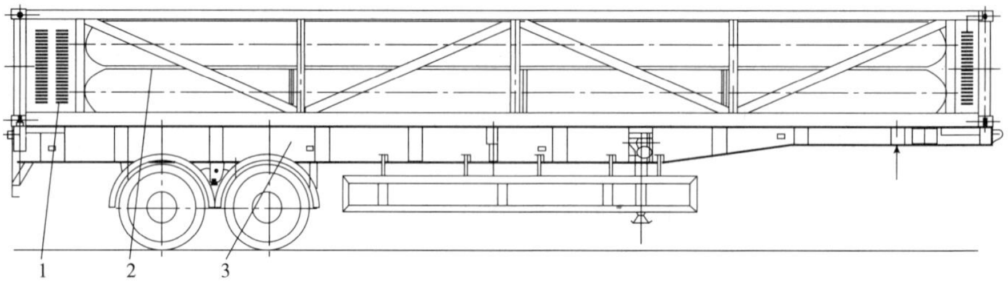

图 4-1 氢气长管拖车及大容积气瓶

1—连接装置；2—大容积气瓶；3—走行装置

下面以大容积钢制无缝瓶式储氢容器为主，从结构与选材、设计与校核、制造与检验三方面对单层金属储氢压力容器进行介绍。

4.1.2 结构与选材

(1)大容积单层钢质无缝气瓶

GB/T 33145—2023《大容积钢质无缝气瓶》规定了大容积钢质无缝气瓶(以下简称“钢瓶”)的型式和参数、技术要求、试验方法、检验规则、标志、涂敷、包装、运输和储存。该标准适用于在-40~60℃下使用、公称工作压力为 10~35MPa、公称水容积大于 150L 且小于或等于 3000L，可重复充装压缩气体或液化气体的移动式钢瓶。公称容积大于 3000L 且小于或等于 4200L 的钢瓶，可以参照该标准的有关规定执行。大容积钢质无缝气瓶可用作长管拖车、管束式集装箱(气瓶集装箱)等移动式压力容器上的钢瓶，也可固定在专用托架上单独使用。图 4-2 为大容积钢质无缝气瓶的典型结构型式，其公称水容积和公称直径一般应符合表 4-1 的规定。钢瓶的公称工作压力大于 30MPa 时，其公称水容积不应大于 3000L。盛装液化气体的钢瓶，其公称水容积不应大于 3000L。钢瓶两端瓶颈应采用符合相应标准的螺纹连接，可选择的螺纹有 55°非密封管螺纹、普通公制螺纹和英制 UN 螺纹，螺纹精度应能满足气密性能的需要。

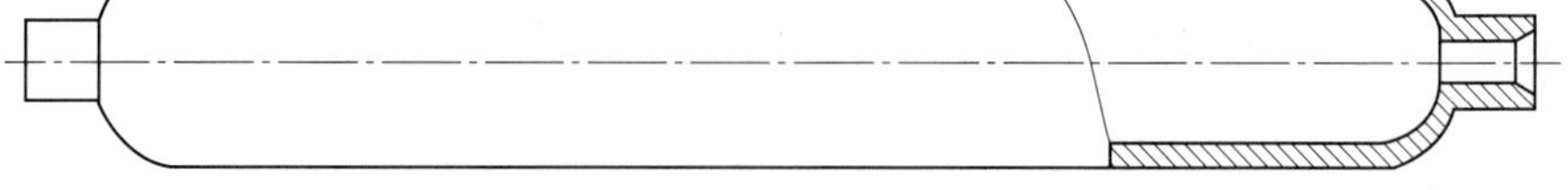

图 4-2 大容积钢质无缝气瓶瓶体的结构型式

表 4-1　大容积钢质无缝气瓶的公称水容积和公称直径

项目	数值	允许偏差/%
公称水容积 V/L	>150~4200[a]	+100
公称直径 D_o/mm	325~720	±1

注：[a] 当钢瓶公称水容积 V>3000L 时，应符合 GB/T 33145—2023 5. 2. 1. 4 和 5. 2. 1. 5 的规定。

制造大容积钢质无缝气瓶瓶体的材料应是采用电弧炉加炉外精炼并经真空精炼处理，或氧气转炉加炉外精炼并经真空精炼处理的无时效性镇静钢。选用的瓶体材料应与所盛装的介质相容，且应选用具有良好低温冲击性能的优质钢材。瓶体材料的化学成分限定如表 4-2 所示。对于 V、Nb、Ti、B 和 Zr 等非有意加入的合金元素的总质量分数不应超过 0. 15%。

表 4-2　瓶体材料化学成分限定

组别	化学成分/%(质量分数)							
	C	Mn	Si	S	P	S+P	Cr	Mo
Ⅰ	0. 25~0. 35	0. 40~0. 90	0. 15~0. 37	≤0. 010	≤0. 020	≤0. 025	0. 80~1. 10	0. 15~0. 25
Ⅱ	0. 35~0. 50	0. 50~1. 05	0. 15~0. 40	≤0. 010	≤0. 020	≤0. 025	0. 80~1. 15	0. 15~0. 25

对于盛装氢气、天然气或者甲烷等有致脆性、应力腐蚀倾向气体的钢瓶，其瓶体只允许采用表 4-2 规定的第 Ⅰ 组材料，且要求瓶体材料热处理后的实际抗拉强度不应大于 880MPa，屈强比不应大于 0. 86，断后伸长率(A50mm)不应小于 20%。

(2)中小容积高压储氢瓶

GB/T 5099 系列标准是指导中小容积钢质无缝气瓶选材、设计、制造、检验和应用的协调标准。表 4-3 列出了 GB/T 5099 系列标准的适用范围。本小节主要参照 GB/T 5099. 4—2017《钢质无缝气瓶　第 4 部分：不锈钢无缝气瓶》标准中小容积高压储氢瓶的典型结构和常用材质。

表 4-3　GB/T 5099 系列标准的内容和适用范围

标准代号	标准名称	公称工作压力/MPa	公称水容积/L	使用环境温度/℃	常用材质	储存介质
GB/T 5099. 1—2017	淬火后回火处理的抗拉强度小于 1100MPa 的钢瓶	≤30	0. 5~150	-40~60	碳锰钢、30CrMo、34CrMo4 其他合金钢	压缩气体；高压液化气体；混合气体；可重复充装
GB/T 5099. 3—2017	正火处理的钢瓶	≤15	0. 5~150	-20~60	碳锰钢	压缩气体；高压液化气体；可重复充装
GB/T 5099. 4—2017	不锈钢无缝气瓶	≤30	≤150	-40~60	奥氏体型不锈钢、奥氏体-铁素体双相型不锈钢	压缩气体、液化气体；可重复充装；移动式钢瓶

不锈钢无缝气瓶瓶体的一般结构型式有 4 种，如图 4-3 所示。瓶体材料选用奥氏体型不锈钢、奥氏体-铁素体双相型不锈钢，这两种不锈钢的统一数字代号、牌号和化学成分如表 4-4 和表 4-5 所示。

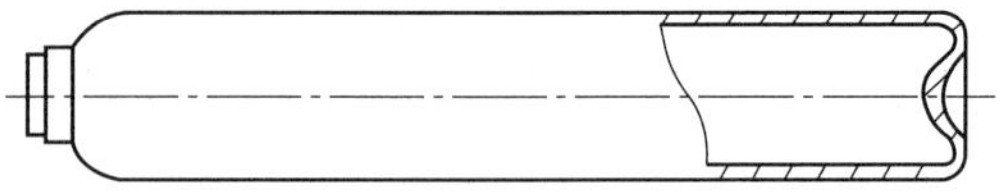

(a)三心凹底

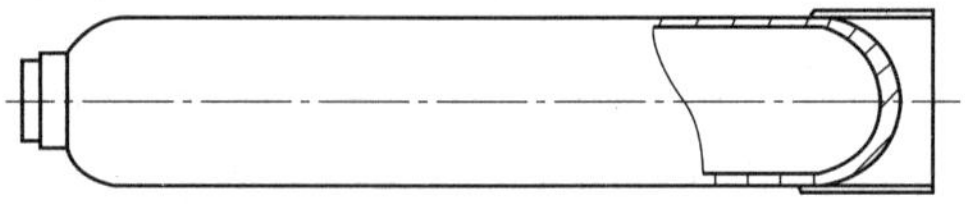

(b)热装底座

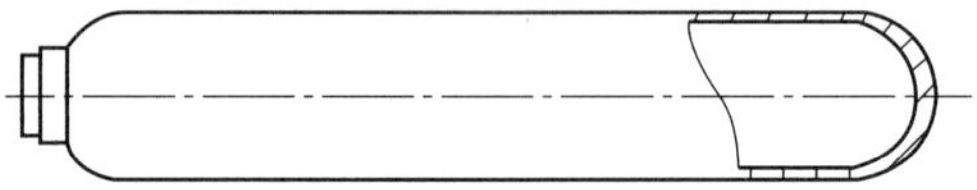

(c)凸形底

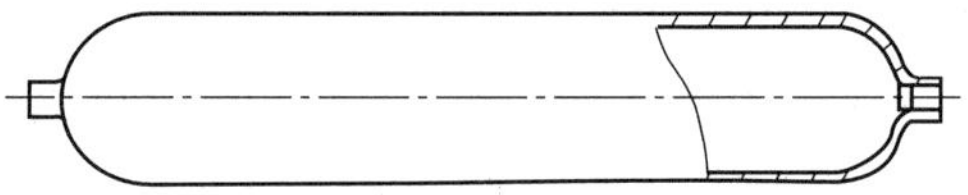

(d)双瓶口

图 4-3 不锈钢无缝气瓶瓶体的结构型式

表 4-4 奥氏体型不锈钢瓶体材料化学成分

统一数字代号	牌号	化学成分/%(质量分数)							
		C	Si	Mn	P	S	Ni	Cr	Mo
S30408	06Cr19Ni10	≤0.08	≤1.00	≤2.00			8.00~11.00	18.00~20.00	—
S30403	022Cr19Ni10	≤0.03	≤1.00	≤2.00	≤0.035	≤0.020	8.00~12.00	18.00~20.00	—
S31608	06Cr17Ni12Mo2	≤0.08	≤1.00	≤2.00			10.00~14.00	16.00~18.00	2.00~3.00
S31603	022Cr17Ni12Mo2	≤0.03	≤1.00	≤2.00			10.00~14.00	16.00~18.00	2.00~3.00

表 4-5 奥氏体-铁素体双相型不锈钢瓶体材料化学成分

统一数字代号	牌号	化学成分/%(质量分数)								
		C	Si	Mn	P	S	Ni	Cr	Mo	N
S21953	022Cr19Ni5Mo3Si2N	≤0.030	1.40~2.00	1.20~2.00	≤0.030	≤0.030	4.30~5.20	18.00~19.00	2.50~3.50	0.05~0.10

瓶体材料若采用其他牌号的奥氏体型或奥氏体-铁素体型不锈钢，应具有良好的抗晶间腐蚀或应力腐蚀的能力，且与所充装的气体(如腐蚀性气体、致氢脆性气体)相容。

(3)储氢井

储气井是一种特殊的地下、管状、立式承压设备，井筒采用螺纹(无焊接)连接，自2000年以来在天然气汽车加气站领域得到了快速发展，国内的CNG加气站大部分采用储气井作为储气手段。随着氢能产业的蓬勃发展，储气井技术也在不断进步，用来储存高压氢气的储气井(储氢井)应运而生。GB 50156—2021《汽车加油加气加氢站技术标准》也已将储氢井纳入加氢站储氢容器的范畴，国内企业和相关科研机构在多地开展了储氢井的应用示范。相比于CNG储气井，由于储氢井的压力高，储存的氢气分子小，而采用普通螺纹结构储气井无法达到密封性能要求。因此对储氢井而言，采用何种螺纹结构是需要研究的重要课题之一。储氢井的设计制造还需要考虑储氢井材料与氢的相容性，储氢井内表面的清洁，以及螺纹连接部位的脱脂等问题。因储氢井技术尚未成熟，本章对储氢井的设计不展开论述。

当前储存天然气等介质储气井的定期检验项目，以宏观检验、井筒腐蚀检测、水压试验为主，必要时增加水泥防护层胶结声波检测、密封性试验、强度校核、加固校核等项目。检验过程中需要对介质进行置换，一般采用注水的方式。目前储气井定期检验依据标准NB/T 10621—2021《储气井定期检验》。储氢井的外部损伤模式与天然气储气井相近，但由介质引起的失效模式与天然气储气井有较大区别，且氢气的品质要求高，检验相关的辅助工作更加严格。目前的检测和评价方法尚需要通过试验改进和工程验证，在储氢井损伤和失效模式、检验检测与评价技术等方面还需要进一步开展科研攻关工作。

4.1.3　设计与校核

1. 大容积储氢瓶设计与校核

(1)筒体长度和直径

根据储氢容器本体(瓶体)水容积大小进一步确定瓶体部分的长径比时，可采用迭代寻优方法，寻优的目标函数为重量储氢密度最大。当水容积大小给定时，瓶体长度随着内径的变化而变化。在内压相同时，随着瓶体内径减小，轴向应力和环向应力均减小，容器壁厚可减薄，容器变得细长；但若筒体内径小到一定程度，氢气进出接口和密封结构设计将变得困难，而且容器本体总的金属消耗量又增多。因此，对于确定的水容积大小，存在一个最佳的长径比。在实际工程设计中，受无缝钢管、钢锻件等规格系列的限制，只能得到一个相对较佳的长径比。在水容积和长径比均确定后，即可进行容器本体的壁厚设计。大容积储氢瓶的公称水容积和公称直径一般应符合表4-1的规定。

(2)瓶体壁厚计算

圆筒形大容积钢制无缝压缩氢气储罐固定式使用的一个典型场景是作为加氢站的储氢容器。对于这种固定式应用的场合，可能出现的失效模式有泄漏和爆炸。泄漏途径有两处：一是接口部位，二是容器本体某处。爆炸发生的前提是严重超压或发生了严重的氢脆失效。在进行容器本体壁厚计算时，应以未爆先漏为准则，充分保证容器本体的强度。

圆筒形大容积钢制无缝压缩氢气储罐移动式使用的一个典型场景是作为长管拖车的储氢瓶。长管拖车上的储氢瓶有受到冲击、撞击的风险，要求储氢瓶材料具有良好的抗冲击性能。

对于盛装氢气、天然气或者甲烷等有致脆性、应力腐蚀倾向气体的，计算瓶体设计壁厚所选用的瓶体壁应力的许用值不大于材料最小抗拉强度的 67%，且不应大于 482MPa。筒体最小设计壁厚 δ_{min} 应按式(4-1)进行计算：

$$\delta_{min}=\frac{D_o}{2}\left(1-\sqrt{\frac{[\sigma]-1.3p_h}{[\sigma]+0.4p_h}}\right) \tag{4-1}$$

式中 δ_{min}——筒体最小设计壁厚，mm；

D_o——筒体外径，即公称直径，mm；

$[\sigma]$——瓶体壁应力的许用值，MPa；

p_h——水压试验压力，MPa。

钢瓶两端瓶颈的开孔直径不应大于筒体公称直径的一半。钢瓶两端瓶颈的厚度，自螺纹的根径计算不应小于筒体最小设计壁厚，且保证在承受螺塞的力偶矩和支撑附加力时不产生变形或损坏。壁厚不应低于最小设计壁厚，且筒体的壁厚偏差不应超过 +20%；筒体外径偏差不应超过公称设计值的 ±1%。

(3)弯曲应力校核

假设钢瓶两端水平支撑，并在全长上均匀加载。载荷包括充满水后瓶体部分单位长度的重力和加压到钢瓶的水压试验压力。瓶体水平放置，其底部金属由于弯曲而产生的最大拉应力的 2 倍加上相同底部金属在水压试验压力作用下纵向拉应力不应大于瓶体材料最小屈服强度的 80%。

①瓶体底部金属由于弯曲而产生的最大拉应力 σ_1 应按式(4-2)进行计算：

$$\sigma_1=\frac{MD_o}{2I} \tag{4-2}$$

$$M=\frac{\omega L^2}{8} \tag{4-3}$$

$$I=0.04909(D_o^4-D_i^4) \tag{4-4}$$

②瓶体底部金属在水压试验压力作用下纵向拉应力 σ_2 应按式(4-5)进行计算：

$$\sigma_2=\frac{D_i^2 p_h}{D_o^2-D_i^2} \tag{4-5}$$

(4)安全泄放装置

应按照 TSG 23—2021《气瓶安全技术规程》的要求以及不同介质的要求设置安全泄放装置。设置爆破片时，爆破片的公称爆破压力为钢瓶公称工作压力 p 的 1.5 倍，标定爆破压力的允差为±5%；易熔合金的动作温度为(102.5±5)℃。工程实践中，易熔合金的动作温度可以从几十℃到几百℃选择。目前车载气瓶的 TPRD 多采用弹簧片和易熔合金的串联组合泄放装置，还有的直接采用玻璃泡结构。组合泄放装置应按照不同的工况组合进行型式试验。采用爆破片时，其泄放面积应按 GB/T 33215—2016《气瓶安全泄压装置》的相关要求计算。盛装氢气等介质的钢瓶，安全泄放量的计算可按 CGAS-1. 1 的规定。

钢瓶两端的螺塞应选用锻件，并应符合 NB/T 47008—2017《承压设备用碳素钢和合金钢锻件》、NB/T 47010—2017《承压设备用不锈钢和耐热钢锻件》中 Ⅲ 级锻件的规定。

(5)制造和检验

瓶体以无缝钢管为原料，经热旋压或热锻收口制成，且应按经评定合格的工艺进行。瓶体应进行整体调质热处理，且应按评定合格的热处理工艺进行。瓶体热处理后的力学性能值应符合表 4-6 的要求。

表 4-6　瓶体材料热处理后的力学性能

试验项目		充装介质					
		盛装致脆性或应力腐蚀倾向气体(氢气、天然气和甲烷等)的钢瓶			盛装非致脆性或非应力腐蚀倾向气体的钢瓶		
实测屈服强度与抗拉强度的比值 R_{ea}/R_m		≤0. 86			≤0. 92		
实测抗拉强度 R_m/MPa		≥制造单位热处理后的保证值，且≤880MPa			≥制造单位热处理后的保证值，且≤1060MPa		
实测屈服强度 R_{ea}/MPa		≥制造单位热处理后的保证值			≥制造单位热处理后的保证值		
断后伸长率 A_{50mm}/%		≥20			≥16		
冲击吸收能量 KV_2	试样尺寸/mm	10×5×55	10×7. 5×55	10×10×55	10×5×55	10×7. 5×55	10×10×55
	平均值/J	40	50	60	27	34	40
	单个试样最小值/J	32	40	48	22	27	32
	试验温度/℃	-40			-40		

目前站用储氢瓶组检验尚无国家或行业标准，参考天然气储气瓶组的检验方法和 TSG 21—2016《固定式压力容器安全技术监察规程》的检验要求，中国特种设备检测研究院制定了企业标准《站用储气瓶组定期检验与评定》和《站用储氢气瓶定期检验与评定》。检验项目主要包括资料审查、宏观检验、壁厚测定、渗透检测、磁粉检测、超声检测、声发射检测、管路水压试验、安全附件检验、气密性试验等。

2. 中小容积储氢瓶设计与校核

(1)瓶体壁厚计算

瓶体的壁厚设计应选用材料热处理后的最小屈服强度保证值 R_e，其值不得大于最小抗拉强度保证值 R_g 的 75%。钢瓶的水压试验压力 p_h 为公称工作压力 p_w 的 1. 5 倍。筒体的设计壁厚 S 按式(4-6)计算后圆整，同时符合式(4-7)的要求，且不得小于 1. 5mm。

$$S=\frac{D}{2}\left(1-\sqrt{\frac{FR_e-\sqrt{3}p_h}{FR_e}}\right) \tag{4-6}$$

式中，设计应力系数 $F=0.77$。

$$S \geqslant \frac{D}{250}+1 \tag{4-7}$$

瓶体厚度采用超声波测厚仪测量。瓶体制造公差采用标准的或专用的量具、样板进行检验，检验项目包括筒体的平均外径、圆度、垂直度和直线度。内外表面采用目测检查，表面检查应有足够的光照，内表面可借助于内窥镜或适当的工具进行检查。

(2)端部设计——底部和肩部

钢瓶凸形端部结构如图4-4所示。图4-4(a)~(e)所示为底部形状，图4-4(c)和(f)所示为肩部形状。钢瓶凸形端部与筒体连接部位应圆滑过渡，其厚度不得小于筒体设计壁厚 S，凸形端部内转角半径 r 应不小于 $0.075D$，凸形底部中心设计壁厚 S_1 应符合下列要求：

①当 $0.2 \leqslant H/D < 0.4$ 时，$S_1 \geqslant 1.5S$；

②当 $H/D > 0.4$ 时，$S_1 \geqslant S$。

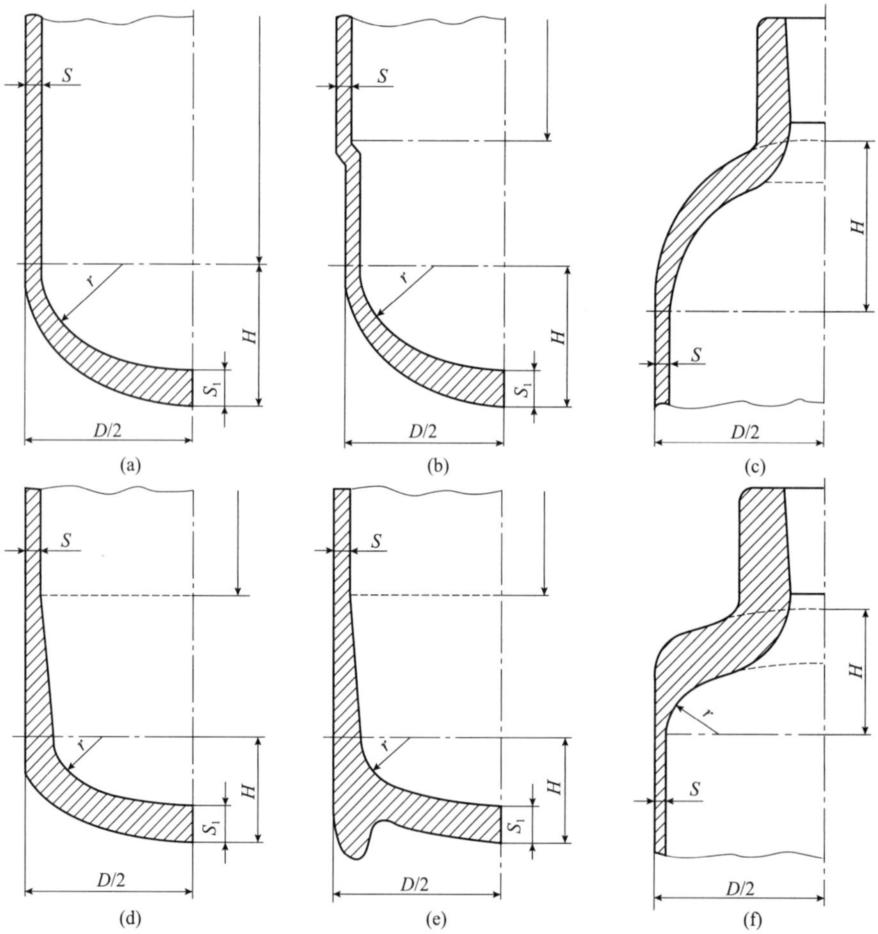

图4-4　钢瓶凸形端部结构示意

当钢瓶设计采用凹形底部结构(图4-5)时，设计尺寸应符合下列要求：

①$S_1 \geqslant 2S$；

②$S_2 \geqslant 2S$；

③$r \geqslant 0.075D$；

④$h \geqslant 0.12D$。

钢瓶凹形底部的环壳与筒体之间应有过渡段，过渡段与筒体的连接应圆滑过渡，其厚度不得小于筒体设计壁厚 S。凹形底钢瓶直立时接地点外圆直径应不小于 $0.75D$，以保证钢瓶直立时的稳定性。端部设计的合理性还需按照 GB/T 5099.4—2017 中规定的水压爆破试验、疲劳试验来验证。管制瓶底部应进行气密性试验。

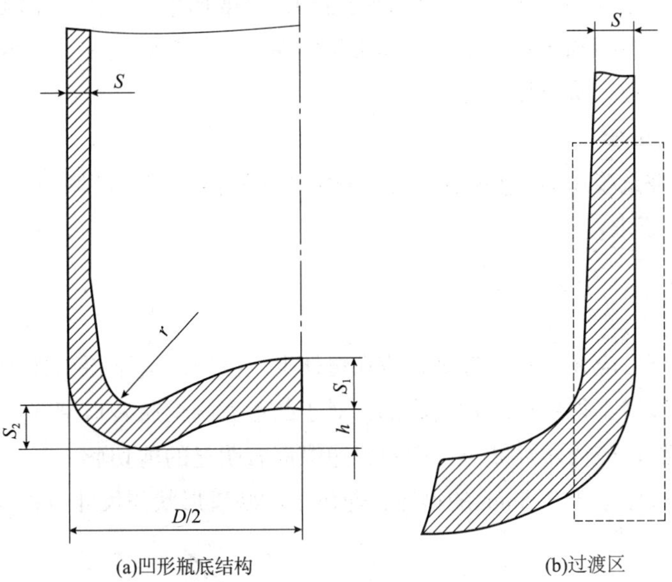

图 4-5　凹形瓶底结构及过渡区示意

(3)瓶口设计

钢瓶主要的泄漏途径是瓶口阀。当瓶体及瓶底、瓶肩部位有内裂纹时，随着使用时间的延长，在内压力和氢脆联合作用下，会引起破裂，引发大规模泄漏。这里主要考虑自紧式瓶口阀的连接设计，设计依据未爆先漏原则。

瓶口采用锥螺纹时，螺纹应符合 GB/T 8335—2011《气瓶专用螺纹》的规定，有效螺纹牙数不少于 8 牙；采用直螺纹时，螺纹尺寸及公差应符合 GB/T 196—2003《普通螺纹　基本尺寸》、GB/T 197—2018《普通螺纹　公差》或相关标准的要求，在水压试验压力 p_h 下计算的剪切安全系数至少为 10，且不少于 6 牙。瓶口螺纹处的最小厚度不应小于瓶体的设计壁厚 S，且应保证有足够的强度，以保证瓶口在承受上阀力矩和铆合颈圈的附加外力时不产生塑性变形。

(4)底座

钢瓶设计带有底座结构时，应保证底座具有足够的强度，形状应为圆筒状并能保证钢瓶的直立稳定性，与瓶体的连接不采用焊接方法。

(5)颈圈

钢瓶设计带有颈圈时，应保证颈圈具有足够的强度，颈圈材料应与瓶体材料相容。颈圈与瓶体的连接不得采用焊接方法。颈圈的轴向拉脱力应不小于 10 倍的空瓶重，且不小于 1000N；颈圈的抗转动扭矩应不小于 100N · m。

(6)水压试验

中容积及以上钢瓶，水压试验应采用外侧法；小容积钢瓶可采用内侧法。试验方法按 GB/T 9251—2022《气瓶水压试验方法》执行，气密性试验按 GB/T 12137—2015《气瓶气密性试验方法》执行。在水压试验压力 p_h 下，保压时间不少于 30s，压力表指针不应回降，瓶体不应泄漏或明显变形。大于 12L 钢瓶的容积残余变形率应不大于 10%。水压试验报告应包括钢瓶实测水容积和重量，水容积和重量应保留三位有效数字，水容积和重量圆整原则为水容积舍掉尾数，重量尾数进一。

(7)水压爆破试验

检查水压爆破试验压力-进水量曲线，确定钢瓶瓶体的实测屈服压力 p_y 和实测爆破压力 p_b 应符合下列要求：

①$p_y \geqslant p_h/F$；

②$p_b \geqslant 1.6p_h$。

钢瓶瓶体爆破后应无碎片，爆破口应在筒体上，破口裂缝不得引伸到瓶颈处。对于凹形底的钢瓶破口裂缝不得延伸到钢瓶底部，对于凸形底的钢瓶破口裂缝不得延伸到钢瓶底部中心。瓶体主破口应为塑性断裂，即断口边缘应有明显的剪切唇，断口上不得有明显的金属缺陷。对于壁厚小于 7.5mm 的钢瓶，瓶体上的破口形状与尺寸应符合图 4-6 的规定。

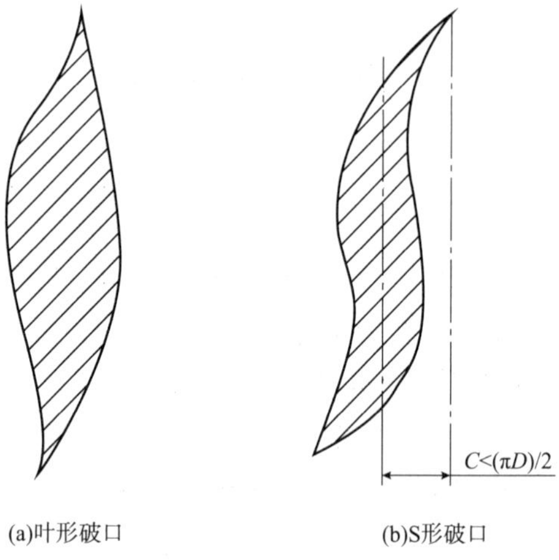

图 4-6　破口形状尺寸示意

(8)瓶体热处理后各项性能指标测定

包括取样(取样部位、取样数量)、拉伸试验、冲击试验、冷弯试验、压扁试验、底部解剖、水压爆破试验、疲劳试验、晶间腐蚀试验、颈圈装配检验等。瓶体热处理后的冲击值如表 4-7 所示。

表 4-7 瓶体热处理后的冲击值

瓶体公称外径 D/mm		>140			≤140
试验方向		横向			纵向
试验温度/℃		-50			-50
试样厚度/mm		3~5	>5~7.5	>7.5~10	3~10
冲击值 a_{kv}/(J/cm^2)	最小 3 个试样平均值	30	35	40	60
	最小单个试样值	24	28	32	48

注：冲击值(J/cm^2)的计算由冲击吸收功(J)除以夏比冲击试样缺口处的实测横截面积(cm^2)得到。

(9)疲劳试验

压力循环至 12000 次的过程中，瓶体不应泄漏或破裂。试验后钢瓶要解剖底部测量厚度，该厚度应接近设计规定的最小厚度。在任何情况下，其厚度正偏差不得大于图纸上该处设计厚度的 15%。

(10)晶间腐蚀试验

晶间腐蚀试验后的试样经 180°弯曲试验后在 10 倍放大镜下观察，弯曲试验表面应无因晶间腐蚀而产生的裂纹。

4.1.4 单层钢质储氢容器的局限性

高强钢质无缝压缩氢气储罐为整体无焊缝结构，最大特点是避免了焊接引起的裂纹、气孔、夹渣等缺陷，但存在以下不足：

(1)单台设备容积小

根据国内现行标准规定，储氢压力大于 30MPa 时，大容积储氢瓶容积不超过 3000L。随着储氢压力的提高，容器推荐适用的内径进一步减小，70MPa 时其直径仅为 150~200mm，其最大容积仅为 300L 左右。全球领先的钢制无缝压缩气瓶供应商美国 CP Industries 公司生产的氢气储罐的最高压力为 65MPa，其容积仅为 411L。为适应加氢站规模储氢的需要，往往需多台容器用钢板或工字钢制成的可拆卸的固定管架组合后并联使用，多个气瓶间连接管路的存在增加了氢气的泄漏点。

(2)对氢脆敏感

钢制无缝压缩氢气储罐多采用高强度无缝钢管旋压收口而成。提高材料的强度，有利于提高容器承载能力或减薄壁厚、降低重量，但材料强度的提高，会导致材料对氢脆的敏感性增强，增加容器突然失效的风险。此外，提高材料强度，会导致容器对裂纹等缺陷的敏感性增加，降低容器疲劳寿命。若因疲劳或氢脆等原因导致储氢容器破裂，泄漏的氢气将快速与周围的空气混合形成可燃气云，可能引起燃烧、爆炸，带来严重的人员和财产损失，这是当前制约钢制无缝压缩氢气储罐向高压力、大型化发展的重要因素。

(3)安全状态监测困难

钢制无缝压缩氢气储罐的单层结构形式，决定了只能靠定期检验来确定容器的安全状况，难以实现对容器安全状态的实时在线监测，需加强日常巡查，警惕泄漏和爆炸风险。

4.2 多层金属储氢容器

4.2.1 概述

已有工程应用的多层金属储氢容器有钢带错绕式和层板包扎式两类。

钢带错绕式容器由 316L 不锈钢内胆、含 316L 不锈钢内衬的锻造封头和缠绕钢带组成。该类容器选用抗氢脆性能好的 316L 作为内胆材料，通过内胆外缠绕的钢带层提供足够的强度。该结构的优点是有效容积大、抗氢脆性能好，钢带可采用价格较低的 Q345R 等材料，降低制造成本。其缺点是制造工艺复杂，焊缝较多，生产周期长，成本相比单层储氢容器更高，且容器的轴向力由内胆和扁平钢带间摩擦力承担，一旦钢带松散可能存在轴向爆破风险。目前国产的 100MPa 级储氢容器大部分为钢带错绕式容器(图 4-7)，在国内部分加氢站中已有应用。

图 4-7 钢带错绕式储氢容器

层板包扎式容器与钢带错绕式容器结构类似，但将缠绕钢带替换为多层层板反复包扎结构，每层层板均由若干瓣弧板焊接包扎而成，其抗氢脆原理与钢带错绕式容器相同，结构如图 4-8 所示。该结构的优点是材料利用率高、安全可靠、容积大、轴向承载能力比钢带错绕式容器更强，其缺点是制造工艺复杂、生产效率低、焊缝多且分布集中，在容器封头与筒体连接焊缝处的焊接工艺尤为复杂，易产生焊接缺陷使容器可能存在轴向爆破风险。国内某公司生产的 100MPa 多层包扎储氢容器占据一定市场，在国际上未见该类容器报道。

图 4-8 层板包扎式储氢容器

4.2.2　结构与选材

(1)钢带错绕式储氢容器

钢带错绕式储氢容器(又称大容积全多层高压储氢容器)主体由钢带错绕筒体、双层等厚度半球形封头、加强箍等结构组成，如图4-9所示，容器对外接口型式根据工艺要求确定。双层半球形封头与钢带错绕筒体构成的全多层结构，为实现区域全覆盖的氢气泄漏监控提供了条件；加强箍结构实现了筒体和半球形封头的不等厚连接。此外，半球形封头的总厚度仅为筒体厚度的一半，大大降低了冲压成型的难度。

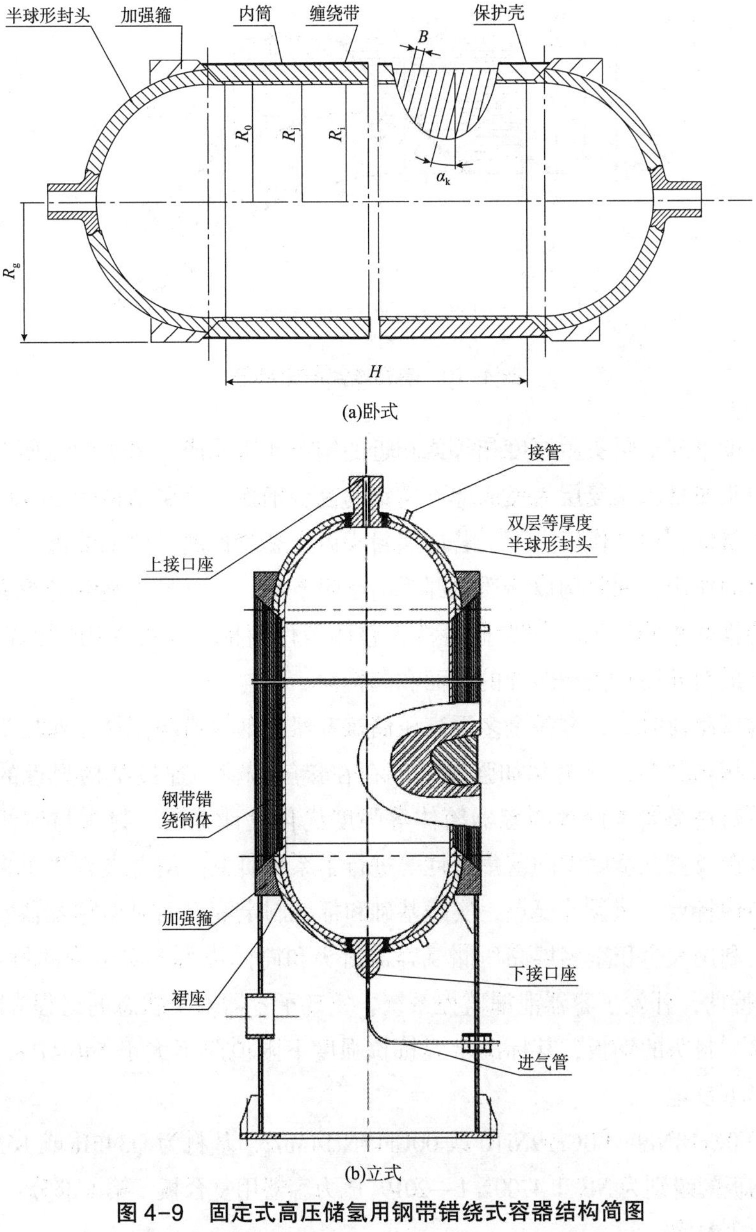

图4-9　固定式高压储氢用钢带错绕式容器结构简图

钢带错绕筒体由内筒、钢带层和保护壳组成。内筒由与氢气相容性优良的奥氏体不锈钢中厚、薄钢板卷焊而成，其厚度为筒体总厚度的1/8~1/6，为节约成本，允许内筒采用复层为奥氏体不锈钢的复合钢板。钢带层(层数为偶数)由多层多根宽为40~160mm、厚为4~8mm的扁平钢带，以相对于容器环向15°~30°的倾角逐层错绕而成(相邻层钢带绕向相反)，钢带始末两端采用通常的焊接方法与封头和加强箍的加工斜面相焊接(图4-10)。外保护壳通常为3mm厚的薄钢板包扎焊接在钢带层外面，既可防止钢带层受雨水等外部介质的侵蚀，又构成介质泄漏后的密闭包围空间，为实现筒体安全状态的在线监控提供了条件。

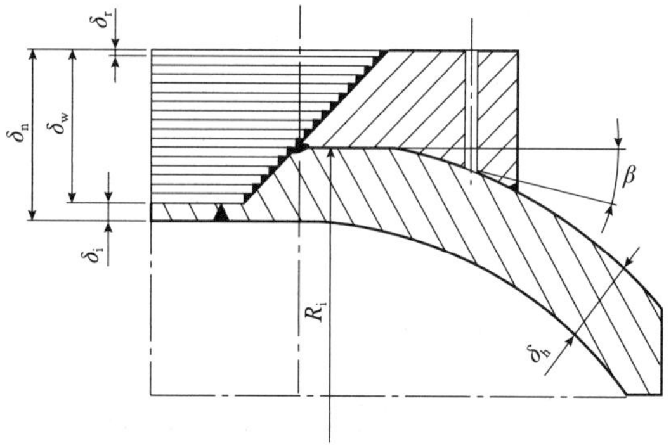

图4-10　容器端部局部示意

双层等厚度半球形封头由厚度相等或相近的钢板冲压而成，封头的总厚度由强度要求确定。内层封头通常采用复层为奥氏体不锈钢的复合钢板。双层结构为封头的安全状态在线监测提供了条件，在工作压力下，若内层封头由于裂纹扩展等原因泄漏，外层封头仍能承受工作压力的作用，同时构成介质泄漏后的密闭空间。外层封头端部外表面加工有与加强箍相配合的锥面和圆柱面。加强箍通常为整体锻件结构，也可采用厚钢板卷焊成短筒节、再机加工成与外层封头相匹配的锥面和圆柱面。

在承受内压载荷时，大容积全多层高压储氢容器的钢带错绕筒体、双层等厚度半球形封头和加强箍相互制约，封头和加强箍之间存在接触载荷，连接结构附近的应力分布复杂。浙江大学对这类储氢设备的容器筒体等强度优化设计方法、封头与筒体连接结构强度、容器安全性及氢在金属中的富集特性等进行了系统研究。结合大容积全多层高压储氢容器自身的结构特点，从设计要点、实践基础和标准制定等方面对保障容器安全性的措施进行了分析。利用大容积全多层高压储氢容器封头和筒体均为多层结构的特点及其“只漏不爆”的失效特性，开发了容器泄漏监控系统，实现了容器安全状态的远程实时监测。

用于内筒、封头的钢板，其标准常温抗拉强度下限值应不大于540MPa。不锈钢复合钢板应符合以下规定：

①复材为0Cr18Ni9、00Cr19Ni10或00Cr17Ni14Mo2，基材为Q345R或16MnDR；

②复合钢板的级别为NB/T 47002.1—2019《压力容器用复合板　第1部分：不锈钢-钢复合板》中规定的B1级。

用于内筒、封头的钢板，其复验要求如下：

①逐张按 GB/T 228.1—2021 进行室温拉伸试验，对不锈钢复合钢板仅复验基材，合格指标按相应钢材标准；

②逐张按 GB/T 229—2020 进行夏比(V 形缺口)冲击试验，对不锈钢复合钢板仅复验基材，冲击试验温度为设计温度或按图样的规定，合格指标按 GB/T 4732.1～4732.6—2024 中的相应规定；

③逐张进行超声检测，其质量等级不低于 NB/T 47013.3—2023《承压设备无损检测 第 3 部分：超声检测》中规定的Ⅱ级，对不锈钢复合钢板进行贴合率检测，合格指标按 JB 4733—1996 中的相应规定。

锻件应符合 NB/T 47008—2017、NB/T 47009—2017 和 NB/T 47010—2017 中的相应规定，锻件的级别应不小于Ⅲ级。

钢带材料为 Q345R、16MnDR 或 HP345，厚度为 4～8mm，宽度为 80～160mm，其常温设计应力强度按表 4-8 规定。

表 4-8 三种钢带材料的性能指标 （单位：MPa）

钢号	钢材标准	常温强度指标		常温设计应力强度
		抗拉强度	屈服强度	
Q345R	GB 713—2008	510	345	196
16MnDR	GB 3531—2008	490	315	188
HP345	GB 6653—2008	510	345	196

(2)层板包扎式储氢容器

内筒及层板均采用薄板[图 3-1(a)]，一般厚度在 25mm 以内，压力升高增加层板层数即可满足对筒体强度的要求。层板包扎式高压储氢容器的选材参考见表 4-9。

表 4-9 层板包扎式高压储氢容器的选材参考

容器结构	材质
内筒	S31603
层板	Q345R
封头	S31603 + Q345R

4.2.3 钢带错绕式储氢容器设计、制造、检验和安全管理

1. 设计

2011 年颁布实施的 GB/T 26466—2011《固定式高压储氢用钢带错绕式容器》适用于同时满足以下条件的固定式高压储氢用钢带错绕式容器：

①设计压力大于或等于 10MPa 且小于 100MPa；

②设计温度大于或等于-40℃且小于或等于 80℃；

③内直径大于或等于 300mm 且小于或等于 1500mm，设计压力(MPa)与内直径的乘积不大于 75000。

GB/T 26466—2011 规定范围内的固定式高压储氢用钢带错绕式容器的设计、制造、检验与验收还应符合 JB 4732—1995 中的有关规定，并遵守国家颁布的有关压力容器的法律、法规和标准。

(1)筒体设计

1）壁厚计算

绕带筒体计算厚度按式(4-8)计算：

$$\delta=\frac{pD_i}{2S_m-p} \tag{4-8}$$

绕带筒体名义厚度按式(4-9)计算：

$$\delta_n=\delta_i+\delta_w=\delta_i+m\delta_r \tag{4-9}$$

式中，m 取偶数，$\delta_i\geqslant\frac{1}{8}\delta_n$。

2）钢带缠绕参数

钢带平均缠绕倾角按式(4-10)计算：

$$\alpha=\arccos\sqrt{\frac{0.95(K_2^2-1)R_{mw}+R_{mi}\left[0.95(K_1^2-1)/K_1^2-2\ln K_1/\sqrt{3}\right]}{R_{mw}\left[\ln K_2+0.83125(K_2^2-1)\right]}} \tag{4-10}$$

钢带缠绕平均导程按式(4-11)计算：

$$\lambda=2\pi\left(\frac{R_o+R_j}{2}\right)\tan\alpha \tag{4-11}$$

设计时应根据绕带机床实际导程数值选定，导程 λ 可以数层或者全部钢带取同一数值，以方便钢带缠绕操作，具体根据带间间隙 δ_k 值确定。

各层钢带的缠绕倾角按式(4-12)计算：

$$\alpha_k=\arctan\left(\frac{\lambda_k}{\pi D_k}\right) \tag{4-12}$$

同层钢带根数按式(4-13)计算：

$$m_k=(\pi D_k/B)\sin\alpha_k \tag{4-13}$$

计算结果取小于 m_k 的最大整数。

带间间隙按式(4-14)计算：

$$\delta_k=(\pi D_k/m_k)\sin\alpha_k-B \tag{4-14}$$

同层钢带中，相邻钢带的间隙应不大于 3mm。当第 k 层钢带的间隙 δ_k 计算值大于 3mm 时，需改变导程，使 $\delta_k\geqslant$3mm。

3）爆破压力校核

环向爆破压力按式(4-15)计算：

$$p_b^\theta=\frac{2}{\sqrt{3}}R_{mi}\ln K_1+R_{mw}\cos^2\alpha\ln K_2 \tag{4-15}$$

要求：

$$\frac{p_b^\theta}{p}>2.6$$

轴向爆破压力按式(4-16)计算：

$$p_b^z=\frac{K_1^2-1}{K_1^2}R_{mi}+R_{mw}(\sin^2\alpha+0.125\cos^2\alpha)+(K_2^2-1) \tag{4-16}$$

要求：

$$\frac{p_b^z}{p}>2.6$$

4)全屈服压力校核

环向全屈服压力按式(4-17)计算：

$$p_s^\theta=\frac{2}{\sqrt{3}}R_{eLi}\ln K_1+R_{eLw}\cos^2\alpha\ln K_2 \tag{4-17}$$

要求：

$$\frac{p_s^\theta}{p}>1.5$$

轴向全屈服压力按式(4-18)计算：

$$p_s^z=\frac{K_1^2-1}{K_1^2}R_{eLi}+R_{eLw}(\sin^2\alpha+0.125\cos^2\alpha)+(K_2^2-1) \tag{4-18}$$

要求：

$$\frac{p_s^z}{p}>1.5$$

5)疲劳分析

根据预计循环次数 N，按 JB 4732—1995 标准分别确定内筒、钢带的许用交变应力强度幅 $S_{i\alpha}$ 和 $S_{w\alpha}$。

内筒轴向应力按式(4-19)计算：

$$\delta_{iz}=\frac{R_i^2 p}{(R_j^2-R_i^2)+(R_o^2-R_i^2)(\sin^2\alpha+0.3\cos^2\alpha)} \tag{4-19}$$

内筒径向应力按式(4-20)计算：

$$\sigma_{ir}=-p \tag{4-20}$$

内筒环向应力按式(4-21)计算：

$$\sigma_{i\theta}=\frac{p(R_o^2+R_i^2)}{R_o^2-R_i^2} \tag{4-21}$$

内筒疲劳校核按式(4-22)~式(4-24)计算：

$$S_{zr}=\frac{\Delta p}{p}(\sigma_{iz}-\sigma_{ir}) \tag{4-22}$$

$$S_{\theta r}=\frac{\Delta p}{p}(\sigma_{i\theta}-\sigma_{ir}) \tag{4-23}$$

$$S_{\mathrm{alt}}=0.5\max(S_{zr},\ S_{\theta r}) \tag{4-24}$$

考虑弹性模量修正后的内筒交变应力强度幅按式(4-25)计算：

$$S'_{\mathrm{alt}}=S_{\mathrm{alt}}\frac{E_{\mathrm{ic}}}{E_{\mathrm{in}}} \tag{4-25}$$

要求：

$$S'_{\mathrm{alt}}<S_{\mathrm{ia}}$$

最外层钢带应力按式(4-26)计算：

$$\sigma_{\mathrm{w}}=\frac{2pR_{\mathrm{i}}^{2}}{\cos^{2}\alpha(R_{\mathrm{o}}^{2}-R_{\mathrm{i}}^{2})} \tag{4-26}$$

钢带疲劳校核按式(4-27)计算：

$$S_{\mathrm{alt}}^{\mathrm{d}}=0.5\frac{\Delta p}{p}\sigma_{\mathrm{w}} \tag{4-27}$$

考虑弹性模量修正和疲劳强度减弱系数f后的钢带交变应力强度幅按式(4-28)计算：

$$S_{\mathrm{alt}}^{\mathrm{d}'}=S_{\mathrm{alt}}^{\mathrm{d}}f\frac{E_{\mathrm{wc}}}{E_{\mathrm{wn}}} \tag{4-28}$$

要求：

$$S_{\mathrm{alt}}^{\mathrm{d}'}<S_{\mathrm{w}\alpha}$$

其他受压元件的疲劳设计按 JB 4732—1995 执行。

(2)半球形封头

半球形封头主体部分按 JB 4732—1995 的有关规定进行设计。圆柱部分的半径 R_{ho} 按式(4-29)计算：

$$R_{\mathrm{ho}}=R_{\mathrm{i}}+\delta_{\mathrm{h}}-8 \tag{4-29}$$

半球形封头圆锥部分的倾角β取15°。

(3)加强箍

加强箍外半径按式(4-30)计算：

$$R_{\mathrm{g}}\geqslant R_{\mathrm{i}}+\delta_{\mathrm{n}}+10 \tag{4-30}$$

(4)开孔补强

容器只允许在半球形封头上开径向孔，开孔补强按 JB 4732—1995 第 10 章计算。

(5)液压试验

内筒制作完毕和容器整体制作完毕后，应分别按图样要求进行内筒液压试验和竣工液压试验。试验液体采用水，水中的氯离子含量不得超过 25mg/L。

内筒液压试验的试验压力按式(4-31)计算：

$$p_{\mathrm{Ti}}=S_{\mathrm{mi}}\frac{\delta_{\mathrm{i}}}{R_{\mathrm{i}}} \tag{4-31}$$

竣工液压试验按式(4-32)计算：

$$p_{\mathrm{T}}=1.25p \tag{4-32}$$

液压试验前的应力校核。内筒应力按式(4-33)计算：

$$\sigma_{Ti}=\frac{p_T(R_o^2+R_i^2)}{R_o^2-R_i^2} \tag{4-33}$$

最外层钢带应力按式(4-34)计算：

$$\sigma_{Tw}=\frac{2p_TR_i^2}{\cos^2\alpha(R_o^2-R_i^2)} \tag{4-34}$$

上述应力不得超过试验温度下材料屈服强度的90%。

液压试验用水的温度不得低于5℃，且试验时容器顶部应设排气口，充液时应将容器内的空气排尽。试验过程中，保持容器观察表面干燥。当容器壁金属温度与液体温度接近时，缓慢升压，达到规定试验压力后，保压时间不少于30min。然后将压力降至规定试验压力的80%，并保持足够长的时间以此来对两端斜面焊缝部位、周长等进行检查。竣工液压试验时，应在最外层钢带两端离端部焊缝800mm处与容器中部测量周长，取两组测量值：第一组取自竣工液压试验前的零压力状态；第二组取自竣工液压试验期间。应在规定试验压力下至少保压5min后，在规定试验压力下进行测量，计算周长平均伸长量e_m。

相同尺寸单层圆筒周向伸长量e_m按式(4-35)计算：

$$e_m=\frac{10.68R_op_TR_i^2}{E_m(R_o^2-R_i^2)} \tag{4-35}$$

内筒液压试验后，用压缩空气将水吹干，同时符合下列条件为合格：①无渗漏；②无可见变形；③试验过程中无异常响声。竣工液压试验后，同时符合下列条件为合格：①无渗漏；②无可见变形；③试验过程中无异常响声(带层应力调整可能发出的轻微摩擦响声属正常现象)；④e_m和e_{th}之比在0.5~1.0。

2. 制造、检验和安全管理

钢带错绕式储氢容器独特的离散型结构，决定了其适于制造高参数储氢容器，具有抑爆抗爆功能，缺陷分散、健康状态可在线监测，且制造经济简便。这些优点使得钢带错绕式储氢容器在规模储氢领域同钢制无缝压缩氢气储罐相比具有显著优势，两者的综合比较结果如表4-10所示。

表4-10 钢带错绕式储氢容器与钢制无缝高压氢气储罐综合比较

比较项目	大容积全多层高压储氢容器	钢制无缝高压氢气储罐
原材料	中薄钢板和扁平钢带，与氢气直接接触部分采用抗氢脆材料	高强度厚壁无缝钢管，材料强度高，对氢脆敏感
单台压力和容积	75MPa、2.5m³(容积可按需求设计)	65MPa、0.411m³(规模储存时需多组并联，泄漏点多)
主要失效形式	工作压力下“只漏不爆”，不会发生整体脆性破坏	工作压力下有脆性破坏的可能
远程安全状态监测	实现了区域全覆盖的氢气泄漏远程在线监测	难以实现对氢气泄漏的远程在线监测
制造经济性	无需整体热处理和大型加工设备，制造经济简便	需要无损检测流水线、热处理炉和旋压机，设备投入大

T/ZJASE 001—2019《固定式高压储氢用钢带错绕式容器定期检验与评定》规定了按照GB/T 26466—2011 设计制造的固定式高压储氢用钢带错绕式容器(简称：钢带错绕容器)定期检验的基本要求、检验类别、检验周期、检验项目和方法、结论评定及检验报告的技术要求。钢带错绕容器一般于投用后 3 年内进行首次定期检验。以后的检验周期由检验机构根据钢带错绕容器的安全状况等级，按照以下要求确定：

①安全状况等级为 1、2 级的，一般每 6 年检验一次；

②安全状况等级为 3 级的，一般每 3~6 年检验一次；

③安全状况等级为 4 级的，监控使用，其检验周期由检验机构确定，累计监控使用时间不得超过 3 年，在监控使用期间，使用单位应当采取有效的监控措施；

④安全状况等级为 5 级的，应当对缺陷进行处理，否则不得继续使用。

检验周期的缩短和延长应按 TSG 21—2016 的规定执行。

定期检验项目，包括资料审查、宏观检验、壁厚测定、表面缺陷检测、埋藏缺陷检测、超声检测、声发射检测、管路水压试验、安全附件(含报警装置)检验、密封紧固件检验等，必要时可增加耐压试验、泄漏试验等项目。

宏观检验主要是采用目视方法检验储氢容器本体结构、几何尺寸、表面情况(如裂纹、腐蚀、泄漏、变形)，以及焊缝等。目视检测按照 NB/T 47013.7—2023《承压设备无损检测 第 7 部分：目视检测》的规定进行。

钢带错绕容器检验目前没有国家或行业标准，但有团体标准 T/ZJASE001—2019。按照 T/ZJASE001—2019，检验项目主要包括宏观检验、壁厚测定、表面缺陷检测、埋藏缺陷检测、安全附件(含报警装置)检验、密封紧固件检验等项目。依据 T/ZJASE001—2019 标准，需对储氢容器的接口座锻件与半球形封头间对接焊缝进行相控阵检测(图 4-11 所示为该类设备中承压部件的焊接接头示意)。检测前需要采用与被检设备相同的材料制作各种可能缺陷的模拟试块，实施周期较长，成本较高，与常规无损检测方法相比，当前情况下实施相控阵检测更为复杂和困难。

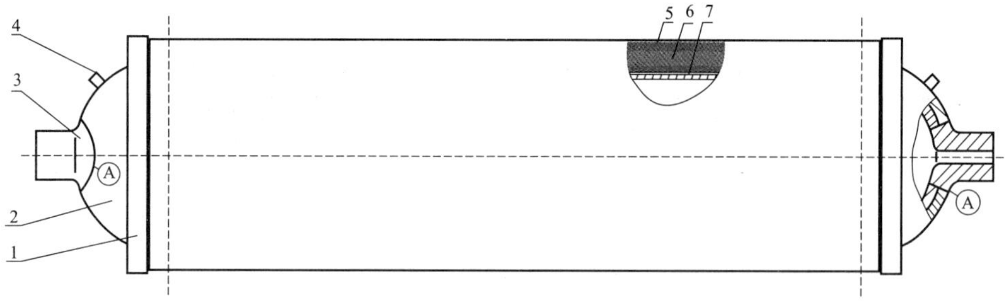

图 4-11 承压部件焊接接头

1—加强箍；2—半球形封头；3—接口座；4—氢气传感器接头；5—保护壳；6—钢带层；7—内筒

4.2.4 层板包扎式储氢容器设计、制造、检验和安全管理

层板包扎式高压气态储氢容器设计需考虑设备的整体结构、零部件结构、选材、厚度

计算(校核)，焊缝结构及无损检测要求等内容。

①设备整体结构应力求简单；

②零部件结构主要包括筒体、上下封头、接管、密封面及连接用螺柱、螺母等；

③材料尽量选择压力容器常用材料；

④厚度计算应合理调整层板厚度及层数确保筒体强度；

⑤焊缝结构应尽量简单，焊材用量少，易于无损检测，并确保焊缝性能；

⑥无损检测应按相关标准执行。

1. *层板包扎式储氢容器的设计*

(1)筒体

整体多层包扎容器的筒体由内筒及层板构成，内筒厚度应大于层板厚度，每层层板厚度应相同。

筒体厚度计算公式：

$$\delta=\frac{P_c D_i}{2[\sigma]^t\phi-P_c} \tag{4-36}$$

圆筒的计算应力：

$$\sigma^t=\frac{P_c(D_i+\delta_e)}{2\delta_e} \tag{4-37}$$

$$\sigma^t\phi=\frac{\delta_i}{\delta_n}[\sigma_i]^t\phi_i+\frac{\delta_o}{\delta_n}[\sigma_o]\phi_o \tag{4-38}$$

σ^t 值应小于或等于 $\sigma^t\phi$。

多层包扎容器内筒为主要受压元件，且对内筒材质、焊缝的无损检测要求都较为严格。对于高压气态储氢来讲，内筒材质可选择316不锈钢，层板材质可选择Q345R等常规压力容器用钢。

根据目前国内层板包扎的技术，碳钢及低合金钢内筒体一般采用12~25mm的钢板，如果内筒体选择过厚，将给内筒体的焊接、探伤以及控制内筒体的制造公差带来难度；如果内筒体选择过薄，使其刚性不足，在包扎层板时将需要大量的支撑件。层板一般选择6~12mm的钢板，层板厚度的选择与制造单位包扎设备的能力及制造经验相关，如果层板选择过厚，包扎时层板间不易贴紧，层板间易产生间隙；层板选择过薄，将使层板数量过多，增加了包扎、焊接和检测的工作量。

一般可将筒体按总长制成整体内筒，并与封头、法兰焊接，然后在整体内筒上逐层包扎，使各层环焊缝相互错开，每层层板的纵焊缝，也错开一个较大角度，整个圆筒上能有效地避免出现深环焊缝。

(2)封头

多层包扎容器多采用半球形封头，半球形封头受力均匀，计算厚度较小，对成型要求相对较低。

封头厚度计算公式：

$$\delta=\frac{P_cD_i}{4[\sigma]^t\phi-P_c} \tag{4-39}$$

封头的计算应力：

$$\sigma^t=\frac{P_c(D_i+\delta_e)}{4\delta_e} \tag{4-40}$$

σ^t 值应小于或等于 $\sigma^t\phi$。

球形封头与筒体对接焊接，为保证球形封头与筒体对接焊接时焊缝余量足够，在满足计算厚度的情况下，应尽量取球形封头的厚度与筒体的厚度相同或接近。

整体多层包扎容器的开孔(尤其人孔等大开孔)一般在封头处，不宜开在筒体上。若工艺管口布置要求必须在筒体上开孔，其接管应采用厚壁管，并采用内插式结构。多层包扎容器上接管与筒体的焊缝宜采用“U”形坡口。

(3)焊缝

端部法兰、球形封头和内筒环向焊接接头的坡口采用机械方法加工，筒体与端部法兰、球形封头的连接均采用搭接方式，一层一层包扎，层板夹紧包扎前应将内筒或前一层层板外表面的所有焊接接头打磨至与母材平齐，并清除层板表面的铁锈、油污和影响层板贴合的杂物。

多层包扎容器主要 A、B 类焊缝包括：筒体焊缝、筒体与封头连接焊缝。

筒体焊缝包括内筒焊缝及层板焊缝，内筒与层板各自的对接焊缝没有特殊性，但是对于内筒焊缝与层板焊缝的焊缝布置有特殊的要求。内筒对接纵缝与各层层板的对接纵缝应错开，第 n 层层板的拼接环缝与第 n+1 层层板的拼接环缝中心距离应由设计人员提出，一般应大于 300mm。

筒体与封头对接环焊缝主要有两种结构形式：

①将筒体看作厚板，筒体与筒体端部及下封头对接环焊缝可采用“U”形对接焊缝的结构形式；

②由于筒体结构的特殊性可采用阶梯型焊缝的结构形式(图 4-12)。

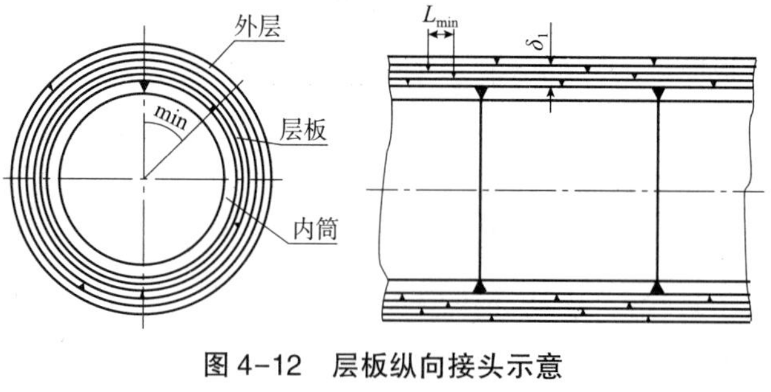

图 4-12　层板纵向接头示意

层板筒节轴向长度，须确保各相邻层板的环向接头相互错开，且外层层板的环向接头与内层层板的环向接头错开的距离不小于 300mm；根据图纸、工艺下料尺寸及标准要求，确定每节层板的夹紧力；每层层板的纵向接头应均匀错开，相邻层板的纵向夹头夹角 α 应

大于由图样给出的 α_{min}（图 4-13）；层板纵向焊接接头间隙 6mm≤P_1≤14mm，环向焊接接头间隙 6mm≤P_2≤8mm。

（4）层板端部层间间隙的控制

在每一层筒节的端面，应测量相邻层板的径向间隙（间隙处半径为 R_g，mm）和径向间隙高度大于或等于 0.25mm 段的弧长，测量后按图 4-14 所示方法，估算直径面积 A_g；任一端面上以 mm^2 表示的任一估算间隙面积 A_g 值不得超过以 mm 表示的层板厚度值的 25 倍，且任何层板间隙的弧长 b 不得超过容器内径；若相邻层板间隙不只一处，则间隙长度之和不得超过容器的内径；任一层板间隙的最大高度不得超过 3mm。

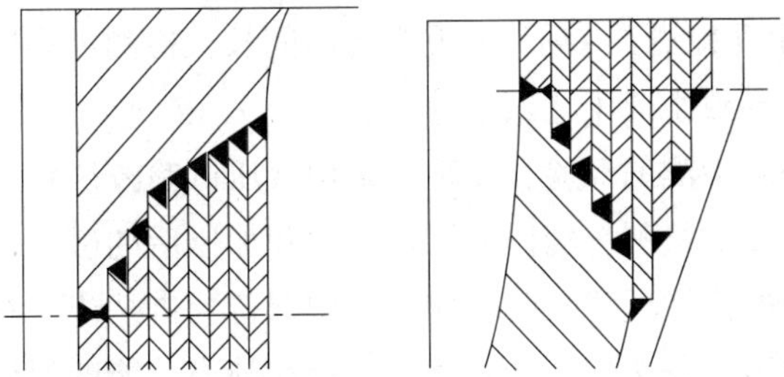

图 4-13　筒体与筒体端部及下封头对接焊缝

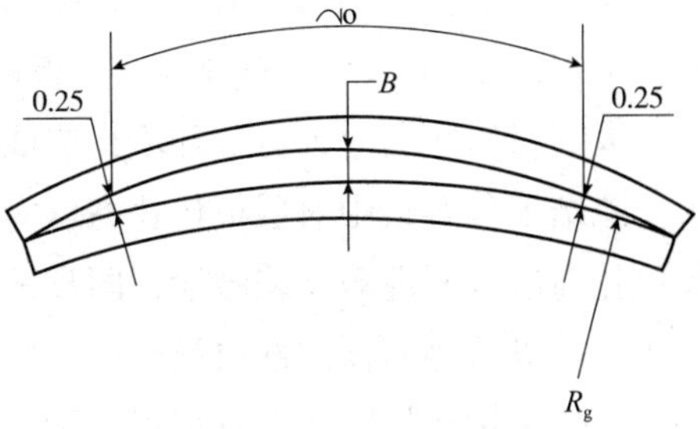

图 4-14　层间间隙示意

（5）焊后热处理

多层包扎容器不应采取焊后整体热处理的方法消除应力。由于内筒与层板、层板与层板间包裹力由层板对接焊缝收缩产生，若进行整体消除应力热处理，层板间焊缝收缩产生的抱紧力将急剧降低。因此多层包扎容器不应做焊后整体热处理，对于筒体与封头及筒体与筒体端部的对接 B 类焊缝焊后可进行局部消应力热处理。

（6）层板松动面积的控制

设计内径 D_i<1000mm 时，每一松动的部位，沿环向长度不得超过 240mm，沿轴向长度不得超过 600mm；外层板的夹紧工艺孔在外层板施焊完毕后，必须用与外层板相同的材料堵焊工艺孔，并打磨与外层板平齐；每节外层板呈对角线的两堵板上应钻 ϕ6mm 的泄放孔（内层板的工艺孔兼作泄放孔用）。层板和内筒体与端部法兰、球形封头的连接结构如图 4-15 所示，其对口错边量 b_4≤0.8mm。

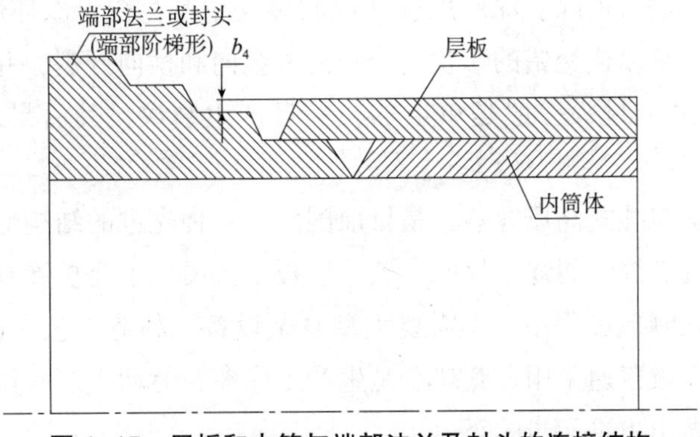

图 4-15　层板和内筒与端部法兰及封头的连接结构

2. 层板包扎式储氢容器制造、检验和安全管理

由于层板包扎式容器结构自身的安全性和相对简单的制造工艺，大量高压容器采用该结构，如化肥工业的核心设备尿素、氨、甲醇合成塔及其配套的分离、换热设备，钢铁工业的高压储气罐等，都是典型的层板包扎高压容器。一般认为，层板包扎高压容器安全性高，即使发生泄漏，只要及时发现处理，也不会发生爆炸事故。但近年来，国内外层板包扎高压容器的几起爆炸事故分析表明，层板包扎高压容器也可能存在大量裂纹类严重缺陷，并有可能引发爆炸事故，造成重大人员伤亡和财产损失。

对于层板包扎高压容器缺陷的检测，表面开口缺陷比较容易解决，对外表面及焊缝进行磁粉等表面检测即可。对于内部缺陷的检测，由于层板包扎高压容器的特殊结构，无法使用常规的 A 型超声波对焊缝及层板进行全面检测，γ 射线检测曝光时间长，检测灵敏度低，大剂量射线会对人员、环境构成威胁、导致生产工艺紊乱等问题。

总结工程实践中对层板包扎高压容器缺陷检测的经验，发现：采用液压试验方法将层板包扎高压容器埋藏缺陷激活，同步进行声发射检测，辅以加压过程中和加压后的磁记忆检测，可以检测容器内部层板母材、焊缝中的活性埋藏缺陷和应力集中部位。进一步，在这些部位采用相控阵或者 γ 射线检测方法检测，作为以上两方法的复验和补充，能够保证层板包扎高压容器内部危险缺陷的检出率，是层板包扎高压容器缺陷检测的有效手段。

如液压试验压力和试验分析适当，声发射检测在多层包扎压力容器活性缺陷检测中具有高的可靠性和准确性。以声发射检测为主，辅以磁记忆检测、超声相控阵或 γ 射线检测，是一种可靠的层板包扎高压容器缺陷检测方法，适于对层板包扎高压容器进行整体安全评价。

从安全角度讲，由于层板包扎高压容器多达十几层层板的特殊结构，其缺陷不易检出。层板包扎高压容器多数采用单个筒节多层包扎，当采用包扎筒节再对焊的结构时，会产生深环焊缝。多层包扎容器因结构所致不能进行焊后热处理，环焊缝部位往往存在较大的应力集中，且焊接缺陷不易检测，使用中会产生严重的深环焊缝内部裂纹或内部层板裂纹等埋藏缺陷。因氢气易泄漏，且高压氢气对于非不锈钢的外层包扎层板有氢脆威胁，故此多层包扎高压储氢容器应采用单个筒节包扎，避免出现深厚环焊缝。

层板包扎高压容器外层板会存在一些裂纹，最常见的是应力腐蚀裂纹，裂纹比较密集，一般较浅，经打磨可消除。深环焊缝部位的裂纹主要存在于深环焊缝或其热影响区，有时裂纹比较严重，呈纵横交错的形状，分别沿着纵向和横向开裂，并连在一体。有时封头也会存在裂纹。由于封头一般是单层的，一旦产生裂纹，其后果会比层板开裂更加严重。

无深环焊缝层板包扎式高压容器，是目前国际上一种先进的结构形式，这种结构即使在某一层钢板中出现裂缝，裂缝也只能在该层层板中扩展，不会扩展到其他层板上，具有只漏不爆的特点。在制造过程中，不需要大型复杂设备，制造工艺先进，材料利用率高，结构设计合理，因而被普遍采用。其缺点是生产工序多、劳动生产率低，因此，还需要科研设计和制造单位做出更进一步的努力。

4.3 纤维缠绕储氢容器设计

4.3.1 概述

纤维缠绕储氢容器包括金属内胆纤维环缠绕容器(Ⅱ型容器)、金属内胆纤维全缠绕容器(Ⅲ型容器)和塑料内胆纤维全缠绕容器(Ⅳ型容器)三类。

金属内胆纤维环缠绕容器的内胆与单层储氢容器相同，材质一般为 CrMo 钢。通过在容器筒体上环向缠绕碳纤维、玻璃纤维等材料对容器的环向强度进行补强。相比于单层储氢容器，金属内胆纤维环缠绕容器降低了内胆厚度，克服了单层储氢容器壁厚过大、热处理困难的缺点，但生产效率有所降低、成本增加。国际上有金属内胆纤维环缠绕储氢容器的应用案例，但国内市场上未见到该类储氢容器产品。

金属内胆纤维全缠绕容器由金属内胆和全缠绕高性能纤维组成，内胆一般选用耐氢脆性能好的 316L 不锈钢、6061 铝合金等材料，纤维缠绕层主要用于保证足够的强度。Ⅲ型容器的优点是抗氢脆性能好、储氢密度高。缺点是制造成本高，单个容器容积受限。对于固定式储氢而言，容器重量并非敏感因素，采用成本高昂的Ⅲ型容器作为加氢站储氢容器并非优选，因此国内固定式的Ⅲ型容器产品应用较少，目前只在大连有过钢内胆纤维全缠绕结构的该类容器示范应用。此类容器的生产技术在国内现已成熟，相关产品已商业化并主要用作氢燃料电池汽车的储氢容器。

塑料内胆纤维全缠绕容器由塑料内胆、全缠绕高性能纤维组成，内胆主要起密封作用，纤维缠绕层主要用于保证足够的强度。Ⅳ型容器具有抗氢脆性能好、疲劳寿命高、储氢密度高的优点，同样也有制造成本高、单个容器容积受限等缺点。国内固定式塑料内胆纤维全缠绕容器未见应用报道，国外有采用该类容器作为站用储氢容器的使用案例。Ⅳ型容器在国外已经实现商业化，在国内现处于研发到商用的过渡期。

4.3.2 纤维缠绕储氢容器的结构及选材

1. 结构

(1)瓶体结构

纤维全缠绕储氢瓶一般由内衬层、中间层和表层组成，Ⅲ型瓶和Ⅳ型瓶的内衬分别是金属和塑料，中间层一般为碳纤维强化树脂层，表层由玻璃纤维强化树脂构成。总体而言，瓶体属于薄壁压力容器。内衬层起存储、密封和防化学腐蚀的作用，高强度的纤维缠绕层主要承担内压载荷。由于纤维增强树脂材料的高比强度和良好的可设计性，使得复合材料压力容器相较于传统金属压力容器，不仅承载能力得到了极大提升，而且还大幅减轻了容器重量。

Ⅲ型瓶的瓶体结构型式如图 4-16 所示，其中 T 型为凸型底结构，S 型为两端收口结构。

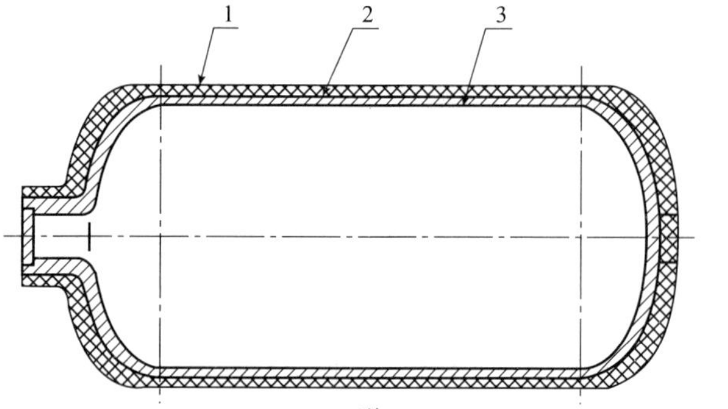

T型

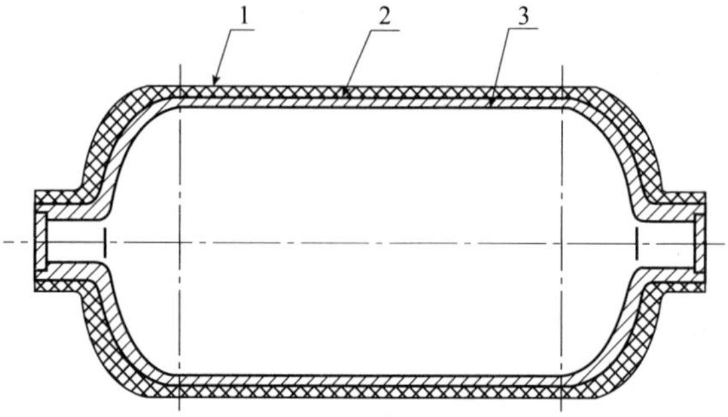

S型

图 4-16　Ⅲ型瓶的瓶体结构型式

1—碳纤维缠绕层；2—防电偶腐蚀层；3—铝内胆

GB/T 35544—2017《车用压缩氢气铝内胆碳纤维全缠绕气瓶》规定：气瓶公称工作压力一般为 25MPa、35MPa、50MPa 或 70MPa。气瓶公称水容积和铝内胆公称直径一般应符合表 4-11 的规定。

表 4-11　Ⅲ型瓶公称水容积和铝内胆公称外直径

项目	数值	允许偏差/%
公称水容积(V)/L	≤120	$^{+5}_{0}$
	120~450	$^{+2.5}_{0}$
铝内胆公称外直径(D_o)/mm	ϕ180~ϕ660	±1

GB/T 35544—2017 按照公称工作压力等级将Ⅲ型瓶分为 A 类气瓶和 B 类气瓶。A 类气瓶为公称工作压力小于或者等于 35MPa 的气瓶，其公称水容积不大于 450L，设计循环次数 N_d 为 11000 次；B 类气瓶为公称工作压力大于 35MPa 的气瓶，其公称水容积不大于 230L，设计循环次数 N_d 为 7500 次。A 类气瓶的设计使用年限为 15 年，B 类气瓶的设计使用年限为 10 年。当气瓶实际使用年限未达到设计使用年限，但充装次数达到设计循环次数时，气瓶应当报废。在充装和使用过程中，气瓶的许用压力 p_m 为公称工作压力 p 的 1.25 倍；在充装和使用过程中，气瓶的温度应不低于-40℃，且不高于 85℃。

铝内胆端部应采用渐变厚度的凸形结构，筒体与端部圆滑过渡。铝内胆最小设计壁厚应通过应力分析验证。气瓶瓶口应开在气瓶端部，且应与铝内胆同轴。瓶口的外径和厚度应满足瓶阀装配时的扭矩要求。必要时，瓶口可采用增强结构，如钢套等。瓶口螺纹应采用直螺纹，螺纹长度应大于气瓶阀门螺纹的有效长度。瓶口螺纹在水压试验压力下的切应力安全系数应不小于4。计算螺纹切应力安全系数时，铝合金剪切强度取0.6倍的材料抗拉强度保证值。气瓶水压试验压力应不低于1.5倍公称工作压力。纤维应力比应不低于2.25。气瓶最小爆破压力应不低于2.25倍公称工作压力。气瓶外表面可以采用适当的保护层进行防护。目测缠绕层外观不得有纤维裸露、纤维断裂、树脂积瘤、分层及纤维未浸透等缺陷。

Ⅳ型瓶的瓶体结构型式如图4-17所示。GB/T 42612—2023《车用压缩氢气塑料内胆碳纤维全缠绕气瓶》规定：气瓶公称工作压力应为35MPa或70MPa。气瓶公称容积及允许偏差应符合表4-12的规定。

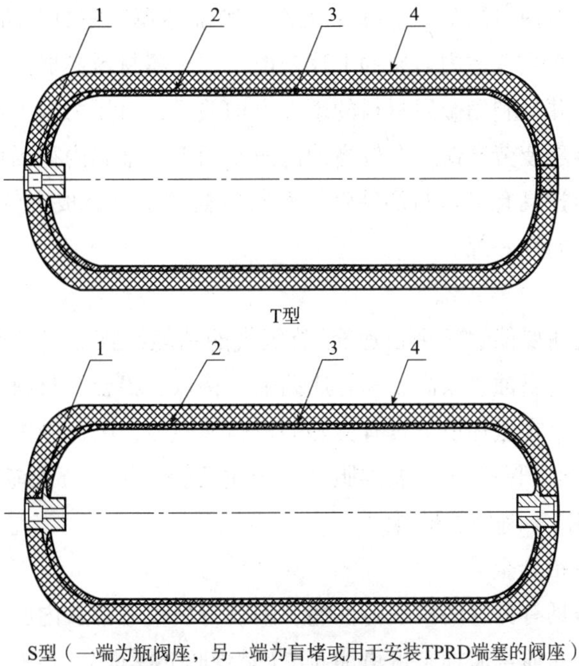

图4-17　Ⅳ型气瓶的结构型式

1—瓶阀座；2—碳纤维缠绕层；3—塑料内胆；4—玻璃纤维保护层

表4-12　车用压缩氢气塑料内胆碳纤维全缠绕气瓶公称容积及允许偏差

公称容积/L数值	允许偏差/%
20≤V≤120	+5.0 0
120<V≤450	+2.5 0

GB/T 42612—2023按照公称工作压力等级将气瓶分为A类气瓶（公称工作压力为

35MPa)和 B 类气瓶(公称工作压力为 70MPa)。A 类和 B 类气瓶的设计循环次数 N_d 为 11000 次，设计使用年限为 15 年。在充装和使用过程中，气瓶的许用压力 p_m 为公称工作压力 p 的 1.25 倍；在充装和使用过程中，气瓶的温度应不低于-40℃，且不高于 85℃。

(2)瓶口密封结构

通过对储氢气瓶的试验标准的对比发现，密封结构不仅需要耐高低温、耐高压力，而且在跌落试验中不能失效，这是密封结构设计的难点。Ⅲ型储氢气瓶完全由金属内胆上的密封面实现与瓶阀的密封；Ⅳ型储氢气瓶则需要考虑金属与塑料之间的密封。Ⅳ型储氢气瓶的密封结构设计关键点就是金属与塑料之间的密封以及密封的耐久性。从密封圈的受力位置上区分，金属与塑料之间的密封大致可分为环向密封和轴向密封两种，其中环向密封结构具有自紧功能。按照密封机理，金属与塑料之间的密封可分为“三明治”结构和非“三明治”结构，其中“三明治”结构已在国外的Ⅳ型储氢气瓶上得到了应用。

2. 材料

复合材料压力容器内衬层的主要作用是作为缠绕芯模、密封、防腐、承担部分载荷。在选用内衬材料时，必须考虑内衬层的上述功能。用金属材料制成的无缝内衬，能有效防止储存介质的泄漏，并且利用金属材料的塑性本构关系，对压力容器进行自紧之后，能有效提高承载能力和循环疲劳寿命。在较高的内压作用下，金属内衬因压力循环出现的裂纹趋于闭合，故金属内衬具有自密封的特性。塑料内衬的优点有成本低、高压循环寿命长、防腐蚀性强和市场倾向性好等。

(1)内胆材料

由于高压储氢气瓶要能够实现快速充/放氢气的功能，且氢气具有很强的渗透性，这就需要内胆材料具备耐腐蚀、耐高温和轻质高强等特点。铝合金材料密度低，可以降低气瓶总体质量，且铝合金在氢环境下具有良好的抗腐蚀性能，因此国内外大多选择铝合金作为 Ⅲ 型瓶的内胆材料。Ⅳ 型氢气瓶内胆多采用质地轻、抗疲劳性能好的尼龙 6(PA6)或高密度聚乙烯(HDPE)等高分子材料。

1)金属内胆——铝合金

复合材料气瓶需具有良好的抗疲劳性能。因疲劳裂纹通常从内胆内表面萌生，故在加工时铝合金内胆内表面通常需加工得更加光滑(呈现暗光泽面)，以有效提高铝合金内胆的抗疲劳性能。铝合金内胆的外表面是结合面，为了与复合材料缠绕层实现良好的界面结合，内胆的外表面会比内表面略显粗糙。作为Ⅲ型瓶内胆的铝合金材料的基本力学性能如表 4-13 所示。

表 4-13　铝合金 6061 的性能

材料	极限弯曲强度/MPa	极限抗拉强度/MPa	受拉屈服强度/MPa	疲劳强度/MPa	泊松比
铝合金 6061	228	124	55.2	62.1	0.33

2)塑料内胆及瓶阀座

对塑料内胆有以下基本要求。

① 耐氢气渗透性和耐热性。氢气分子极易透过塑料内胆的壳体材料，依据 GTR13 的要求，储氢气瓶的氢气渗透率标准值为 6N/mL/(h·L)，因此考虑原材料的氢气阻隔性能是选材中必不可少的环节。此外，氢气在加注过程中有焦耳-汤姆孙效应，氢气在经过阀门的节流作用后，气体温度会升高，随后气体被压缩到气瓶工作压力，温度同样升高，最高温度达到 85℃，内胆原材料需具备合适的氢气渗透性和耐热性能。塑料内胆材料宜选用聚乙烯(包括改性聚乙烯)或聚酰胺(包括改性聚酰胺)。图 4-18 所示为 HDPE 和 PA 对氢气的渗透性对比数据。

现有的研究资料表明，Ⅳ型储氢气瓶内胆因为渗透性存在两个问题：一是塑料内胆失稳，向内塌陷，如图 4-19 所示；二是塑料内胆材料内部发生屈服现象，甚至起泡开裂。

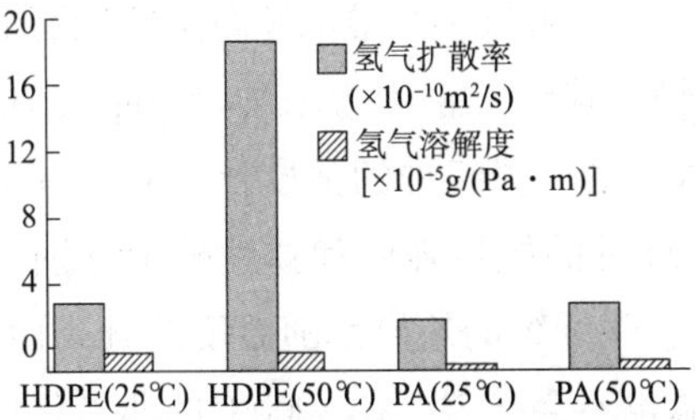

图 4-18　HDPE 和 PA 对氢气的渗透性对比

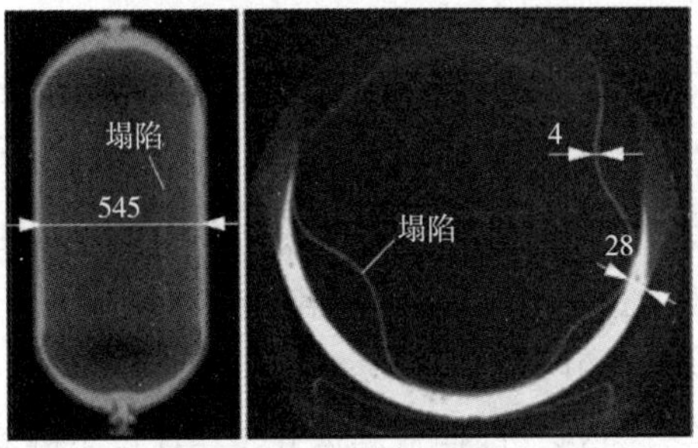

图 4-19　储氢气瓶内胆塌陷 CT 照片

② 良好的低温力学性能。为了避免加注温度过高对内胆原材料造成损伤，通常将气源进行冷却，一般冷却至-40℃，内胆原材料应具有良好的低温力学性能。

③ 良好的工艺性。塑料内胆主流的成型技术包括注塑、滚塑、吹塑等。注塑工艺成本较低，运用也较为广泛。注塑工艺不能成型中空部件，必须配合后续的焊接工序，才能成型内胆。目前丰田、现代等燃料电池汽车所采用的Ⅳ型储氢气瓶内胆均是注塑成型。塑料的焊接工艺有激光焊接、热板焊接、摩擦焊接、超声波焊接、热风焊接、感应焊接等，其中激光焊接、热板焊接以及摩擦焊接在内胆成型领域运用较为常见。表 4-14 列出了三种内胆成型工艺的优缺点。

表 4-14　三种内胆成型工艺的优缺点对比

项目	注塑	滚塑	吹塑
优点	制品尺寸稳定，成本低；密封结构设计自由；可以制备薄壁产品；制品有较高的击韧性和耐环境开裂性能	制品壁厚均匀；成型工艺简单；工装成本低；可成型大型零件	生产效率高；制品有较高的冲击韧性和耐环境开裂性能；工装成本低
缺点	需要焊接，增加工序；大尺寸结构成型难度大	制品尺寸稳定性差；制品致密性低，易形成缺陷；对熔体流动速率要求高，原材料一般为粉状，批量生产能耗大；生产效率低	制品壁厚不均匀；对熔体流动速率要求高，含嵌件特殊结构和大尺寸结构成型难度大；密封部位表面一般需要后续加工

瓶阀座应采用铝合金 6061 或奥氏体不锈钢 S31603 的棒材或锻件，其中铝合金 6061 的化学成分应符合 GB/T 42612—2023《车用压缩氢气塑料内胆碳纤维全缠绕气瓶》中表 2 的要求。奥氏体不锈钢 S31603 的镍含量应大于或等于 12%、镍当量应大于或等于 28.5%、断面收缩率应大于或等于 70%。镍当量按式(4-41)计算：

$$N_{ieq}=12.6W_C+0.35W_{Si}+1.05W_{Mn}+W_{Ni}+0.65W_{Cr}+0.98W_{Mo} \tag{4-41}$$

(2)纤维材料

纤维缠绕层作为主要承受内压载荷的结构，必须具有高强度、高模量、低密度、热稳定性和良好的树脂润湿性，以及良好的缠绕加工性和均匀的纤维束紧度。用于轻型复合材料压力容器的常用纤维材料包括玻璃纤维、芳纶纤维和碳纤维等，用于车载储氢瓶的增强纤维一般选择碳纤维。

碳纤维是一种含碳量超过 95%的高性能纤维材料，由有机纤维原丝高温碳化而成。碳纤维性能优良，具有以下特点：①密度小、质量轻，碳纤维密度为 1.7~2g/cm^3，相当于钢密度的 1/4、铝合金密度的 1/2；②高强度、高模量，碳纤维的强度比钢材高 4~5 倍，弹性模量比铝合金高 5~6 倍，绝对弹性回复，碳纤维的抗拉强度和弹性模量分别可达到 3500~6300MPa 和 230~700GPa；③热膨胀系数小，碳纤维的热导率随温度的升高而降低，耐骤冷、急热，即使从高温几千摄氏度下降到室温也不会破裂，在 3000℃的非氧化性气氛中不会熔化或软化，在液氮温度下不会脆化；④耐腐蚀性好，碳纤维对酸呈惰性，可以承受强酸作用。此外，碳纤维复合材料还具有抗辐射、化学稳定性好、可吸收有毒气体和中子减速等特点，在航空航天、军事等许多方面具有广泛应用。

纤维缠绕制成的压力容器的强度和刚度主要取决于纤维的强度和模量，所以缠绕时用的纤维应具有高强度和高模量，还应易被树脂浸渍，具有良好的缠绕工艺性(如缠绕时不起毛和不断头)，同一束纤维中各股之间的松紧程度应该均匀，并具有良好的储存稳定性。表 4-15 所示为 T700 碳纤维的力学性能。承载纤维应采用连续无捻碳纤维，不准许采用混合纤维。

表 4-15　碳纤维的力学性能(T700)

密度/(kg/m^3)	拉伸强度/GPa	弹性模量/GPa	延伸率/%	纤维直径/μm
1800	4.9	230	2.1	7.15

(3)树脂材料

树脂是复合材料不可缺少的一部分，树脂的选用与研制需要考虑储氢气瓶使用工况以及生产工艺。树脂品种对制品的耐热性、老化性有很大的影响。缠绕工艺所用树脂应具有良好的浸润性和黏结力，固化后有较高的强度和与纤维相适应的延伸率，具有较低的起始黏度。对树脂的基本要求如下：

1)良好的力学性能

树脂在复合材料中的作用是固定纤维，并通过树脂与纤维之间的界面传递载荷，使得纤维强度发挥至最大化。这需要树脂具备较高的韧性和强度，此二者是矛盾的，相互间的平衡是树脂改性的关键点。

2)需要良好的热稳定性

对于Ⅳ型储氢瓶，树脂的固化温度应低于塑料内胆软化温度，起到保护内胆结构的作用。为了保证气瓶在实际使用过程中完全处于安全状态，需要树脂玻璃化转变温度大于105℃。一般而言，固化温度越低，固化后的玻璃化温度也越低，这与保护塑料内胆结构稳定的需求相矛盾，需要对树脂进行相应的改性。

3)需要良好的工艺性能

树脂基体，不仅应具有较高的载荷传递能力，且应具有良好的力学性能(比如韧性)和黏结性能。车载储氢瓶的复合材料层厚度一般在20~30mm，缠绕时间较长，若树脂适用期较短，会使其浸润性变差，影响复合材料性能。固化炉的加热方式是通过空气对流、热辐射对气瓶进行加热，使其固化成型，若黏度不合适，会使树脂中的气泡较难排出，且热量由表面向内部传递时存在明显的温度梯度，从而固化后会在表面形成气泡，内部形成孔隙等缺陷。目前，主要通过增加低黏度环氧树脂进行调配，使其具备工艺性要求。

(4)密封件材料

车用压缩氢气塑料内胆碳纤维全缠绕气瓶中瓶阀座内的O形密封圈的材料采用硅橡胶、氟橡胶、氟硅橡胶、氟碳橡胶、三元乙丙橡胶或氢化丁腈橡胶等与高压氢气具有良好相容性的聚合物。O形密封圈材料的适用温度范围应满足-50~85℃的要求。浸渍树脂基体应采用环氧树脂或改性环氧树脂。气瓶玻璃纤维保护层可采用S玻璃纤维或E玻璃纤维。

4.3.3 纤维缠绕工艺及成型方法

1. 纤维缠绕工艺

纤维缠绕工艺是指在纤维张力的作用下，将纤维纱片浸入树脂胶中，通过控制丝嘴与型芯模具之间的相对运动，将纤维缠绕在型芯模具上，以一定的编排规律做出复合材料零件的成型技术。根据纤维缠绕成型时树脂基体的物理化学状态不同，将纤维缠绕工艺分为干法缠绕、湿法缠绕和半干法缠绕三种。

(1)干法缠绕工艺

用专用设备事先将纤维纱带通过浸胶等一系列工艺制成预浸带，随即在缠绕过程中，预浸带经加热装置加热软化后缠绕到芯模上。一方面，干法缠绕所用的预浸带由专门工序生产，不但可以省去在缠绕过程中配树脂的流程，还可以精确控制其中的树脂含量。因此干法缠绕工艺具有产品质量高、生产效率高和环保卫生等特点。另一方面，同样是因为预浸带，使得干法缠绕工艺存在缠绕制品层间剪切强度偏低和生产成本偏高等问题，故干法缠绕工艺的应用目前仍局限于航空航天等高端领域。干法缠绕工艺如图4-20所示。

(2)湿法缠绕工艺

在纤维缠绕过程中，先将纤维束引入浸胶槽内充分浸润树脂，之后控制缠绕张力经由丝嘴将纤维束缠绕至芯模上。树脂胶液可以减少缠绕过程中的纤维磨损，同时也能够填补纤维架空处的空隙。湿法缠绕成本低且对缠绕设备要求不高，适用于大部分的缠绕制品，也是目前应用最广泛的缠绕工艺。湿法缠绕将浸润树脂后的纱带直接缠绕在模具上，故此纤维束的含胶量难以控制，存在缠绕工艺不稳定的问题。湿法缠绕工艺如图 4-21 所示。

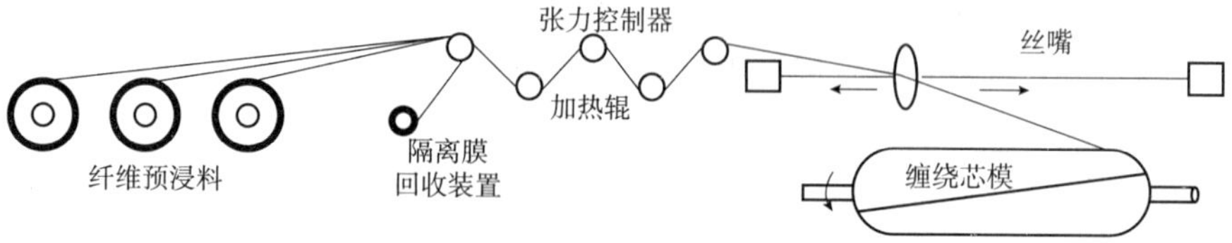

图 4-20　干法缠绕工艺示意

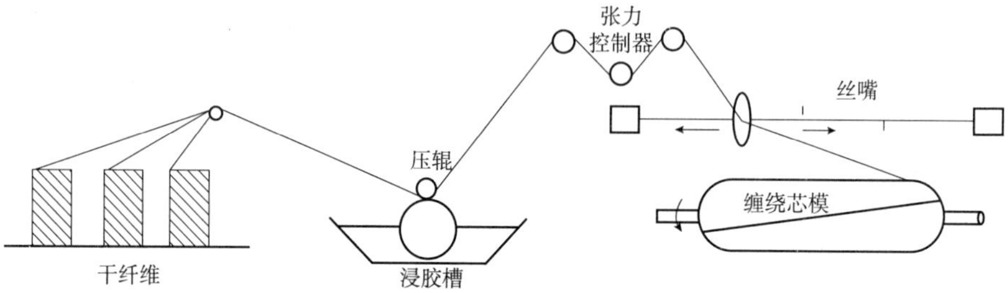

图 4-21　湿法缠绕工艺示意

(3)半干法缠绕工艺

将纤维束引入浸胶槽与树脂充分浸润后，经过烘干设备将纤维纱带中的溶剂除去，之后再缠绕到芯模上。半干法缠绕是介于湿法缠绕和干法缠绕之间的一种缠绕方式。既去除了干法的预浸胶工序，又可使制品中的气泡含量相对湿法有所降低。

2. 纤维缠绕成型方法

根据纤维在模具上的排列特点可将缠绕线型分为环向缠绕、螺旋缠绕和纵向缠绕。

(1)环向缠绕

环向缠绕是一种纤维束以近乎垂直于芯模轴线的角度进行缠绕的线型，环向缠绕角一般在 85°~90°。缠绕时，缠绕机主轴带动芯模转动，丝嘴带动纤维纱线在平行于芯模轴线方向做往返运动。芯模每旋转一圈，丝嘴就要移动一个带宽的距离。由于环向缠绕角度过大，所以一般只在气瓶筒身段进行环向缠绕。环向缠绕示意及环向缠绕气瓶如图 4-22 所示。

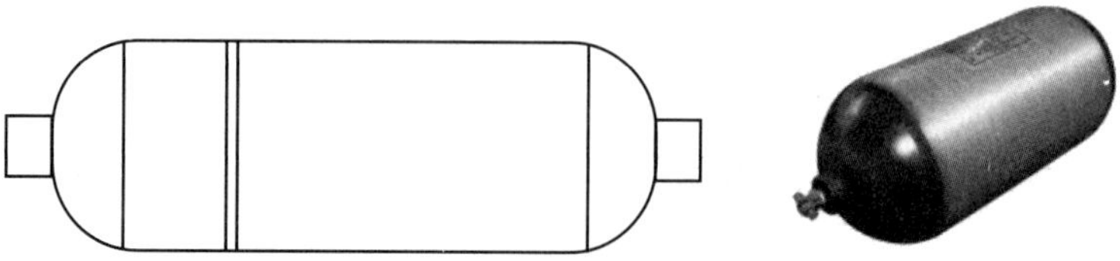

图 4-22　环向缠绕示意及环向缠绕气瓶

(2)螺旋缠绕

螺旋缠绕是一种兼顾筒身段和封头段强度的缠绕线型，在螺旋缠绕过程中，丝嘴随着芯模的回转运动沿轴向往复移动，相邻纤维相接但不相交，其中丝嘴的运动和主轴的旋转是按照一定线型设计的规律计算得出的，工艺参数的变化对产品性能影响很大。螺旋缠绕的缠绕角通常在5°~80°，相比其他两种缠绕线型，螺旋缠绕具有很强的可设计性。螺旋缠绕示意及螺旋缠绕气瓶如图4-23所示。

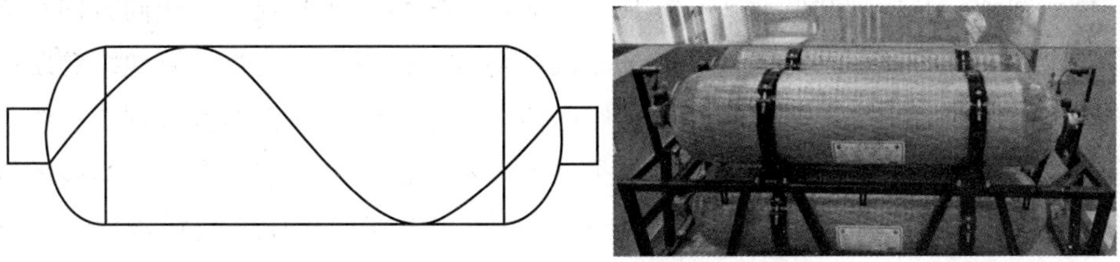

图4-23　螺旋缠绕示意及螺旋缠绕气瓶

(3)纵向缠绕

纵向缠绕适用于短而粗的壳体，如图4-24所示。在缠绕过程中，丝嘴在固定平面内绕芯模做匀速圆周运动，芯模随主轴慢速旋转。芯模表面纵向缠绕的特征在于，缠绕在芯模表面上纤维的轨迹类似于平坦的闭合曲线，因此纵向缠绕也称为平面缠绕。纵向缠绕的缠绕角通常在0°~25°。筒身段缠绕角可用式(4-42)计算：

$$\tan\alpha_0=\frac{r_1+r_2}{l_{e1}+l_c+l_{e2}} \tag{4-42}$$

当两封头极孔相同时，有：

$$\tan\alpha_0=\frac{2r}{2l_e+l_c} \tag{4-43}$$

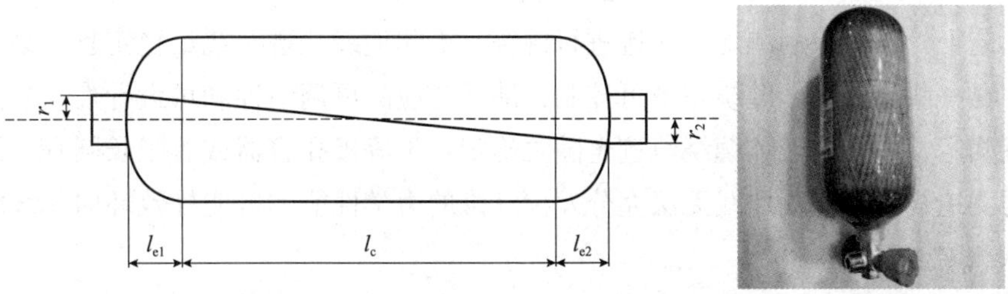

图4-24　纵向缠绕示意及纵向缠绕气瓶

3. 测地线缠绕和非测地线缠绕

根据缠绕轨迹不同，可将纤维缠绕分为测地线缠绕和非测地线缠绕。测地线是由曲面上任意两点之间的最短距离连接而成的曲线，按照测地线缠绕可以使纤维最为稳定，不产生滑线。但是，测地线完全由芯模尺寸决定，一旦芯模形状发生改变，缠绕线型也随之改变，在很大程度上限制了线型设计。在实际缠绕过程中，纤维与芯模之间存在摩擦力，因此纤维缠绕轨迹可以在一定程度上偏离测地线轨迹，即非测地线缠绕。非测地线缠绕可使复合材料纤维缠绕线型设计更加灵活，在满足稳定不滑线和不重叠、不留缝地布满芯模表面要求的同时，可以提高压力容器的强度。

(1)测地线缠绕

在测地线缠绕过程中，纤维在筒身段和封头段都进行缠绕。其缠绕过程为：纤维从压力容器某一端极孔圆周上一点开始缠绕，按照设计的轨迹，纤维沿着封头曲面与极孔相切进入筒身段，在筒身段保持恒定的缠绕角进入另一侧封头，在与另一侧极孔相切后返回筒身段，最后回到一开始缠绕的封头，完成一个循环。按照这样的规律，相同方向相邻纱片在筒身段错开一个纱宽。当芯模表面均匀布满纤维时，程序停止运行。测地线缠绕的轨迹是由筒身段螺旋线和封头上与极孔相切的空间曲线所组成的，即在缠绕过程中，纱片在一侧以右旋螺纹缠到芯模上，返回时，则在另一侧以左旋螺纹缠到芯模上。测地线缠绕的特点是每条纤维都对应极孔圆周上的一个切点；相同方向邻近纱片之间相接而不相交。因此，当纤维均匀缠满内衬表面时，就形成了双纤维层，与扁平钢带缠绕比较相似。

在确定芯模的几何形状能够进行测地线缠绕后，该芯模上的测地线缠绕线型也唯一确定。其中，缠绕中心角由芯模的几何形状计算得出，见式(4-44)，速比、整体线型分别由式(4-45)和式(4-46) 确定：

$$\theta = \int_{r_0}^{r} \frac{r_0 \sqrt{1 + z'^2(r)}}{r\sqrt{r^2 - r_0^2}} \mathrm{d}r \tag{4-44}$$

$$i = \frac{\theta}{360} \tag{4-45}$$

$$\frac{K}{n} = \frac{i-1}{2} \tag{4-46}$$

式中，$z(r)$为子午线方程；n为圆周的等分数；K为两基准线间缠绕纤维走过的圆周等分数。已知n、K以及基准线的位置，芯模的整体线型就可以预先描绘出来。

在工艺上，一般采用测地线轨迹进行缠绕。沿测地线轨迹缠绕最稳定且容易计算，但该线型存在一些局限性：缠绕角不可控制，缺乏相应的可调整性和可设计性。芯模的几何形状一旦确定，相应的壳体缠绕轨迹也随之确定；不等极孔容器或有限长圆管、圆筒等无法完全用测地线缠绕；测地线无法充分发挥纤维的力学性能，可能导致环向承载能力富余而轴向承载能力不足。

(2)非测地线缠绕

相比于测地线缠绕，非测地线缠绕可设计空间比较大，对于一些形状复杂的芯模，如不等极孔容器，或者有对压力容器进行过渡缠绕等特殊要求时，均可通过非测地线缠绕实现。当芯模左右不对称或两极孔不相等时，测地线缠绕无法实现对整个芯模进行完全缠绕。由于芯模表面摩擦力的存在，在偏离测地线的一定范围内沿非测地线缠绕，在工程上也可以实现稳定缠绕。由于线型不唯一，对同一芯模，其整体线型、速比、缠绕中心角总和也不是唯一的，但人为设计仍需参照计算的值作为选取非测地线稳定缠绕的缠绕中心角总和的依据，并校核各曲面段连接处的稳定条件之后确定。在缠绕时还要控制丝嘴的运动，使纱线落在计算好的线型轨迹上。

4. 纤维稳定缠绕的两个条件

当纤维的缠绕轨迹沿着主应力方向时，能最大限度地发挥纤维的力学性能。然而，在工艺实现过程中，首先要保证纤维能实现稳定缠绕。纤维在芯模表面的受力有以下几种：①纤维两端的张力 T；②纤维与曲面间的摩擦力 f_w；③芯模表面对纤维的支反力 F_N。要使纤维实现稳定缠绕，需满足两个条件：

①不架空条件，即纤维在缠绕过程中紧贴在芯模表面，与芯模外表面接触良好，不脱离芯模；

②不滑线条件，即在缠绕过程中能够按照设计轨迹将纤维均匀布满芯模表面，不产生滑动而偏离设计轨迹。

4.3.4 复合材料层合板力学基础

纤维复合材料产品一般是多个单层板以一定角度、顺序组成的层合结构，层合板各个方向的性能具有较大差异，这种特点也使层合板具有较强的设计性。在复合材料气瓶设计之前，需要先了解层合板的刚度和强度特性。在由连续同向碳纤维增强基和树脂基组成的复合材料中，碳纤维增强基和树脂基力学性能差异较大，且碳纤维力学性能具有方向性，另外还存在层间问题，使得对碳纤维复合材料的力学性能研究较为复杂。本节阐述碳纤维复合材料层合板力学基础，包括单层板正轴与偏轴刚度理论、层合板理论和复合材料强度准则。

1. 单层板正轴与偏轴刚度

为方便理解，本节使用 1-2 坐标系来表示正交各向异性材料的正轴坐标系，1 代表刚度较大的方向，2 代表刚度较小的方向。单层板强度分析要满足线弹性、小变形的假设前提，根据叠加原理可将单层板复杂的受力视为多个单轴应力的叠加效果。单向板的正轴应力-应变关系一般可由两个单轴试验和一个纯剪试验的结果组合得到。

$$\begin{bmatrix}\varepsilon_1\\\varepsilon_2\\\gamma_{12}\end{bmatrix}=[S]\begin{bmatrix}\sigma_1\\\sigma_2\\\tau_{12}\end{bmatrix}=\begin{bmatrix}\dfrac{1}{E_1}&-\dfrac{\nu_2}{E_2}&0\\-\dfrac{\nu_1}{E_1}&\dfrac{1}{E_2}&0\\0&0&\dfrac{1}{G_{12}}\end{bmatrix}\begin{bmatrix}\sigma_1\\\sigma_2\\\tau_{12}\end{bmatrix}\tag{4-47}$$

$$\begin{bmatrix}\sigma_1\\\sigma_2\\\tau_{12}\end{bmatrix}=\begin{bmatrix}Q_{11}&Q_{12}&0\\Q_{21}&Q_{22}&0\\0&0&Q_{66}\end{bmatrix}\begin{bmatrix}\varepsilon_1\\\varepsilon_2\\\gamma_{12}\end{bmatrix}=[S]^{-1}\begin{bmatrix}\varepsilon_1\\\varepsilon_2\\\gamma_{12}\end{bmatrix}\tag{4-48}$$

式中，ε 为应变；γ 为剪应变；σ 为应力；τ 为剪应力；E 为弹性模量；G 为剪切模量；ν 为泊松比；$[S]$为柔度矩阵；$Q_{11}=\dfrac{E_1}{1-\nu_{12}\nu_{21}}$，$Q_{22}=\dfrac{E_2}{1-\nu_{12}\nu_{21}}$，$Q_{12}=\dfrac{\nu_{12}E_2}{1-\nu_{12}\nu_{21}}$，$Q_{66}=G_{12}$。

在复合材料铺层设计时，所选用的坐标系往往不同于材料的正轴坐标系，此时单层板的正轴刚度不再适用，需将正轴刚度转换成偏轴刚度。如图 4-25 所示，坐标系 1-2 为正轴坐标系，x-y 为偏轴坐标系，θ 为偏轴与正轴之间的夹角。

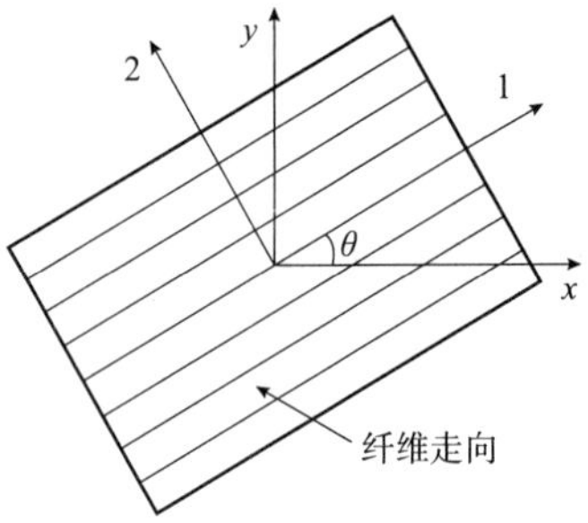

图 4-25　偏轴与正轴转换关系示意

正交各向异性材料的正轴与偏轴应力应变的转换公式可根据静力平衡条件和几何转换关系得出，如式(4-49)和式(4-50)所示：

$$[\sigma_1]=[T_\sigma][\sigma_x] \qquad [\varepsilon_1]=[T_\varepsilon][\varepsilon_x] \tag{4-49}$$

$$[T_\sigma]=\begin{bmatrix} m^2 & n^2 & 2mn \\ n^2 & m^2 & -2mn \\ -mn & mn & m^2-n^2 \end{bmatrix}$$

$$[T_\varepsilon]=\begin{bmatrix} m^2 & n^2 & mn \\ n^2 & m^2 & -mn \\ -2mn & 2mn & m^2-n^2 \end{bmatrix} \tag{4-50}$$

结合式(4-49)和式(4-50)可得正交各向异性材料的偏轴应力-应变关系式(4-51)：

$$\begin{bmatrix} \sigma_x \\ \sigma_y \\ \tau_{xy} \end{bmatrix}=[T_\sigma]^{-1}[Q][T_\varepsilon]\begin{bmatrix} \varepsilon_x \\ \varepsilon_y \\ \gamma_{xy} \end{bmatrix}=\begin{bmatrix} \overline{Q_{11}} & \overline{Q_{12}} & \overline{Q_{16}} \\ \overline{Q_{21}} & \overline{Q_{22}} & \overline{Q_{26}} \\ \overline{Q_{61}} & \overline{Q_{62}} & \overline{Q_{66}} \end{bmatrix}\begin{bmatrix} \varepsilon_x \\ \varepsilon_y \\ \gamma_{xy} \end{bmatrix} \tag{4-51}$$

其中偏轴模量与正轴模量转换关系为：

$$\overline{Q_{11}}=Q_{11}m^4+2(Q_{12}+2Q_{66})m^2n^2+Q_{22}n^4$$

$$\overline{Q_{22}}=Q_{11}n^4+2(Q_{12}+2Q_{66})m^2n^2+Q_{22}m^4$$

$$\overline{Q_{12}}=Q_{12}(m^4+n^4)+(Q_{11}+Q_{22}-4Q_{66})m^2n^2$$

$$\overline{Q_{66}}=Q_{66}(m^4+n^4)+(Q_{11}+Q_{22}-2Q_{12}-2Q_{66})m^2n^2$$

$$\overline{Q_{16}}=(Q_{11}-Q_{12}-2Q_{66})m^3n-(Q_{22}-Q_{12}-2Q_{66})mn^3$$

$$\overline{Q_{26}}=(Q_{11}-Q_{12}-2Q_{66})mn^3-(Q_{22}-Q_{12}-2Q_{66})m^3n \tag{4-52}$$

式中，$m=\cos\theta$；$n=\sin\theta$；$\boldsymbol{Q}_{ij}$ 为材料的正轴刚度矩阵；Q_{16} 和 Q_{61} 为联系剪应变和正应力的耦合分量。

$$\sigma = \begin{bmatrix} \sigma_{xx} & \tau_{xy} & \tau_{xz} \\ \tau_{yx} & \sigma_{yy} & \tau_{yz} \\ \tau_{zx} & \tau_{zy} & \sigma_{zz} \end{bmatrix} \qquad \varepsilon = \begin{bmatrix} \varepsilon_{xx} & \varepsilon_{xy} & \varepsilon_{xz} \\ \varepsilon_{yx} & \varepsilon_{yy} & \varepsilon_{yz} \\ \varepsilon_{zx} & \varepsilon_{zy} & \varepsilon_{zz} \end{bmatrix} \tag{4-53}$$

式中，$\tau_{xy}=\tau_{yx}$，$\tau_{xz}=\tau_{zx}$，$\tau_{yz}=\tau_{zy}$，而剪应力张量定义为 $\gamma_{xy}=2\varepsilon_{xy}$，$\gamma_{xz}=2\varepsilon_{xz}$，$\gamma_{yz}=2\varepsilon_{yz}$，因此应力应变的分量各为 6 个。为了方便表达，用数字 1~6 分别替代 xx、yy、zz、yz、xz、xy 进行简化，简化前后的应力分量为：$\sigma_{xx}=\sigma_1$，$\sigma_{yy}=\sigma_2$，$\sigma_{zz}=\sigma_3$，$\tau_{yz}=\sigma_4$，$\tau_{xz}=\sigma_5$，$\tau_{xy}=\sigma_6$，对应变也做同样的简化处理。使用张量形式表示为：

$$\sigma_i = C_{ij}\varepsilon_j (i,\ j=1,\ 2,\ 3,\ 4,\ 5,\ 6) \tag{4-54}$$

根据应力-应变的对应关系，将式(4-54)展开即可得到各向异性材料的本构关系：

$$\begin{bmatrix} \sigma_1 \\ \sigma_2 \\ \sigma_3 \\ \sigma_4 \\ \sigma_5 \\ \sigma_6 \end{bmatrix} = \begin{bmatrix} C_{11} & C_{12} & C_{13} & C_{14} & C_{15} & C_{16} \\ C_{21} & C_{22} & C_{23} & C_{24} & C_{25} & C_{26} \\ C_{31} & C_{32} & C_{33} & C_{34} & C_{35} & C_{36} \\ C_{41} & C_{42} & C_{43} & C_{44} & C_{45} & C_{46} \\ C_{51} & C_{52} & C_{53} & C_{54} & C_{55} & C_{56} \\ C_{61} & C_{62} & C_{63} & C_{64} & C_{65} & C_{66} \end{bmatrix} \begin{bmatrix} \varepsilon_1 \\ \varepsilon_2 \\ \varepsilon_3 \\ \varepsilon_4 \\ \varepsilon_5 \\ \varepsilon_6 \end{bmatrix} \tag{4-55}$$

式中，C_{ij} 为材料的三维模量分量。

根据弹性应变能密度关系，在线弹性情况下，模量分量 $C_{ij}=C_{ji}$，因此均质各向异性材料具有 21 个独立的弹性系数。实际上大多数材料具有对称的内部结构，如果材料具有两个正交的弹性对称面，称为正交各向异性材料，由弹性应变能密度关系，此时材料刚度系数为：

$$\begin{aligned} C_{14}=C_{15}=C_{16}=C_{24}=C_{25}=C_{26}=0 \\ C_{34}=C_{35}=C_{36}=C_{45}=C_{46}=C_{56}=0 \end{aligned} \tag{4-56}$$

此时材料仅剩下 9 个独立的正轴弹性常数，因此正交各向异性材料的本构方程为：

$$\begin{bmatrix} \sigma_1 \\ \sigma_2 \\ \sigma_3 \\ \sigma_4 \\ \sigma_5 \\ \sigma_6 \end{bmatrix} = \begin{bmatrix} C_{11} & C_{12} & C_{13} & 0 & 0 & 0 \\ C_{21} & C_{22} & C_{23} & 0 & 0 & 0 \\ C_{31} & C_{32} & C_{33} & 0 & 0 & 0 \\ 0 & 0 & 0 & C_{44} & 0 & 0 \\ 0 & 0 & 0 & 0 & C_{55} & 0 \\ 0 & 0 & 0 & 0 & 0 & C_{66} \end{bmatrix} \begin{bmatrix} \varepsilon_1 \\ \varepsilon_2 \\ \varepsilon_3 \\ \varepsilon_4 \\ \varepsilon_5 \\ \varepsilon_6 \end{bmatrix} \tag{4-57}$$

2. 层合板理论

在生产实践中，一般会将多个单层板按照一定角度顺序叠加起来制成层合板结构，以满足结构件在特定载荷工况下的刚度和强度要求。Ⅲ型和Ⅳ型氢气瓶的纤维缠绕铺层就是典型的层合板结构。假设层合板未受载荷前垂直于中面的法线，在层合板受到面内力及面内力矩后，原法线方向仍保持直线并垂直于该层合板变形后的中面；假定层合板由黏结牢固的许多单层板构成，铺层间无相对滑移，因而沿层合板横截面上各铺层的位移是连续的，没有剪切变形；受载后，层合板中面法向上的厚度无变化（无厚度方向的伸长或缩短）。层合板很薄，即层合板厚度比其平面尺寸小得多，可略去厚度方向上的应变。在上述假设基础上建立的层合板理论称为经典层合板理论（Classical laminate theory，CLT）。该理论对薄的层合平板、层合曲板或层合壳都适用。

当气瓶内部受到均匀内压时，采用截面法和静力平衡条件可以得出筒身截面处的轴向单位内力 N_φ 和周向单位内力 N_θ 分别为：

$$N_\varphi = \frac{1}{2}Rp$$

$$N_\theta = Rp \tag{4-58}$$

式中　R——气瓶筒身半径；

p——内压载荷。

气瓶筒身段螺旋缠绕层是按±α 的角度交替缠绕而成，简化结构如图 4-26 所示，在筒体结构坐标系下（θ-φ 坐标系），面内应力-应变关系可由式（4-59）给出：

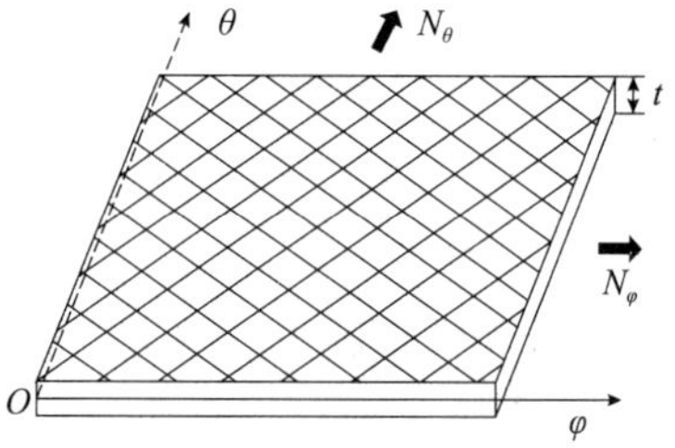

图 4-26　筒身段螺旋缠绕铺层简化示意

$$\begin{bmatrix} N_\varphi \\ N_\theta \end{bmatrix} = \begin{bmatrix} A_{11} & A_{12} \\ A_{21} & A_{22} \end{bmatrix} \begin{pmatrix} \varepsilon_\varphi \\ \varepsilon_\theta \end{pmatrix} \tag{4-59}$$

式中，A_{ij} 为刚度系数，可由式（4-60）给出：

$$A_{ij} = \sum_{k=1}^{n} \overline{Q_{ij}^k} \cdot t_k = t \cdot \overline{Q_{ij}^k} \tag{4-60}$$

式中，$\overline{Q_{ij}^k}$ 为第 k 单层的偏轴模量，推导方法如式（4-52）所示；t_k 为第 k 层的厚度。面内应力张量$\{\sigma_{12}\}$与材料主方向（1-2 坐标系统）的内力关系如下：

$$\{\sigma_{12}\}^k = [\boldsymbol{T}][\overline{Q}]^k[A]^{-1}\{N_{\varphi\theta}\} \tag{4-61}$$

式中，$[\boldsymbol{T}]$ 为单层板应变转换矩阵，$\{N_{\varphi\theta}\}$ 可由式（4-58）给出，将式（4-58）代入式（4-61）中，可得正轴的内力与各应力分量之间的关系：

$$\begin{cases} \sigma_1^k = \dfrac{1}{t}(m_{11}N_\varphi + m_{12}N_\theta) \\ \sigma_2^k = \dfrac{1}{t}(m_{21}N_\varphi + m_{22}N_\theta) \\ \tau_{12}^k = \dfrac{1}{t}(m_{31}N_\varphi + m_{32}N_\theta) \end{cases} \tag{4-62}$$

式中，m_{ij}为与缠绕层角度和材料参数有关的常数，可由式(4-63)给出：

$$
\begin{aligned}
m_{11} &= c^2+2cs\frac{\overline{Q}_{22}\overline{Q}_{16}-\overline{Q}_{12}\overline{Q}_{26}}{\overline{Q}_{11}\overline{Q}_{22}-\overline{Q}_{12}^2}\\
m_{12} &= s^2+2cs\frac{\overline{Q}_{11}\overline{Q}_{26}-\overline{Q}_{12}\overline{Q}_{16}}{\overline{Q}_{11}\overline{Q}_{22}-\overline{Q}_{12}^2}\\
m_{21} &= s^2-2cs\frac{\overline{Q}_{22}\overline{Q}_{16}-\overline{Q}_{12}\overline{Q}_{26}}{\overline{Q}_{11}\overline{Q}_{22}-\overline{Q}_{12}^2}\\
m_{22} &= c^2-2cs\frac{\overline{Q}_{11}\overline{Q}_{26}-\overline{Q}_{12}\overline{Q}_{16}}{\overline{Q}_{11}\overline{Q}_{22}-\overline{Q}_{12}^2}\\
m_{31} &= -sc+(c^2-s^2)\frac{\overline{Q}_{22}\overline{Q}_{16}-\overline{Q}_{12}\overline{Q}_{26}}{\overline{Q}_{11}\overline{Q}_{22}-\overline{Q}_{12}^2}\\
m_{31} &= sc+(c^2-s^2)\frac{\overline{Q}_{11}\overline{Q}_{26}-\overline{Q}_{12}\overline{Q}_{16}}{\overline{Q}_{11}\overline{Q}_{22}-\overline{Q}_{12}^2}
\end{aligned}
\tag{4-63}
$$

式中，$c=\cos\alpha$；$s=\sin\alpha$；α为筒身段的缠绕角；$\overline{Q_{ij}}$为各单向板的偏轴刚度系数。

3. 复合材料强度准则

在平面状态下，应力状态一般包括三个应力分量，需要考虑各个应力分量对材料强度的综合影响。对于各向同性材料，如果是脆性材料，强度指标一般是强度极限σ_b；如果是塑性材料，强度指标一般是屈服极限σ_s。剪切极限一般与屈服极限存在一定关系，不单独考虑。对于正交各向异性材料，由于其仅考虑面内的应力状态，因此宏观强度准则一般考虑的指标有5个：纵向拉伸强度(X_t)、纵向压缩强度(X_c)、横向拉伸强度(Y_t)、横向压缩强度(Y_c)和面内剪切强度(S)。强度准则只是各应力分量的一种数学上的表达方式，公式中的常数主要通过实验得到，公式的准确性也依托于实验来验证。

(1)层间强度

复合材料的层间强度包括层间拉伸强度、层间剪切强度以及层间断裂韧性。相对于面内破坏强度而言，层间强度影响较弱，但在使用中经常引起层间破坏，进而导致整体结构过早失效，尤其是层间剪切强度较低，需要在设计中格外注意。复合材料的层间剪切强度是指不同纤维复合材料制品在叠层复合后相邻层之间产生相对位移时，作为抵抗阻力而在材料内部产生的应力大小，即层合板在层间剪切应力作用下的极限应力。层间应力的存在很容易导致层间的分层破坏，而层间分层将会严重降低复合材料层合板的刚度和强度。因此，层间应力和层间剪切强度等层间问题是复合材料设计中必须考虑的重要问题。

单向连续纤维增强树脂基复合材料因其特殊的构造和独特的连接界面，导致其破坏形式复杂多样，包括纤维的断裂、基体的开裂以及层间剪切失效等多种破坏形式。经过数十年的发展，国内外学者提出了多种碳纤维复合材料的强度失效准则，其中复合材料气瓶常用的失效准则有以下几种。

①最大应力准则。根据复合材料在受载时材料纤维方向和垂直纤维方向上的应力与对应方向上材料强度值的关系来判断材料是否失效。该准则判断方式简洁明了，其判据为：

$$\begin{cases} -X_c<\sigma_1<X_t \\ -Y_c<\sigma_2<Y_t \\ |\tau_{12}|<S \end{cases} \tag{4-64}$$

式中，X 为纤维方向强度；Y 为垂直纤维方向强度；σ 为应力；下标 c 为压缩，t 为拉伸；τ 为剪应力；S 为剪切强度。

这里的应力不是沿主应力方向，而是沿材料主轴方向。如果单层中的应力不是主轴方向，必须先将应力分量转换到正轴方向，然后由正轴的应力分量进行判别。

②最大应变准则。与式(4-64)类似，以应变替代应力，用材料极限应变作为判断指标，根据受载时材料纤维方向和垂直纤维方向上的应变与材料极限应变的关系来判断材料是否发生失效，其判据为：

$$\begin{cases} -\varepsilon_{Xc}<\varepsilon_1<\varepsilon_{Xt} \\ -\varepsilon_{Yc}<\varepsilon_2<\varepsilon_{Yt} \\ |\gamma_{12}|<\gamma_S \end{cases} \tag{4-65}$$

式中，ε_{Xc} 为纤维方向极限压应变；ε_{Xt} 为纤维方向极限拉应变；ε_{Yc} 为垂直纤维方向极限压应变；ε_{Yt} 为垂直纤维方向极限拉应变；γ_S 为最大面内剪切应变。与最大应力准则相同，此处的应变同样也是沿着材料主轴方向，如果单层中作用的应变不是沿着材料主轴方向，则应当将应变分量转换到正轴方向。

根据应力-应变关系和工程常数之间的关系，式(4-65)可表达为：

$$\begin{cases} -X_c<\sigma_1-\mu_1\sigma_2<X_t \\ -Y_c<\sigma_2-\mu_2\sigma_1<Y_t \\ |\tau_{12}|<S \end{cases} \tag{4-66}$$

③蔡吴(Tsai-Wu)张量准则。蔡吴张量准则是一种二次张量多项式的失效判断准则，其判据为：

$$F_{11}\sigma_1^2+2F_{12}\sigma_1\sigma_2+F_{22}\sigma_2^2+F_{66}\tau_{12}^2+F_1\sigma_1+F_2\sigma_2<1 \tag{4-67}$$

这里的 $F_{ij}(i，j=1，2，6)$ 为强度参数，具体表达式为：

$$\begin{cases} F_1=\dfrac{1}{X_t}-\dfrac{1}{X_c},\ F_{11}=\dfrac{1}{X_tX_c},\ F_2=\dfrac{1}{Y_t}-\dfrac{1}{Y_c} \\ F_{22}=\dfrac{1}{Y_tY_c},\ F_{66}=\dfrac{1}{S^2},\ F_{12}=-\dfrac{1}{2}\sqrt{\dfrac{1}{X_tX_cY_tY_c}} \end{cases} \tag{4-68}$$

④Hashin 强度准则。Hashin 强度准则与以上三种准则存在明显的不同，该准则区分了复合材料中各组分不同的失效模式，包括纤维拉、压失效和基体拉、压失效。由于复合材

料气瓶在基体出现损伤时不会对容器的承载性能造成太大影响，只有当纤维出现大面积损伤时，气瓶才会出现泄漏或者爆破。因此，Hashin 强度准则能够较好地适用于纤维缠绕气瓶。Hashin 强度准则具体表达式如下。

纤维出现拉伸破坏：$\sigma_1 \geqslant 0$

$$\left(\frac{\sigma_{11}}{X_t}\right)^2 + \alpha\left(\left(\frac{\tau_{12}}{S_{12}}\right)^2 + \left(\frac{\tau_{13}}{S_{13}}\right)^2\right) \geqslant 1 \tag{4-69}$$

纤维出现压缩破坏：$\sigma_1 < 0$

$$\left(\frac{\sigma_{11}}{X_c}\right)^2 \geqslant 1 \tag{4-70}$$

基体出现拉伸破坏：$\sigma_2 \geqslant 0$

$$\left(\frac{\sigma_{22}}{Y_t}\right)^2 + \left(\frac{\tau_{12}}{S}\right)^2 \geqslant 1 \tag{4-71}$$

基体出现压缩破坏：$\sigma_2 < 0$

$$\left[\left(\frac{Y_c}{2S}\right)^2 - 1\right]\frac{\sigma_2}{Y_c} + \left(\frac{\sigma_2}{2S}\right)^2 + \left(\frac{\tau_{12}}{S}\right)^2 \geqslant 1 \tag{4-72}$$

除了以上四种强度准则外，还有其他多种复合材料失效准则。纤维缠绕气瓶作为典型的受压结构，内胆外部的碳纤维起主要承载作用，基体失效并不足以立刻造成气瓶丧失承载能力。Hashin 失效准则将纤维和树脂基体的损伤区分开，更加贴合气瓶水压渐进失效过程。

(2)界面性能

复合材料的界面是基体与增强材料之间化学成分有显著变化的、构成彼此结合的、能起到载荷传递作用的区域，是一个多层结构的过渡区域。界面的结合状态和强度对复合材料的性能有重要影响。对于每一种复合材料都要求有合适的界面结合强度。界面结合较差的复合材料大多呈剪切破坏，界面结合过强则呈脆性断裂，也降低了复合材料的整体性能。

4.3.5　复合材料层设计基础

目前在工程中常用的设计方法有两种，分别为基于经典层合板理论的设计和基于网格理论的设计。

1. 基于经典层合板理论的设计

层合板可以由不同材质的单层板构成，也可以由不同铺设方向的相同材质的各向异性单层板构成。层合板的力学性质主要取决于组成层合板的各单层板，包括单层板的力学性质和厚度、单层板层数以及各单层板的铺设方向和铺设顺序等。在经典层合板理论中，层合板的刚度用层合板的模量分量、柔量分量和工程弹性常数三种形式给出。模量分量为层合板内力-应变关系的系数，柔量分量为层合板应变-内力关系的系数。

(1)几种典型的层合板铺层结构

1)对称层合板

对称层合板是多向层合板中一种较为特殊的层合板，它的刚度分析较为简单。对称层合板在面内力作用下的力学性能像均匀的各向异性板一样，只引起面内变形。对称层合板是从中面向上或向下观察各单层方向、铺设顺序是相同的，同时各单层的材料及其厚度是相同的。不同单层材料构成的对称层合板，要求材料相对于几何中面也是镜面对称的。单向层合板可看作对称层合板的一种特例。

2)准各向同性层合板

利用铺层设计，可以得到满足下列条件的对称层合板，即：

$$\begin{cases} A_{11}=A_{22} \\ A_{66}=\dfrac{A_{11}-A_{12}}{2} \\ A_{16}=A_{26}=0 \end{cases} \tag{4-73}$$

这类层合板独立的面内模量只有两个，因而其面内力学响应类似于各向同性材料，称其为准各向同性板。这里用“准”是因为它并不完全等同于各向同性板。例如，在垂直于板平面的方向上的性能和板平面内的性能是不同的。当然要得到各向同性的纤维增强复合材料，可以利用短切纤维模压成型，也可以用长纤维无序随机排列，但这种复合材料不能充分发挥纤维的潜力，往往强度较低。

3)一般 π/4 层合板

具有四个铺层方向、层间夹角为 π/4 的层合板称为一般 π/4 层合板。如果各个铺层或铺层组的材料和厚度相等，则由前面讨论可知它便是准各向同性层合板。一般 π/4 层合板放弃了每个铺层或铺层组厚度相等的限制条件，因而可以在更大的范围内设计材料的性能。采用 π/4 这个特殊夹角，主要是因为工艺操作容易精确掌握与控制。

(2)层合板的表示法

由于各种铺层方向和顺序的层合板，其力学性能是不同的，为了设计、研究、制造的方便和统一，应简明给出表示层合板各种铺层方向和顺序的标记，即层合板的表示法。各种层合板的表示法详见表 4-16。表中各单层的材料性能与厚度均相同。

表 4-16　各种层合板的表示法

层合板类型	表示法	图示	说明
一般层合板	[0/45/90/-45/0]	0 -45 90 45 0	①每一镜层的方向用纤维方向与坐标轴 x 层之间的夹角示出，各铺层之间用“/”隔开，全部铺层用“[ ]”括上；②铺层层由下向上或由贴模面向外的顺序写出

续表

<table>
<tr><th colspan="2">层合板类型</th><th>表示法</th><th>图示</th><th>说明</th></tr>
<tr><td rowspan="2">对称层合板</td><td>偶数层</td><td>$[0/90]_s$</td><td>0
90
90
0</td><td>对称铺层只写出一半，括号外加写下标“s”，表示对称</td></tr>
<tr><td>奇数层</td><td>$[0/45/90]_t$</td><td>0
45
90
45
0</td><td>在对称中面的铺层上加上标“—”表示</td></tr>
<tr><td colspan="2">具有连续重复铺层的层合板</td><td>$[0_2/90]$</td><td>90
0
0</td><td>连续重复铺层的层数用数字下标示出</td></tr>
<tr><td colspan="2">具有连续正负铺层的层合板</td><td>$[0/\pm 45/90]$</td><td>90
-45
45
0</td><td>连续正负铺层用“±”或“∓”表示，上面的符号表示前一个铺层</td></tr>
<tr><td colspan="2">由多个子层合板构成的层合板</td><td>$[0/90]_2$</td><td>90
0
90
0</td><td>子层合板重复数用数字下标示出</td></tr>
<tr><td colspan="2">由织物铺层的层合板</td><td>[(±45)/(0，90)]</td><td>0，90
±45</td><td>织物的经纬方向用“( )”括起</td></tr>
<tr><td colspan="2">混杂纤维层合板</td><td>$[0_C/45_K/90_G]$</td><td>90G
45K
0C</td><td>纤维的种类用英文字母下标示出：C—碳纤维；K—芳纶纤维；G—玻璃纤维</td></tr>
<tr><td colspan="2">夹层板</td><td>$[0/90/C_5]_S$</td><td>0
90
C_5
90
0</td><td>用C表示夹芯，其下标数字表示夹芯厚的毫米数，面板铺层表示法同前</td></tr>
</table>

在进行层合板铺层设计时，使用工程弹性常数比较方便，因为工程弹性常数可以由简单实验测得。在进行层合板设计时，根据4.3.4.2节所述的层合板理论，通过调节各角度对应层数，用Tsai-Wu公式可以对由层合板理论设计出的各个缠绕角单层是否失效进行校核。

2. 基于网格理论的设计

(1)网格理论设计思路

相比于树脂基体和铝合金内胆，碳纤维有超高的强度和弹性模量。在气瓶受载过程中碳纤维承担了大部分的载荷，树脂基体主要起到传递应力和保护碳纤维的作用。在受力分析时可忽略基体的承载作用，仅考虑碳纤维承载，该分析方法称为网格理论。在碳纤维缠绕复合材料气瓶结构设计方面，目前多采用网格理论计算气瓶筒身和封头段的缠绕角、缠绕厚度等参数，完成对气瓶的铺层设计。但在使用网格理论设计气瓶缠绕层之前，须先做出以下几点假设：

①气瓶内压全部由纤维缠绕层承载，气瓶内胆只起密封作用，不考虑其承载能力；

②缠绕层强度主要体现在纤维的强度，树脂只起到传递应力和保护碳纤维的作用，不考虑树脂的承载能力；

③在气瓶受载期间，纤维缠绕层网格只发生形状大小的变化，缠绕角度固定不变。

基于以上几点假设，便可采用网格理论对气瓶进行铺层设计。另外，由于气瓶结构分为筒身段和封头段，网格理论也分为筒身段网格理论和封头段网格理论。

(2)筒身段网格理论

图4-27所示为气瓶筒身段的一个微元体，该微元体在内压载荷和自身薄膜内力作用下处于平衡状态，对于这种承受均匀内压的薄壁壳体，结构的曲率、轴向内力 N_φ 和周向内力 N_θ 之间的关系为：

$$\frac{N_\varphi}{R_\varphi}+\frac{N_\theta}{R_\theta}=P \tag{4-74}$$

根据壳体平衡条件可得：

$$\begin{cases} N_\varphi=\dfrac{1}{2}R_\theta P \\ N_\theta=\dfrac{1}{2}R_\theta P\left(2-\dfrac{R_\theta}{R_\varphi}\right) \end{cases} \tag{4-75}$$

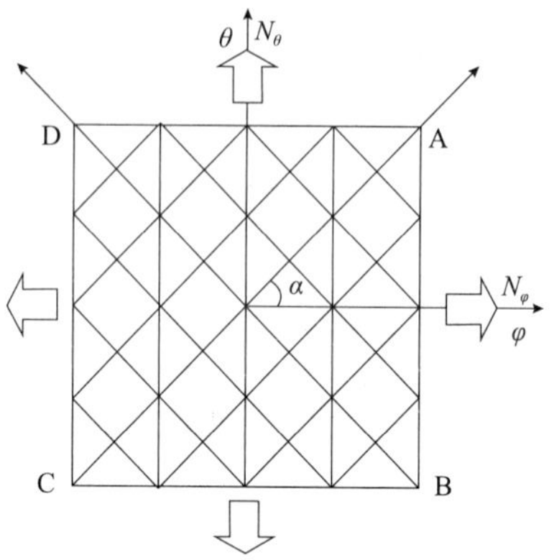

图4-27　筒身段铺层网格微元受力示意

在气瓶筒身段有：$R_\varphi=+\infty$，$R_\theta=R$。可以得出筒身截面处的轴向单位内力 N_φ 和周向单位内力 N_θ，如式(4-76)所示。

$$\begin{cases} N_\varphi=\sigma_{f\alpha}t_{f\alpha}\cos^2\alpha \\ N_\theta=\sigma_{f\alpha}t_{f\alpha}\sin^2\alpha+\sigma_{f\theta}t_{f\theta} \end{cases} \tag{4-76}$$

式中，$t_{f\alpha}$ 和 $t_{f\theta}$ 分别为螺旋缠绕层总厚度和环向缠绕层总厚度；$\sigma_{f\alpha}$ 和 $\sigma_{f\theta}$ 分别为螺旋纤维

与环向纤维在筒身段的纤维方向应力。若网格应变为 ε，在位移连续的前提条件下，筒身段纤维层的几何方程为：

$$\varepsilon=\varepsilon_{f\alpha}=\varepsilon_{f\theta} \tag{4-77}$$

根据胡克定理，由式(4-76)和式(4-77)可得筒身段物理方程为：

$$\begin{cases} N_{\varphi}=\varepsilon E_f t_{f\alpha}\cos^2\alpha \\ N_{\theta}=\varepsilon E_f(t_{f\alpha}\sin^2\alpha+t_{f\theta}) \end{cases} \tag{4-78}$$

根据式(4-78)可得筒身段薄膜内力比为：

$$\eta=\frac{N_{\varphi}}{N_{\theta}}=\frac{\cos^2\alpha}{\sin^2\alpha+\lambda_{\theta\alpha}} \tag{4-79}$$

$$\lambda_{\theta\alpha}=(\eta+1)\cos^2\alpha-1 \tag{4-80}$$

式中，$\lambda_{\theta\alpha}=\dfrac{t_{f\theta}}{t_{f\alpha}}$为环向缠绕厚度与螺旋缠绕厚度比值，该比值与缠绕角和薄膜内力比有关。

由式(4-78)可导出网格理论下纤维应变计算式：

$$\varepsilon=\frac{N_{\varphi}}{E_f t_{f\alpha}\cos^2\alpha} \tag{4-81}$$

根据胡克定理，式(4-81)可转化为纤维应力计算式：

$$\sigma_{f\alpha}=\sigma_{f\theta}=\frac{N_{\varphi}}{t_{f\alpha}\cos^2\alpha} \tag{4-82}$$

结合式(4-75)和式(4-76)可得到纤维缠绕层厚度计算公式：

$$\begin{cases} \dfrac{1}{2}RP=\varepsilon E_f t_{f\alpha}\cos^2\alpha \\ RP=\varepsilon E_f(t_{f\alpha}\sin^2\alpha+t_{f\theta}) \end{cases} \tag{4-83}$$

综上所述，气瓶筒身段螺旋缠绕层和环向缠绕层的厚度计算公式分别为：

$$\begin{cases} t_{f\alpha}=\dfrac{RP_{\rm b}}{2K\varepsilon_{\max}E_f\cos^2\alpha} \\ t_{f\theta}=\dfrac{RP_{\rm b}}{2K\varepsilon_{\max}E_f}(2-\tan^2\alpha) \end{cases} \quad 或 \quad \begin{cases} t_{f\alpha}=\dfrac{RP_{\rm b}}{2K\sigma_{\max}\cos^2\alpha} \\ t_{f\theta}=\dfrac{RP_{\rm b}}{2\sigma_{\max}}(2-\tan^2\alpha) \end{cases} \tag{4-84}$$

式中 $\varepsilon_{\max}$——纤维的极限应变；

$\sigma_{\max}$——纤维的极限应力；

R——气瓶筒身段半径；

α——筒身段的螺旋缠绕角；

$P_{\rm b}$——设计爆破压强；

K——螺旋纤维强度利用系数。

(3)封头段网格理论

根据筒身段网格理论可知，气瓶筒身段每一单层的缠绕角和厚度是不变的；而气瓶封头是椭球型面，在缠绕时该处的纤维角度和厚度都是连续变化的，这使得对封头段的受力分析更加复杂。通过封头段网格理论研究气瓶封头缠绕层的厚度和缠绕角变化规律，可为结构设计和力学分析提供可靠的理论支撑。如图 4-28 所示，气瓶内胆封头为轴对称曲面，经向(φ)和周向(θ)曲率半径可由平面曲线曲率半径和法线公式得出：

$$R=-\frac{\left[1+\left(\frac{\mathrm{d}r}{\mathrm{d}z}\right)^2\right]^{3/2}}{\frac{\mathrm{d}^2r}{\mathrm{d}z^2}} \qquad R_\theta=r\left[1+\left(\frac{\mathrm{d}r}{\mathrm{d}z}\right)^2\right]^{1/2} \tag{4-85}$$

式中，$r=r(z)$为封头的经线方程，代表封头的曲面轮廓。

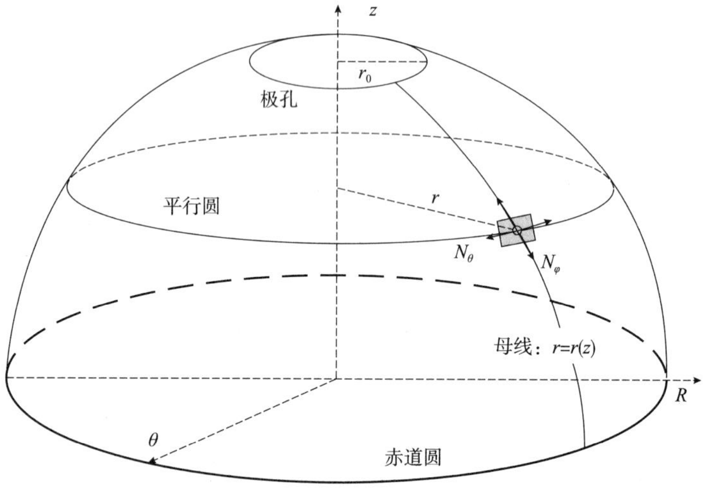

图 4-28 封头处受力示意

当载荷为 P 时，气瓶封头处经向内力 N_φ 和周向内力 N_θ 与封头曲率半径之间的关系如式(4-86)所示：

$$\frac{N_\varphi}{R_\varphi}+\frac{N_\theta}{R_\theta}=P \tag{4-86}$$

由封头处的整体平衡条件可得：

$$\pi r^2P=2\pi rN_\varphi\sin\varphi \tag{4-87}$$

由于 $r=R_\varphi\sin\varphi$，将式(4-87)代入式(4-86)中可得封头处任一位置的薄膜内力：

$$\begin{gathered}N_\varphi=\frac{1}{2}R_\theta P\\ N_\theta=\frac{1}{2}R_\theta P\left(2-\frac{R_\theta}{R_\varphi}\right)\end{gathered} \tag{4-88}$$

与环向缠绕不同，螺旋缠绕是以±α 缠绕角对称交替缠绕的，一个循环的螺旋缠绕即为两个单层，且在封头处只有螺旋层，因此封头段铺层任意一点的静力平衡条件为：

$$\begin{cases}N_\varphi=\sigma_f t_f\cos^2\alpha\\ N_\theta=\sigma_f t_f\sin^2\alpha\end{cases} \tag{4-89}$$

式中，σ_f 和 t_f 分别为纤维缠绕层在该点的应力和厚度。

式(4-89)中 N_θ 和 N_φ 的比值即为内力比：

$$\eta = N_\theta / N_\varphi = \tan^2\alpha \tag{4-90}$$

将式(4-88)和式(4-90)代入式(4-85)可以得到封头缠绕角微分方程：

$$\tan^2\alpha = 2 + \frac{r\dfrac{\mathrm{d}^2 r}{\mathrm{d}z^2}}{1+\left(\dfrac{\mathrm{d}r}{\mathrm{d}z}\right)^2} \tag{4-91}$$

根据式(4-91)，已知平行圆半径函数即可得到封头铺层任意一处的缠绕角。

由式(4-88)、式(4-90)和式(4-91)可得到封头段铺层任意一点的纤维应力：

$$\sigma_f = \frac{rP}{2t_f\cos^2\alpha}\left[1+\left(\frac{\mathrm{d}r}{\mathrm{d}z}\right)^2\right]^{1/2} \tag{4-92}$$

$$\begin{gathered} A = 2\pi R t_{f\alpha} = 2\pi r t_f \\ 2\pi R t_{f\alpha} = n\frac{b}{\cos\alpha_0}t_p \\ 2\pi r t_f = n\frac{b}{\cos\alpha}t_p \end{gathered} \tag{4-93}$$

式中　$t_{f\alpha}$——螺旋缠绕层在筒身段的纤维厚度；

R——筒身半径；

r——封头任意平行圆半径；

n——纱带数；

b——纱带宽；

t_p——单层厚度。

封头任意一点的螺旋层厚度：

$$t_f = \frac{R\cos\alpha_0}{r\cos\alpha}t_{f\alpha} \tag{4-94}$$

由式(4-94)可知，封头螺旋缠绕层厚度是平行圆半径的函数，厚度和平行圆半径呈反比关系。当处于极孔处时，平行圆半径最小，缠绕角接近90°，形成厚度堆积。

根据网格理论，式(4-91)、式(4-92)和式(4-94)构成了压力容器封头段的三个基本方程，对应的边界条件如下。

①复合材料压力容器的封头段与筒身段在赤道处应光滑过渡，即一阶连续：

$$r\big|_{z=0} = R,\ \left.\frac{\mathrm{d}r}{\mathrm{d}z}\right|_{z=0} = 0 \tag{4-95}$$

②在封头极孔处，纤维应与极孔相切，可知：

$$\alpha\big|_{r=r_0} = \frac{\pi}{2} \tag{4-96}$$

③为使封头上的纤维强度充分发挥，引入等应力封头的概念，假设均匀内压下封头上

各点纤维应力均相等，则等应力条件可表示为：

$$\sigma_f = 常数 \tag{4-97}$$

④封头上缠绕角计算公式可由以上三个基本方程和三个边界条件联合求出：

$$\sin\alpha = \frac{r_0}{r} \tag{4-98}$$

3. 封头厚度预测及封头补强

(1)封头厚度预测

在纤维缠绕复合材料压力容器的仿真设计与分析中，筒身段和封头段复合层厚度的精确求解是非常重要的。尤其是封头段不断变化的厚度对建模和仿真造成极大影响，导致分析结果与理论计算和实际结果产生较大误差。工程实践中常用三次样条函数法进行封头厚度预测。在封头段复合材料层缠绕过程中，纱带一片挨着一片在封头段与极孔相切，如图4-29所示。带1～带 n 的每条纱带都要覆盖 A 点，且彼此重叠，导致两个带宽范围内 A 点的厚度不断叠加。当采用单公式法、Knoell 等式法和双公式法等预测封头厚度时，计算结果表明在 A 点会呈现一个厚度峰。然而，实际的复合材料压力容器封头并不存在厚度峰，而是整个封头段的厚度分布比较平滑。这是因为复合材料压力容器在成型和固化期间，纤维产生了跨度、孔隙、滑移、重新取向等，致使最高点 A 处的厚度峰被分散开，也使得固化后的复合材料压力容器封头型面的曲线是平滑连续的。

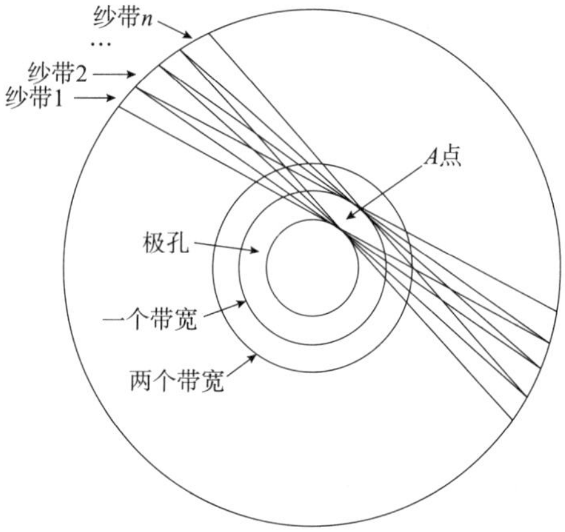

图 4-29　纱线与极孔相切

(2)封头补强技术

采用网格理论设计制造的复合材料壳体筒身段的纵向缠绕层和环向缠绕层具有不同的承压能力，即整个壳体是不等强度的，整个壳体特别是筒身段存在冗余质量。解决该问题的方法有用布带铺放补强、无纬布铺放补强、纤维缠绕补强、封头帽补强、其他小范围局部补强等。封头补强是提高壳体性能的一种有效方法，封头补强技术主要研究壳体什么时候需要补强以及在哪些位置补强才能达到最好效果。常用的补强方法如下：

1)玻璃纤维纵向缠绕补强

在碳纤维缠绕之前，采用高强玻璃纤维浸渍缠绕用基体树脂，按照后开孔直径尺寸，进行等开孔纵向层缠绕。壳体整体补强部位主要在前封头肩部、后封头整个型面及筒段。

2)裁剪条形碳布补强

将碳布裁剪成条状，浸透补强用树脂后环向铺放到壳体前、后封头部位，因用于后封头的条状布较宽，与封头型面不吻合，需要在布的环向上剪多处切口，使碳布完全贴附在封头型面上。补强部位及补强布规格根据补强工艺性及相应尺寸确定。

3)裁剪环形碳布补强

将后封头补强用碳布裁剪成环形，前封头补强用碳布裁剪成条形，浸透补强用树脂后铺放到壳体前、后封头部位，只需对铺放到后封头拐点部位的布边缘剪少量切口就能贴敷在封头型面上。根据补强工艺性及相应尺寸，确定环形碳布补强方法、补强部位及补强布规格。

4)等强度补强

目前，等强度增强壳体要求在内压载荷作用下复合材料壳体筒身中部的纵向缠绕层应变和环向缠绕层应变相当，这样在水压载荷作用下可以实现纵向缠绕层和环向缠绕层同时破坏。等强度增强壳体，除封头外在筒身的各个位置具有相同的承压能力，在筒身段不存在冗余质量，可以大大提高壳体的效率。等强度增强技术是一种先进的补强技术，它可以定量化确定补强区域的范围、补强厚度等补强参数，从而实现补强方案从定性向定量的实质性转变，对提高碳纤维复合材料壳体的研究应用水平具有重要意义。

4.3.6 纤维缠绕储氢容器的强度分析

1. 内衬强度校核

根据壁厚的变化，内衬大致可分为薄膜区、过渡区和焊接区(限于有焊缝内衬)三个区域。薄膜区厚度薄而均匀，封头凸台和赤道附近壁厚渐增，形成过渡区和焊接区，封头凸台和焊缝处厚度最大。从受力的特性来看，内衬过渡区和焊接区是影响内衬设计质量的两个临界区域，是设计的重点。

(1)厚度

厚度对最大应变和最大应力有重要影响。内衬最大应变是评价内衬设计适当与否的重要参数。若应变过大，则内衬可能在纤维缠绕层完全达到其强度之前即已失效。在评价内衬设计质量时，内衬最大应力虽并无实际物理意义，但它却是确定内衬稳定性所必需的参数。另外，内衬厚度还受制于加工公差、可生产性、运输和腐蚀防护等要求。

(2)过渡区

内衬过渡区因其壁厚变化剧烈而成为最大应变区域，并与纤维缠绕层相互作用。因此，过渡区是决定压力容器循环寿命的临界区域。过渡区若设计恰当，厚度均匀变化，其最大应变水平就可大大降低，从而显著提高工作压力下内衬的疲劳循环寿命，否则就会导致过渡区的应变过大，严重影响内衬的疲劳循环寿命。另外，过渡区内外表面的粗糙度必须足够低，使该区域产生初始裂纹的概率最小。

(3)焊接区

从薄膜区到焊接区，有焊缝内衬的厚度逐步增大，其主要目的是为焊接部位和热影响区提供更多材料，以降低它们的应力和应变水平。由于在壁厚和外形等方面存在许用制造容差，所以组成内衬的各部分在焊接处不会完美无缺地连接在一起。另外，焊接过程及其产生的热也会导致内衬各部分发生某种程度的变形。因此，在金属内衬中存在某种程度的焊接不匹配。焊接不匹配增加了焊接区的弯曲应力，与之有关的应变导致该区域循环疲劳寿命降低。一般来说，一个设计恰当的焊接区允许存在一定的焊接不匹配，且其循环寿命大于过渡区。从这个意义上讲，焊接区不是决定压力容器循环寿命的临界区域。

(4)屈曲分析

缠绕张力影响复合材料层的纤维含量和压力容器的失效强度。缠绕张力越大，越有利于提高复合材料压力容器的疲劳寿命，减小压力容器的质量。然而，在制造过程中，若缠绕张力过大，会导致内衬发生屈曲失稳而破坏。对整个压力容器和内衬分别进行外压下的结构稳定性分析十分必要。对于复杂结构的屈曲分析，由于用解析的方法难以求解，所以数值分析方法广泛应用。对于弹性屈曲问题，可以采用有限元法求解临界压力；对于塑性屈曲问题，常通过给结构引入适当的扰动(如几何的、材料的初始缺陷或外载扰动)，求解在加载过程中结构的位移响应历程，并通过载荷变形曲线识别其屈曲点。采用有限元法对弹塑性屈曲问题进行分析时，常采用载荷增量法。

下面以一个具体的例子扼要阐述金属内衬失稳分析的过程。

【例题 4-1】金属内衬失稳分析

复合材料压力容器内衬由封头、筒身以及与外部连接的接头组成，容积为 56L，全长 462mm。内衬封头段为椭球形，筒身段壁厚 1.3mm，内径 400mm，外径为 402.6mm。

(1)材料属性

复合材料压力容器内衬材料为各向同性的 6061-T6 铝合金，其主要性能参数见表 4-13。

(2)边界条件

边界条件由实际约束条件和加载方式决定。根据研究对象的实际工作环境，在模型底端面实施固支约束(压力容器底端固定)，顶端面施加径向、切向位移约束，只允许有轴向位移。

利用特征值屈曲分析方法计算得出复合材料压力容器内衬的 1~10 阶屈曲模态，初步预测内衬的临界失稳外压和屈曲发生位置。无缺陷模型不会发生屈曲，因此将前 10 阶模态的位移量作为几何缺陷引入模型，采用非线性稳定法精确计算出内衬临界失稳外压。内衬各阶模态最大位移量为 1mm，筒身外壁半径为 201.3mm。为使位移缺陷大小与制造公差(小于筒身外壁半径的 1%)在同一量级，选取前 10 阶模态叠加位移量的比例因子为 0.10，通过特征值屈曲分析方法得到复合材料压力容器内衬的 1~10 阶屈曲模态，筒身段出现向内凹陷和向外凸起的现象，而封头段较完好，说明屈曲破坏发生在筒身段。前 10 阶模态下内衬模型的临界失稳外压如表 4-17 所示，第 1 阶模态下内衬的临界失稳外压为 0.191MPa，表明外压由零增大到此压力时内衬首次发生屈曲。

表 4-17　前 10 阶模态下内衬模型的临界失稳外压　MPa

第 1、2 阶	第 3、4 阶	第 5、6 阶	第 7、8 阶	第 9、10 阶
0.191	0.195	0.222	0.236	0.261

特征值屈曲分析方法仅考虑压力容器内衬的弹性行为，因此采用此方法得到的模拟结果不够准确，只能对下一步分析提供参考。将前 10 阶模态的位移量叠加后乘以比例因子 0.1 作为几何缺陷引入模型，运用非线性稳定法精确计算内衬模型临界失稳外压。

在模型中选取径向位移最大的节点，得到该节点位移随外压的变化情况，如图 4-30 所示。可知：外压由 0 逐渐增大时，节点位移呈线性增加，当外压增大到 0.199MPa 时，节点位移急剧增加，而外压几乎保持不变，此值即内衬临界失稳外压。

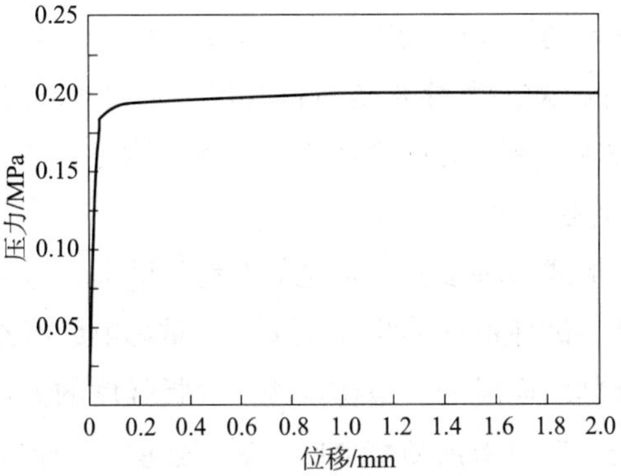

图 4-30　铝合金 6061-T6 的压力-位移曲线

【例题 4-2】塑料内衬失稳分析

在大张力缠绕作用下，塑料内衬会发生收缩，假设第一层缠绕过程中内衬的收缩对纤维的内应力不产生松弛效应。当进行第二层缠绕时，内衬在大张力缠绕纤维产生的背压下发生收缩而导致第一层纤维的内应力减小甚至松弛，同样第三层、第四层等缠绕的过程中都会有此现象。

以内衬充氢压力 0.15MPa 为例，在内压作用下内衬环向会产生环向正应变。

当缠绕第一层时，第一层产生的径向背压为 0.134MPa，此时内衬的环向应变还是正应变，认为内衬的微量收缩不会对第一层纤维的内应力产生影响，纤维环向应变也是正应变。

当缠绕第二层时，第二层产生的径向背压为 0.134MPa，假设外层对内层的放松作用在缠绕完成时产生而非缠绕过程中，那么在缠绕第二层时两层纤维产生的背压叠加即 0.268MPa，内衬产生的环向应变为负应变(负应变表示收缩，正应变表示扩张)，纤维环向应变为正应变。

当缠绕第三层时，认为第二层对第一层的放松作用在第三层缠绕开始时就已发生作用，第三层纤维产生的径向背压为 0.043MPa。考虑第二层纤维对第一层纤维的放松作用，当第二层纤维作用后，内衬的环向微应变变小，内衬的收缩值超过纤维的应变值，此时纤维被放松，其纤维方向的应力消失，认为第一层不再对内衬产生背压，此时内衬在前三层纤维的叠加作用下(等效背压0.177MPa)产生的环向应变为负应变，第三层纤维环向应变变小。

当缠绕第四层时，认为第三层对内层纤维产生了放松效应，由上一层的分析结果可知第一层纤维已被完全放松，第二层产生的应变为仅第二层和压力容器内压同时作用对内衬产生的正应变，故在第三层纤维缠绕完成时，第二层纤维也被完全放松。因此，在前四层缠绕层的共同作用下等效背压为0.086MPa。内衬的环向应变为正应变，即在此时数值计算结果上可以看出内衬开始往外扩，但由于纤维的刚度远大于内衬，所以此时内衬的环向应变不变，即处于归零状态，纤维方向的正应变减小。

第四层作用完成后，未对内层纤维产生放松作用，故前四层对内衬产生的径向背压不变，为0.086MPa。当缠绕第五层时，前五层对内衬的等效背压为0.129MPa，该背压比内压小，此时内衬环向应力仍不会发生改变。当缠绕第六层时，前六层等效背压为0.172MPa，此时外压比内压大，内衬开始向内收缩，内层纤维会出现不同比例的应力丢失，直到下一个负值的出现。总体的缠绕过程会按该规律进行下去，直至缠绕完成。

2. 复合材料缠绕层的强度校核

纤维缠绕结构的损伤形式多种多样，常见的有纤维断裂、基体开裂、纤维基体界面脱胶和层间分层等。一般这些破坏形式还相互交叉，严重影响纤维缠绕结构的性能。复合材料层合板是由多层单层板黏结而成的。最初预测层合板强度的方法是通过计算各铺层的即时应力场，根据单层的载荷响应来预测整个层合板的强度。一种方法认为，层合板的任何一个单层发生失效，则整个层合板即失效，称为首层失效法。另一种方法认为，复合材料层合板某一层失效并不代表整个层板失效，部分层发生失效后，层合板仍能继续承受载荷，直到各个铺层全部失效，才认为整个层合板失效，这个方法称为末层失效法，对应的载荷称为极限载荷。

研究表明：纤维增强复合材料层合板的失效过程是复杂的、逐渐失效的。在加载初期，甚至制造过程中就存在某种形式的损伤，随着载荷的增大和频次的增多，损伤不断积累，直至整个层板失效。逐层失效法通过材料性能退化模型考虑了局部损伤，是目前模拟复合材料失效过程与极限强度预测最有效的方法。该方法能更好地模拟复合材料层合板的破坏机理、损伤的相互作用及扩展过程，最终失效载荷。

4.3.7 纤维缠绕储氢容器的疲劳分析

气瓶服役过程是一个典型的疲劳过程，反复的充压泄压使得内胆产生疲劳裂纹，最终裂纹扩展导致内胆丧失密封作用。但此时外部碳纤维的承载作用使得疲劳失效后的气瓶不会发生爆炸，即气瓶“只漏不爆”或“未爆先漏”的安全失效形式。由于气瓶疲劳试验周期长、成本高且影响因素多，关于气瓶疲劳的研究较少。目前气瓶疲劳的研究主要集中在对气瓶疲劳寿命的预测，另外由于气瓶的复合材料缠绕层的抗疲劳性能远好于内胆，因此国内外学者多针对气瓶内胆进行气瓶疲劳寿命预测。也有学者对复合材料缠绕层进行了抗疲劳性能研究，包括对气瓶进行液压和气压疲劳测试，或者在气瓶缠绕层预置裂纹并进行疲劳试验。研究表明：气压疲劳试验后的气瓶剩余强度比液压疲劳试验后的剩余强度更低，缠绕层的损伤对气瓶疲劳寿命有明显影响。因此在对气瓶疲劳寿命预测时，需要考虑复合材料缠绕层的损伤可能带来的影响。

为了提高Ⅲ型气瓶的疲劳寿命，通常采用自紧处理的方式使气瓶内胆进入塑性阶段。当自紧压力泄至零压后，铝合金内胆由于屈服，形变无法恢复原状，此时，内胆就会由于碳纤维缠绕层的恢复收紧而处于受压状态，碳纤维复合材料层处于拉应力状态。当气瓶再次达到工作压力时，金属内胆的应力水平就会降低，从而增加了碳纤维缠绕层的承载。因此，自紧的目的就是降低内胆应力水平并充分发挥碳纤维高强度的优点，以提高复合材料气瓶的疲劳寿命。有学者讨论了自紧压力、内胆厚度和纤维厚度变化对气瓶在内压循环载荷作用下疲劳寿命的影响。对于碳纤维缠绕 Ⅲ 型气瓶而言，自紧压力是其疲劳寿命的重要影响因素。

目前气瓶疲劳研究存在如下问题：

①国内外对于纤维缠绕气瓶疲劳寿命的研究主要集中在试验方面，虽然国内外学者根据不同的疲劳算法建立了多种气瓶疲劳寿命预测方法，但目前尚未形成一个系统、公认的预测方法。因此有必要以试验为基础建立一种精确可靠的气瓶疲劳寿命预测方法。

②作为纤维缠绕气瓶两个最重要的设计指标，爆破压力和疲劳寿命必须同时满足相关标准要求。但目前已进行的气瓶性能测试试验发现，Ⅲ 型气瓶的实际爆破压力和疲劳寿命往往不能同时满足相关标准的规定。有必要通过研究气瓶爆破压力与疲劳寿命的关联性，得出气瓶能够同时满足设计爆破压力和最小疲劳寿命的条件。

③研究表明：缠绕层的基体损伤失效会对气瓶的力学性能造成明显影响，但目前极少有人在预测疲劳寿命时去考虑缠绕层基体损伤的影响，因此有必要在预测疲劳寿命时引入渐进失效来考虑基体损伤对气瓶疲劳性能的影响。

④自紧压力作为 Ⅲ 型气瓶疲劳寿命的重要影响因素，其作用在气瓶疲劳研究领域被广泛提及，但很少有学者关注基体失效对气瓶最佳自紧压力的影响，因此还需要对气瓶最佳自紧压力进行更为系统的研究。

4.4 高压气态储氢设备的发展趋势

4.4.1 可靠性设计制造技术

可靠性设计制造技术是保障氢能高压储运设备本质安全的重要手段。我国已在氢能高压储运设备失效模式、失效机制、设计方法、服役性能预测及调控等方面进行了深入研究，但在可靠性设计制造方面仍存在诸多不足。例如，针对加氢站用固定式储氢高压容器，有的直接选用 JB/T 4732—1995《钢制压力容器——分析设计标准》(2005 年确认)进行设计，而该标准中的疲劳设计方法和数据未考虑高压氢环境的影响，GB/T 4732.1～6—2024 的颁布实施将为高压气态储氢设备的分析设计提供更科学的指导；有的直接将车载储氢气瓶用于加氢站储氢，却忽视了车载储氢和加氢站储氢的载荷差异。我国高压氢气瓶的质量稳定性与国外同类产品相比还存在差距，产品竞争力有待提升。针对目前存在的问题，亟须系统考虑设备服役条件并甄别可能面临的失效模式，完善相关设计方法。

4.4.2 检验检测监测及诊断评估

缺陷和损伤在氢能高压储运设备的制造、使用过程中会不可避免地出现，并可能在载荷与环境的共同作用下引起设备失效。基于在线检测监测技术对设备典型缺陷和损伤的演化行为及规律进行检测和监测，并对结构健康状态进行诊断评估，是防止设备在服役周期内发生突然失效的有效方法。对服役过程中设备关键安全状态参数(压力和温度及其交变范围，振动和冲击载荷等)及氢浓度等进行实时监测，并依托互联网信息技术建立设备运行状态大数据分析系统，是构建和优化氢能高压储运设备安全防护机制的重要手段，在加氢站等场合中具有广阔的应用前景。

4.4.3 规范标准体系完善

我国虽已颁布系列氢能高压储运设备标准，但主要是测试方法和产品标准，尚未形成完整体系，亟须加强标准体系研究，以及临氢材料选用、定期检验、输氢设备等标准制定工作。在标准的具体技术内容方面也还需加强研究。例如，T/CATSI 05003—2020 虽然规定了加氢站储氢容器材料、设计、制造及使用管理等要求，但大多数是原则性和指导性规定，对具体方法和技术细节的规定不足，亟须补充和完善。

思考题

4-1　单层无缝高强钢制储氢容器有哪些优点和缺点？在选材方面应注意哪些问题？

4-2　单层无缝高强钢制储氢容器在固定式应用和移动式应用领域的典型应用场景分别有哪些？对应这些典型应用场景的储氢压力和水容积分别在什么范围？

4-3　多层钢制储氢容器有哪些典型结构？简述不同结构多层钢制储氢容器的参数和规格范围、使用场合及优缺点。

4-4　钢带错绕式高压储氢容器的封头一般选择哪种类型？封头与筒身如何连接？

4-5　层板包扎式储氢容器的筒身上一般不设置开孔，为什么？

4-6　纤维缠绕型复合材料储氢容器有哪三种？简述各自的结构特点。

4-7　金属内胆碳纤维全缠绕储氢容器的内胆、增强纤维和基体树脂在选材时应考虑哪些因素？

4-8　非金属内胆碳纤维全缠绕储氢容器的内胆、增强纤维和基体树脂在选材时应考虑哪些因素？

4-9　概述车载储氢瓶碳纤维全缠绕的三种缠绕工艺。

4-10　概述测地线缠绕和非测地线缠绕。

4-11　概述车载储氢瓶设计的网格理论。

4-12　概述车载储氢瓶设计的封头厚度预测与封头补强技术。

第5章　低温液氢储存设备设计

5.1　概述

低温液氢的安全储存需使用具有良好绝热性能的深冷绝热储存容器。指导低温液氢储存设备设计的标准主要有 GB/T 18442—2019《固定式真空绝热深冷压力容器》和 GB/T 31480—2015《深冷容器用高真空多层绝热材料》，还可参考军用标准 GJB 5405—2005《液氢安全应用准则》与团体标准 T/CATSI 05006—2021《固定式真空绝热液氢压力容器专项技术要求》。随着军用技术的逐步解密和民品化，以及氢气液化、液氢储存技术的不断进步，民用液氢压力容器、液氢瓶和车载液氢系统的研发正在提速。2021 年，低温液氢生产及储运相关的三项国家标准颁布实施，分别为 GB/T 40045—2021《氢能汽车用燃料　液氢》、GB/T 40060—2021《液氢贮存和运输技术要求》和 GB/T 40061—2021《液氢生产系统技术规范》，进一步为低温液氢储运技术的快速发展提供了保证。本章从分类、结构、选材、设计、制造检验等方面对液氢储运设备进行系统阐述。

5.1.1　分类及特点

(1)分类

液氢储罐分别用于液氢储氢型加氢站和氢液化工厂。加氢站用的液氢储罐一般不超过 $70m^3$，储氢量不超过 4.5t，而液氢工厂用的液氢储罐容积从数百到数千立方米不等。液氢储罐种类较多，根据其使用场景不同，可分为固定式和移动式两类，根据储罐所用绝热方式不同，又可分为普通堆积绝热储罐和真空绝热储罐两类，根据结构形式，又可分为球形和圆柱形两类，根据支撑形式的不同，又可分为卧式和立式两类。

球形或圆柱形固定式液氢储罐一般用于大容积液氢储存，其漏热蒸发损失与储罐的容积比表面积(S/V)成正比。球形储罐具有最小的 S/V 值，同时具有机械强度高、应力分布均匀等优点，是较为理想的结构形式，但球形液氢储罐加工难度大、造价高昂。图 5-1 所示为大型液氢球罐，采用冷能回收与真空玻璃微球绝热相结合来降低液氢的蒸发损失，储量在 $1000 \sim 3000m^3$；当前我国自行研制的大型固定式液氢储罐多为圆柱形液氢储罐(图 5-2)，其内容器外缠绕有多层绝热膜用以减小辐射漏热，液氢储量在 $250 \sim 300m^3$ 范围内。

移动式液氢储罐可分为卧式储罐和集装箱式储罐。卧式储罐常采用卧式圆柱形设计，可以采用公路、铁路运输以及船运等多种运输方式，最常见的是采用液氢罐车进行公路运输(图 5-3)。受移动式液氢运输工具的尺寸限制，通常公路运输的液氢储罐最大宽度限制为 2.44m。公路运输的液氢槽车日蒸发率较高，$30m^3$ 的液氢槽罐日蒸发率约为 0.5%，公路运输的液氢储罐容积不超过 $100m^3$。移动式液氢储罐的结构、功能与固定式液氢储罐并无明显差别，但移动式液氢储罐需要具有一定的抗冲击强度，能够满足运输过程中的加速度要求。除了采用液氢槽罐车外，深冷铁路槽车长距离运输液氢的输量大、相对经济，储气装置常采用水平放置的圆筒形槽罐，铁路运输的特殊大容量液氢储罐容积最高可达到 $300m^3$，但目前国内外仅有非常少量的液氢铁路运输路线(图 5-4)。

图 5-1　大型液氢球罐

图 5-2　固定式圆柱形液氢储罐

图 5-3　公路液氢槽车

图 5-4　国内军民两用液氢运输火车

小型固定式卧式液氢储罐如图 5-5 所示，日蒸发量 1%~2%，也有立式液氢储罐，如图 5-6 所示。

图 5-5 小型固定式卧式液氢储罐

图 5-6 固定式立式液氢储罐

车载储氢液氢瓶如图 5-7 所示，车载液氢瓶的内筒在汽车行驶过程中容易产生晃动。对于盛装较满的车载液氢气瓶，其满载时气瓶的自重会导致支撑装置的弯曲，进而导致严重安全事故。因此车载液氢瓶支撑结构的设计极为重要。车载液氢供气系统需要重点解决的问题是，在满足发动机工作参数要求的同时，液氢在车上如何实现长时间无损储存和提高利用效率，其系统方案、绝热结构设计及材料、安全设计、加氢方式及设备、经济性等一直是研究的重要内容。目前，车载低温高压复合气瓶也得到快速发展，复合储氢容器主要结构如图 5-8 所示，容器整体由 3 层结构组成，从外到内依次为外部夹套、保温结构层、铝内胆碳纤维全缠绕车用氢气瓶（以下简称Ⅲ型瓶）。外部夹套主要起到保护保温结构层、为保温层提供真空环境的作用；保温结构由保温绝热材料缠绕而成，整个保温层处在真空的环境下；车辆行驶过程中，由容器内排出的气态氢经外部换热器加热后，一部分重

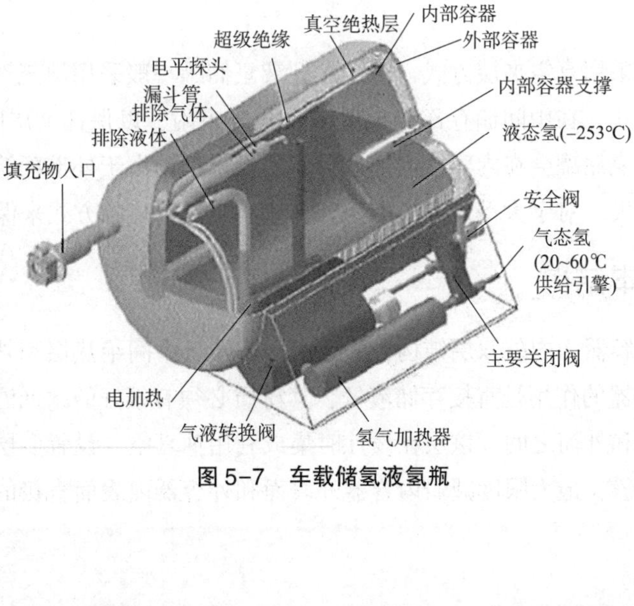

图 5-7 车载储氢液氢瓶

新返回容器内部，通过内部换热管路，使液氢汽化，从而使容器内部保持足够的供气压力。尽管复合储氢容器多项性能参数优于其他储氢方式，受到广泛关注，但目前其安全性能的研究仍面临着一系列的挑战，把Ⅲ型瓶用于复合储氢容器，其中至关重要的就是Ⅲ型瓶在压力和温度交替循环载荷作用下的安全性。

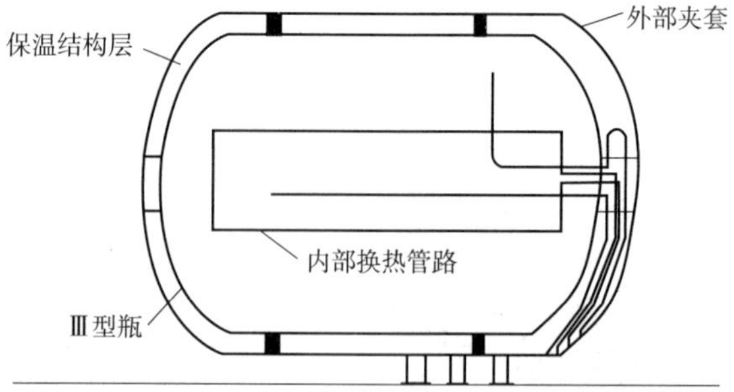

图 5-8　复合储存液氢容器结构简图

(2)特点

绝热技术是低温容器的核心，明确液氢储罐的传热基本途径，才能更好地实现液氢的保温和保存效果，液氢储罐基本的传热途径主要有热传导、辐射换热和对流换热，对于储存低温液氢、液氦等容器一般采用真空夹层多层绝热的方式来进行绝热，除了本身结构要求外，可从传热途径实现保冷要求。

热传导主要发生在液氢储罐内外容器之间的固定支撑位置以及进出的管道接口，这些部位会造成内容器低温区与外容器高温区的接触，从而产生热传导。为了降低热传导，一般采取低导热材料支撑物，选用支撑物或长的悬挂作为内容器的支撑，同时减小拉杆的横截面积，进出口尽量采用低温的快开接口，从而降低内外容器间的热传导。

辐射换热是主要的漏热来源，通常采用复合多层绝热材料，即反射层加中间间隔物。大型的液氢储罐如槽车一般采用 80K 冷屏作为中间主动热辐射屏，中小型的液氢储罐一般采用低温气体回热作为主动的热辐射冷屏，在较大的接口处还会设置防辐射板等被动换热的方式进行处理。

对流换热主要采用真空夹层方式，对于大型液氢储罐一般采用填充珠光砂、玻璃微珠等低导热材料的方式，在中间储存部分放置多孔介质吸附，以保证夹层间保持高真空度，对于移动运输的液氢储罐会在内容器内部设置间隔板来抑制由于外部颠簸造成内部能量的损耗引起的换热损失。对于大型储罐还有用外部接小型制冷机的方式来保证液氢储存。

5.1.2　基本结构

常压液氢储存容器为内外双层结构，主要由内容器、中间绝热层和外容器三大部分构成(图 5-9)。内容器的作用是直接存储液氢，其材质必须有很好的耐低温性和气密性。中间绝热层处于内筒和外筒之间，该层在设计时集成利用抽真空、设置多层防辐射屏和填充吸附剂三种技术手段，最大限度减弱内容器外表面和外容器内表面直接的对流换热和辐射换热，同时内外容器之间的支撑结构采用低导热性材质并尽可能增加长度，以最大限度减弱导热量。外容器主要起到支撑内容器并保护内部构件的作用，这要求外容器具有足够的强度和韧性，能够承受服役期间可能遭遇的外部冲击。

液氢储存容器中设计有注排液、取样、注液排放泄压、自增压、排气、外部气源、液位计等管路系统，以及安全泄放装置，如图 5-9 所示。

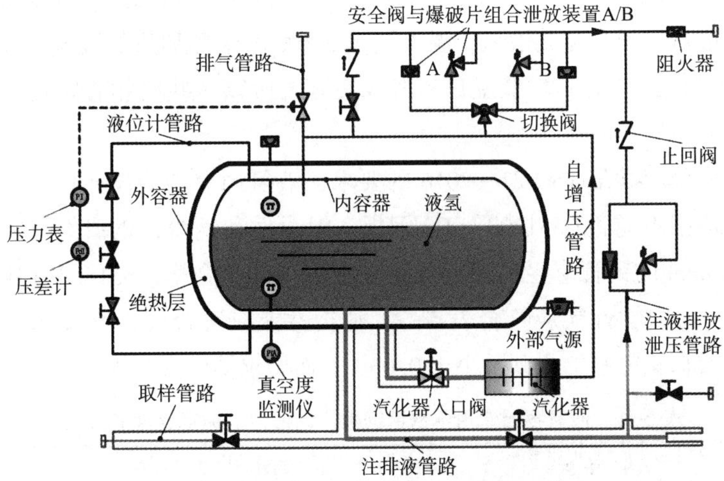

图 5-9　典型液氢储存系统结构

5.2　液氢储存设备材料

工程材料在低温环境(≤120K)中表现出特有性质，对低温储罐的设计选材至关重要。对于液氢容器的选材，一是要考虑材料在 20K 的超低温区的力学性能，二是要考虑内胆材料的氢脆问题，即材料的选择应考虑材料的力学性能、物理性能和工艺性能，以及与液氢的相容性。低温环境下，工程材料的物理及力学性能与常温下有很大差别，表现在如下几方面。

①极限强度与屈服强度。随着温度降低，材料原子振动减弱，需更大的力才能将位错从合金中分开，因此材料的极限强度和屈服强度将增大。

②疲劳强度和持久极限。疲劳现象的产生源于裂纹的产生和扩展，温度降低时，需更大的应力才能使裂纹扩展，因此材料的疲劳强度和持久极限将增大。

③冲击强度。材料抗冲击性能的好坏大部分取决于材料的晶体结构。面心立方晶格在低温下抗冲击性较好，体心立方晶格较差。碳钢在低温下冲击强度急剧下降，而玻璃钢材料在低温下冲击强度却会提高。

④硬度和延展性。与极限强度一样，温度降低，金属材料硬度将增大。对无低温塑性脆性转变现象的材料，延展性随温度下降而上升。有低温塑性脆性转变的材料，延展性在低温下会急剧下降，不应用于低温环境。

⑤弹性模量。弹性模量是原子和分子间作用力的体现，因此当温度下降时，弹性模量增大。

5.2.1 内容器用材料

液氢在-253℃下储存和运输，低温罐体、管路系统等除了需要抵抗氢脆外，还需具有耐受超低温的能力。此外，还要考虑温度变化带来的材料膨胀和收缩，如低温储罐、管路系统的设计应考虑从室温变化到液氢，温差超过 270℃。未经加热的液氢蒸发气温度约为-150℃，低温的气体也会对非耐低温材料造成伤害，所以一些气相管路也应采用耐低温材料。

罐体材料的使用应满足 TSG 21—2016 的要求，液氢内容器受压元件用钢板应选用液氢容器专用奥氏体型不锈钢(S31608-LH)钢板、钢锻件和钢管，钢锻件级别应不低于Ⅲ级，公称直径>25mm 的钢管应逐根进行探伤并经耐压试验合格，S31608-LH 材料的化学成分应符合表 5-1，力学性能应符合表 5-2，冲击性能应符合表 5-3 要求。在工程实践中，要求液氢容器临氢材料的含碳量小于 0.03%，而要求镍的含量大于 12%。

表 5-1　液氢容器专用不锈钢钢板、钢锻件、钢管化学成分

名称	材料标准	数字代号	化学成分/%(质量分数)									
			C	Si	Mn	P	S	Cr	Ni	Mo	Cu	N
钢板	GB/T 24511—2017 及企业标准	S31608-LH	0.05~0.08	0.75	2.00	0.030	0.015	16.00~18.00	10.80~14.00	2.00~3.00	—	0.06~0.10
钢锻件	NB/T 47010—2010 及企业标准	S31608-LH	0.05~0.08	0.75	2.00	0.030	0.015	16.00~18.00	10.80~14.00	2.00~3.00	—	0.06~0.10
钢管	GB/T 14976—2012 及企业标准	S31608-LH	0.05~0.08	0.75	2.00	0.030	0.015	16.00~18.00	10.80~14.00	2.00~3.00	—	0.06~0.10

注：①企业标准需满足 T/CATSI 05006—2021 的要求。
②表中所列成分除标明范围外，其余均为最大值。

表 5-2　液氢容器专用不锈钢钢板、钢锻件、钢管力学性能指标

名称	材料标准	数字代号	交货状态	厚度/mm	室温强度指标/MPa			断后伸长率 A/%
					$R_{p0.2}$	$R_{p1.0}$	R_m	
钢板	GB/T 24511—2017 及企业标准	S31608-LH	固溶处理	3~30	≥220	≥250	≥520	≥40
钢锻件	NB/T 47010—2010 及企业标准	S31608-LH	固溶处理	—	≥220	≥250	≥520	≥40
钢管	GB/T 14976—2012 及企业标准	S31608-LH	固溶处理	—	≥220	≥250	≥520	≥40

表 5-3 液氢容器专用不锈钢钢板、钢锻件、钢管冲击性能要求

数量	试验温度/℃	3 个标准试样冲击吸收能量平均值 KV_2/J	侧膨胀值 LE/mm	备注
1 组(3 个)	-196	≥70	≥0.76	标准试样尺寸：10mm×10mm×55mm

注：①3 个试样的冲击吸收能量平均值需满足规定值，至多允许有 1 个试样的冲击吸收能量低于规定值，但不应低于规定值的 70%。

②冲击试验标准试样尺寸为 10mm×10mm×55mm。当钢材尺寸无法制备标准试样时，则应依次制备宽度为 7.5mm、5mm 的小尺寸冲击试样，其冲击吸收能量指标分别为标准试样冲击吸收能量指标的 75%、50%，侧膨胀值与标准试样侧膨胀值的指标相同。

③当无法制备 5mm×10mm×55mm 小尺寸冲击试样时，免做冲击试验。

④与设计委托方特别约定时可以进行-269℃或最低设计金属温度下的冲击试验，试验指标按冲击吸收能量平均值 KV_2 不低于 49 J、侧膨胀值 LE 不小于 0.53mm。

工程上，液氢内容器受压元件也可选用 S30408、S30403、S31608 和 S31603 等奥氏体型不锈钢钢板，钢板的力学性能指标需满足表 5-4 的要求，且热轧钢板表面加工类型不低于 1D 级，冷轧钢板表面加工类型不低于 2B 级。内容器受压元件用钢板应具有良好的塑性，其标准室温屈服强度(或 0.2%规定塑性延伸强度)应不大于 460MPa，标准抗拉强度上限值应不大于 725MPa，材料质量证明书中室温屈服强度(或 0.2%规定塑性延伸强度)与室温抗拉强度之比应不大于 0.85。该系列配套的内容器用不锈钢锻件应符合 NB/T 47010—2017《承压设备用不锈钢和耐热钢锻件》的规定，锻件级别应不低于Ⅱ级。

表 5-4 内容器常用钢板力学性能指标

钢号	钢板标准	交货状态	厚度/mm	室温强度指标/MPa			断后伸长率 A/%
				$R_{p1.2}$	$R_{p1.5}$	R_m	
S30408	GB/T 713.7—2023	固溶处理	3~40	≥220	≥250	≥520	≥40
S30403				≥210	≥230	≥490	
S31608				≥220	≥260	≥520	
S31603				≥210	≥260	≥490	

当液氢内容器受压元件选用表 5-1 和表 5-4 中钢号时，均需保证材料的化学成分的实测值，为此需进行奥氏体稳定性、低温下马氏体自发转变温度的计算。奥氏体稳定性按式(5-1)计算，低温下马氏体自发转变温度按式(5-2)计算。计算出的华氏温度需转变成摄氏温度，该摄氏温度即为奥氏体开始向马氏体转变的温度。

$$\Delta = Ni + 0.5Mn + 35C - 0.0833(Cr + 1.5Mo - 20)^2 - 12 \tag{5-1}$$

$$Ms(°F) = 75(14.6 - Cr) + 110(8.9 - Ni) + 60(1.33 - Mn) + 50(0.47 - Si) + 3000[0.068 - (C + N)] \tag{5-2}$$

式中 Δ——奥氏体稳定性系数；

Ms——奥氏体开始向马氏体转变的温度,℉；

Ni——镍含量，质量分数，%；

Mn——锰含量，质量分数，%；

C——碳含量，质量分数，%；

Cr——铬含量，质量分数，%；

Mo——钼含量，质量分数，%；

Si——硅含量，质量分数，%；

N——氮含量，质量分数，%。

当奥氏体稳定性系数$\Delta<0$时，说明材料在载荷作用下随着内应力的加大有从奥氏体向马氏体转变的趋势。因此，液氢内容器受压元件材料需要满足奥氏体稳定性系数$\Delta\geqslant0$，且低温下马氏体自发转变温度应满足使用工况要求。

【例题 5-1】某厂生产 S31608 钢板，其化学成分(质量分数%)为 Ni 含量 10%，Mn 含量 2%，C 含量 0.08%，Cr 含量 16%，Mo 含量 2%，Si 含量 1.5%，P 含量 0.045%，S 含量 0.03%。该钢板的机械性能为：抗拉强度 515MPa，屈服强度 205MPa，伸长率 40%，试分析其是否可以选作承装常压液氢内容器的材料？

【解】(1)依据式(5-1)计算奥氏体稳定性系数Δ

$$\Delta = Ni+0.5Mn+35C-0.0833(Cr+1.5Mo-20)^2-12$$

$$=10+0.5\times2+35\times0.08-0.0833\times(16+1.5\times2-20)^2-12=1.7167>0$$

结果表明，该厂生产的 S31608 材料满足低温奥氏体稳定性要求。

(2)依据式(5-2)计算低温下马氏体自发转变温度 Ms(℉)

$$Ms(℉)=75(14.6-Cr)+110(8.9-Ni)+60(1.33-Mn)+50(0.47-Si)+3000[0.068-(C+N)]$$

$$=75\times(14.6-16)+110\times(8.9-10)+60\times(1.33-2)+50\times(0.47-1.5)+3000\times[0.068-(0.08+0)]$$

$$=-105-120-40.2-51.5-36=-352.7℉=-213.7℃$$

因液氢容器使用温度为-253℃，该厂生产的 S31608 材料在-213.7℃开始发生奥氏体向马氏体的转变，因此，不可以使用该厂生产的 S31608 材料作为储存液氢的内容器材质。

5.2.2 外容器用材料

液氢储存设备的外容器用钢板应有良好的可焊性、足够的强度和冲击韧性，同时应考虑外界环境的腐蚀作用，推荐选材有 Q245R、Q345R 和 16MnDR 低合金钢板、S30408 奥氏体型不锈钢钢板。外壳常用钢板材料的力学性能指标见表 5-5 规定。液氢外容器用低合金钢锻件应符合 NB/T 47009—2017《低温承压设备用合金钢锻件》、不锈钢锻件应符合 NB/T 47010—2017 的规定，锻件级别应不低于Ⅰ级。外容器管子用材料可在 GB/T 150.2—2024 中选材。

表 5-5　外壳常用钢板力学性能指标

钢号	钢板标准	交货状态	厚度/mm	室温强度指标/MPa		断后伸长率 A/%
				$R_{eL}(R_{p0.2})$	R_m	
Q245R	GB/T 713—2008	热轧，控轧或正火	3~16	≥245	400~520	V25
Q345R				≥345	019-019	≥21
16MnDR	GB/T 713.3—2023	正火，正火加回火	6~16	≥315	490~620	≥21
S30408	GB/T 24511—2009	固溶处理	3~25	≥220	≥520	≥40
S30403				≥210	≥490	

5.2.3　夹层支撑材料

支撑系统需具有较高的强度和尽量低的导热性能。经由支撑结构的导热漏热量往往超过液氢储罐总漏热量的30%，因此设计时应选用热导率低的材料，且应尽量减小支撑截面面积、增大支撑有效绝热长度，以尽可能减少漏热。

夹层支撑材料可以采用金属材料或非金属材料。金属支撑应具有良好的低温冲击韧性，且满足液氢条件下的使用要求。非金属支撑需使用在材料允许使用温度范围内、真空下表面放气率低和具有良好的低温冲击韧性的材料。采用环氧玻璃钢作为支撑材料时，材料应包含压缩强度、弯曲强度、拉伸强度、剪切强度、冲击韧性和弹性模量等力学性能指标和热导率、线膨胀系数、允许使用温度范围等物理性能指标，以确保使用的玻璃钢满足深冷容器的绝热性能、结构强度、制造工艺和使用的要求。具体要求如表5-6所示。

表 5-6　低温绝热用环氧玻璃钢力学性能与物理指标

加载方向	温度/℃	密度/(g/cm^3)	热导率/[W/(m·K)]	平均线膨胀系数 10^{-6}/℃	拉伸强度/MPa	压缩强度/MPa	剪切强度/MPa	弯曲强度/MPa	冲击韧性/(J/cm^2)
平行于布层方向	室温	1.70~1.90	≤0.50	≤16	≥210	≥250	≥30	—	—
平行于布层方向	−196		≤0.42		≥280	≥360	≥35	—	—
垂直于布层方向	室温		≤0.43	≤40	—	≥310	≥80	≥340	≥22
垂直于布层方向	−196		≤0.35		—	≥420	≥100	≥420	≥35

5.2.4　绝热材料

液氢储运设备的主要失效风险来自夹层真空度丧失和液氢泄漏，进而导致液氢大量排放，产生冻伤、窒息和燃烧爆炸等危害。液氢容器真空丧失后比液化天然气(LNG)容器的传热温差更大，汽化更迅速，采用较多层数的绝热材料和结构，可有效降低漏热量和比热流。对于夹层真空度丧失风险，可能是内容器突发性开裂导致，或是外容器破裂导致，抑或是内外罐微漏导致。内容器突发性开裂可导致夹层真空丧失，安全泄放失效，大量液氢泄漏引发火灾甚至爆炸。在首次液氢充装时内容器预冷不充分会在封头和焊缝附近引发脆裂，此后的充/放氢压力循环导致裂纹生长，进而引发疲劳断裂。针对以上问题，对罐体充分预冷的要求应更高，在喷淋管设计和预冷操作管理要求上要更加严格，对封头的固溶热处理要求、制造过程中铁素体含量需进行严格控制。另外，一般液氢容器设计压力不高，工作压力不超过 0.7MPa；对于特殊用途、压力较高的液氢容器，在选材和设计制造方面还需提出更高的要求，同时严格执行定期检验制度。外罐破裂也会直接导致夹层真空丧失。液氢罐车在运输途中发生追尾、碰撞、侧翻等事故时可能引起外罐破裂，可通过采用框架结构、外加强圈结构保护的罐箱和罐车来加以避免。与 LNG 相比，液氢密度小、满载重量轻，因此罐车和罐箱的重心低，空载与满载时车辆重心差异不大，司机更容易掌控，降低了高速行驶中转弯侧翻的风险。内外罐微漏导致的夹层真空部分丧失主要是液氢容器长时间运行，罐体、低温阀门、管路、安全附件可能会出现泄漏或失效，引起夹层真空部分丧失。定期检验将有助于液氢容器后续更好地运行，同时将一些存在的隐患找出来及时处理。

在内外容器之间的夹层空间，缠绕若干层平行于内容器低温冷屏的防辐射屏，可大幅度减少夹层空间的辐射传热。当夹层空间保持 1.33×10^{-1}Pa 以下的真空度时，该结构可有效减弱真空夹层空间内残余气体的对流传热和残余气体导热，以达到真空绝热的目的。

绝热材料的选择原则是具有良好的化学稳定性，可燃物含量小，当遭受火灾时不会有大量有毒气体逸出，而且热导率小、保温性能好。

高真空多层绝热是在高真空夹层空间内，由间隔材料和反射屏交替组合而形成绝热屏障。反射屏是具有高反射率的金属箔片或者带有金属镀层的薄膜，如铝箔、镀铝聚酯薄膜等。每种反射屏材料有各自的要求，如铝箔的厚度宜为 0.0045~0.025mm，纵向拉伸强度不宜小于 0.27kN/m。间隔材料用在反射屏之间，防止相邻两层反射屏直接接触，从而达到绝热效果，常见材料有玻璃纤维纸、玻璃纤维布、化学纤维纸和合成纤维筛网等。每种间隔材料也均有一定的要求，如玻璃纤维纸厚度不宜大于 0.08mm，质量宜为$(14\pm2.0)g/m^2$，纵向抗拉强度不宜小于 0.03kN/m，可燃物含量不宜大于 1.0%(质量分数)。常见的高真空多层绝热单元结构如图 5-10 所示，主要由反射屏和间隔材料构成，单元的表观热导率应不小于 $1.35\times10^{-4}W/(m\cdot K)$，单元的放气速率应不大于 $8\times10^{-7}Pa\cdot m^3/(s\cdot g)$。单元的间隔材料与反射屏均不应出现粘连、破损和脆化等现象。

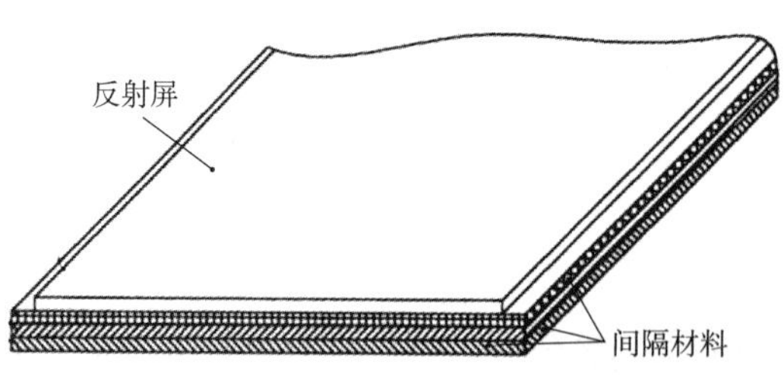

图 5-10　高真空多层绝热单元的典型结构

采用超细玻璃纤维制品时要求含水率≤0.3%(质量分数)，密度≤$16kg/m^2$，在标准大气压力和常温下热导率≤0.033 W/(m·K)，在真空度为0.133Pa(0.001mmHg)和温度-196℃(77K)~232℃(505K)条件下，热导率≤0.0036 W/(m·K)。

5.2.5 吸附剂材料

高真空多层绝热结构是液氢储存设备设计中最核心的内容之一。夹层真空度的保持效果与内外容器的漏气、容器壁内部金属向外释放气体和夹层中绝热材料的放气有密切关系。这种漏气和放气过程不可消除，只能控制在一定范围。欲长期保持绝热层的高真空状态就需要根据漏气、放气的化学成分不同和内容器装载的低温液体的种类不同，选择不同的低温吸附剂和常温吸气剂放置在绝热层的不同位置，借助吸附剂持续不断地吸附漏气和放气产生的残余气体分子，使绝热层处于高真空状态。

漏气是发生在容器外部和容器内部漏入夹层的气体，主要成分是空气(外部漏气)或者是产品装载介质汽化的气体(内部漏气)。放气是发生在夹层内胆外表面、外壳内表面以及多层绝热材料中释放出来的气体，主要成分是氢气。漏气和放气对夹层真空寿命的影响除取决于漏放气速率，还取决于夹层中设置的吸附剂对夹层漏放气体的吸附能力。

低温容器常用的低温吸附剂有5A、13X分子筛、果壳活性炭和煤粉活性炭等。分子筛是具有一定分子孔径的结晶型铝硅酸盐结构材料，其孔隙内具有较大的比表面积，为400~900m^2/g。不同规格的分子筛其晶体结构中有不同尺寸范围的孔隙，其孔隙允许直径小于孔径的分子进入，以吸附不同尺寸分子，在化工中广泛用于气体或液体的干燥、纯化、分离、回收、裂化催化等。利用这一特性吸附真空夹层中空气、水等分子直径与分子筛孔径相近的残余气体分子。活性炭是一种将果壳、煤、木材等含丰富碳基有机材料加热炭化，利用其有机结构形成复杂发达微孔的颗粒材料。活性炭的微孔直径在2~50nm，且有巨大的比表面积，其微孔比表面积可达1000m^2/g左右。活性炭丰富的孔隙和巨大的比表面积决定了其吸附气体分子的广泛特性，从理论上讲可以在低温低压下吸附真空空间内所有的残余气体分子。所以活性炭不仅用于低温容器夹层吸附剂，也是低温吸附泵首选的吸附材料。

液氢储罐的吸附剂材料应满足液氢条件下的使用要求，且满足氧相容性要求。推荐使用的材料有5A分子筛、13X分子筛、氧化钯，不推荐活性炭。在某小型液氢储罐设计时，设置低温吸附剂和常温吸附剂用于吸附夹层中的残余气体，低温吸附剂采用5A+13X分子筛，设置于内容器外壁，常温吸附剂采用Ag400，考虑提高Ag400的吸附性能，其用量经过严格的计算和相关试验验证。吸附剂填充前进行了活化处理，并有效考虑了填充时机及填充过程保护，可以满足设计文件和产品标准规定的5年真空设计使用年限要求。

5.3 液氢储存设备设计

5.3.1 设计基础

液氢储存设备的设计应综合考虑所有相关因素、损伤模式、失效模式、风险状况和安全裕量，以保证液氢容器具有足够的强度、刚度、稳定性和耐腐蚀性。同时，还应考虑液氢容器夹层支撑、支座、吊耳及其他型式支承件与罐体的焊接接头强度要求，确保液氢容器在设计使用年限内的安全。

液氢储存设备结构的特殊性，也决定了其在设计的载荷、温度、压力、焊接接头系数、腐蚀裕量、充装率等参数上的特殊性。

(1)载荷

液氢储存设备设计需考虑在正常操作和空罐运输等可能出现的各种工况条件下的机械载荷(含压力载荷、重力载荷、惯性力载荷和动力载荷)及热应力载荷，并考虑这些载荷可能发生的最苛刻组合。同时，应考虑在设计使用年限内由内容器压力波动等造成的结构疲劳失效。载荷应分内容器和外容器分别给予考虑。

内容器设计需要考虑的压力载荷包含内压、外压或最大压差，还需考虑达到额定充满率时，液氢产生的液柱静压力。液柱静压力按液氢在标准大气压下沸点时的密度进行计算。需要考虑的重力载荷包含内容器的自重以及附在内容器上的绝热材料、夹层管路等附件的重力载荷，还应考虑正常工作条件下或耐压试验状态下，内容器盛装介质的重力载荷。需考虑的动力载荷有内容器充液时液体流动对内容器的冲击力，介质压力急剧波动引起的冲击载荷和地震载荷等。需考虑的热应力载荷应包含由温度梯度引起的不均匀应变载荷以及内容器与夹层管路的热膨胀或冷收缩引起的管路反作用力，如当内容器从环境温度冷却到工作温度过程中，内容器在支撑点处承受的载荷，以及在预冷工况、充装及出液工况、储存液体工况等由内容器、夹层管路的热膨胀或冷收缩引起的管路施加于内容器的反作用力。此外，罐体制造过程中夹层加热抽真空时，由于内容器与外容器处于不同的温度，在内容器与支撑点处的热应力载荷、夹层管路施加于内容器连接处的热应力载荷等都应予以考虑。需要考虑惯性载荷与空罐运输过程中的运动方向有关，夹层支撑结构承受的惯性力载荷需转换成等效的静态力，最大质量取内容器及其附件质量之和，与运动方向平行时，最大质量乘以 2 倍重力加速度，在与运动方向垂直的水平方向，最大质量乘以重力加速度，垂直向上时最大质量乘以重力加速度，垂直向下时最大质量乘以 2 倍重力加速度。液氢储存设备的内容器与支撑结构的强度设计还应考虑用液氮为测试介质进行低温性能试验时的载荷以及用液氮进行冷充试验时的载荷。

外容器设计应考虑由内压或外压引起的载荷。需要考虑的重力载荷包含在正常工作条件下罐体支座承受的重力载荷(罐体和外部管路、扶梯、平台等附件的自重)以及在正常工作条件下或试验状态下内容器盛装的介质的重力载荷。在支座连接处外壳承受的支反力等于支座承受的重力载荷。热应力载荷需考虑由内容器、夹层管路的热膨胀或冷收缩引起的管路施加于内容器的反作用力、罐体制造过程中夹层加热抽真空时，由内容器与外壳处于不同的温度引起的热应力载荷，还应考虑夹层管路施加于外壳的载荷。需要考虑的惯性载荷包含空罐运输过程中，支座承受的惯性力载荷(等于空罐质量乘以与内容器同样的不同方向的惯性力载荷系数)。计算空罐吊装时，罐体吊耳承受的惯性力载荷的动载荷系数取 1.2。罐体与运输支座或吊耳连接处所承受的惯性力等于运输支座或吊耳的支反力。对于立式深冷容器应考虑在制造、运输、吊装工况下，罐体处于卧置状态时，夹层支撑件承受的载荷以及外壳在支撑处的支反力。此外，液氢储存设备外容器设计的动力载荷应考虑风载荷、地震载荷和雪载荷等。

(2)温度

液氢储罐内容器的设计温度应不高于元件金属在正常工况下可能达到的最低工作温度。内容器及管路的最低设计金属温度还应考虑正常工作条件下及检验、试验条件下介质最低工作温度对内容器金属温度的影响，且应不高于-253℃。液氢储罐外壳的设计温度应考虑环境温度和使用条件的影响，且不低于50℃。外壳的最低设计金属温度，应考虑使用地点大气环境低温以及使用条件(如外壳悬挂汽化器)对罐体外壳金属温度的影响，且不高于-20℃。

(3)压力

液氢储罐内容器的设计内压应不小于充装、出液工况的工作压力，且不小于设计温度下介质的饱和蒸气压力(表压)，外压应不小于深冷容器在制造、运输、充装、出液、检验与试验或其他工况中可能出现的最大内外压力差。液氢储罐内容器的计算压力应不小于设计压力、液柱静压力与0.1MPa之和，当液柱静压力小于设计压力的5%时，可忽略不计。

液氢储罐外容器设计的内压应不低于外壳防爆装置设定的排放压力；当采用真空粉末绝热时，还应考虑粉末充填时夹层可能出现的最大内压，外压不小于0.1MPa。

(4)焊接接头系数

液氢储存设备内容器的焊接接头系数取1.0，液氢储罐外壳的焊接接头系数取0.85。

(5)许用应力

液氢储罐的许用应力选取与设计方法相关，当罐体承受压力载荷时，采用规则设计的罐体材料的许用应力按GB/T 150.2—2024的规定选取；采用分析设计的罐体材料的设计应力强度按GB/T 4732.1~6—2024的规定选取。

罐体夹层内支撑件、罐体支座(或裙座)、吊耳等受力构件，其许用应力满足相应受力构件标准的要求，其最大应力强度或最大当量应力不超过0.75倍的材料常温屈服强度，且不大于以下要求确定的值：

①具有明确屈服点的材料，其许用应力不大于材料标准常温下的屈服强度除以1.5；

②不具有明确屈服点的材料，其许用应力不大于材料标准常温下的0.2%规定塑性延伸强度除以1.5；

③低温用环氧玻璃钢等非金属材料(管、棒或板)，其弯曲、压缩和剪切的许用应力值应为相应产品标准规定的常温下对应方向弯曲、压缩和剪切强度值除以安全系数，安全系数不小于4。

(6)腐蚀裕量

液氢储罐的内容器材料推荐使用奥氏体型不锈钢材料，一般不考虑均匀腐蚀。

碳素钢或低合金钢制的液氢储存设备外容器内表面一般不考虑腐蚀。当外壳外表面有可靠的防腐蚀措施时，可不考虑腐蚀裕量；当外壳外表面无可靠的防腐蚀措施时，其腐蚀裕量应不小于 1mm。

(7)充满率

液氢容器在任何情况下可能达到的最大充满率应不大于 95%。初始充满率应不超过额定充满率。液氢容器额定充满率应符合表 5-7 的规定。

表 5-7 额定充满率

冷态几何容积 V/m^3	额定充满率/%	
	立式容器	卧式容器
$V \leqslant 50$	90	88
$50<V \leqslant 500$	90	90

5.3.2 罐体设计计算

液氢储存设备罐体设计内容包括内容器和外容器的容积、长径比、壁厚、罐体强度、刚度、外压稳定性、结构强度应力分析报告(需要时)、安全泄放量、超压泄放装置的排放能力计算、夹层支撑及罐体支座的强度计算等。液氢储存设备的设计图样，至少包括总装配图、内容器和外容器零件图、管路系统图及流程图等。

常压低温液态储氢容器按照 TSG 21—2016《固定式压力容器安全技术监察规程》、GB 18442—2019《固定式真空绝热深冷压力容器》和 T/CATSI 05006—2021《固定式真空绝热液氢压力容器专项技术要求》等规范和标准进行设计。对于车载液氢容器，应按照 TSG R0005—2011《移动式压力容器安全技术监察规程》和 GB 18442—2019《固定式真空绝热深冷压力容器》等规范和标准设计。

对液氢储罐罐体进行强度计算和外压稳定性校核时，采用规则设计的应符合 GB/T 150.3—2024 的规定，采用分析设计的应符合 GB/T 4732.1～6—2024 的规定。液氢储存设备罐体设计主要包括内容器封头与筒体的计算厚度、名义厚度和最小成型厚度，外容器封头与筒体的名义厚度和最小成型厚度。罐体最小厚度的确定应考虑制造、运输、安装等因素的影响。内容器和外容器的壳体加工成型后不包括腐蚀裕量的最小厚度应满足：碳素钢、低合金钢制外壳，应不小于 3mm；奥氏体不锈钢制内容器和外容器，应不小于 2mm。罐体的设计厚度应取如下两项的较大值：①计算厚度与腐蚀裕量之和；②罐体最小厚度与腐蚀裕量之和。

【例题 5-2】一台液氢储罐的内容器的公称直径 $DN=600$mm，两端为标准椭圆形封头，筒身长(焊缝至焊缝) $L_0=600$mm，设计压力 $P=0.6$MPa，设计温度 $T=-253$℃，材料 S31608-LH，无腐蚀，焊接接头系数 $\Phi=1$，钢板负偏差 $C_1=0.1$mm。外容器的公称直径 $DN=700$mm，两端为标准椭圆形封头，筒身长(焊缝至焊缝) $L_i=1150$mm，设计压力 $P=-0.1$MPa，设计温度为常温，材料为 S30408，无腐蚀，焊接接头系数 $\Phi=1$，钢板负偏差 $C_1=0.1$mm。已知设计温度和试验温度下 S31608-LH 的许用应力均为 120MPa，试验温度下屈服应力为 210MPa，设计温度下 S30408 的许用应力为 137MPa，弹性模量为 1.93×

10^5MPa，试计算：

(1)液氢储罐内容器筒体的厚度？

(2)液氢储罐外容器筒体的厚度？

【解】(1)采用常规设计手段，液氢储罐内容器承受内压，参照 GB/T 150.3—2024 计算筒体壁厚，并进行强度校核。

计算厚度：$\delta=\dfrac{P_c D_i}{2[\sigma]^t\phi-P_c}=\dfrac{0.6\times600}{2\times120\times1-0.6}=1.5$mm，内容器材质 S31608-LH，无腐蚀，因此设计厚度等于计算厚度为 1.5mm，钢板负偏差为 $C_1=0.1$mm，经圆整筒体名义厚度 δ_n 取 2mm。

有效厚度：$\delta_e=\delta_n-C_1-C_2=2-0.1-0=1.9$mm

内容器采用气压试验，实验压力值 $P_T=1.1P_c\dfrac{[\sigma]}{[\sigma]^t}=1.1\times0.6\times\dfrac{120}{120}=0.66$MPa

压力试验允许通过的应力水平 $[\sigma]_T\leqslant0.8\sigma_s=0.8\times210=168$MPa

试验压力下圆筒的应力 $\sigma_T=\dfrac{P_T\cdot(D_i+\delta_e)}{2\delta_e\cdot\phi}=\dfrac{0.66\times(600+1.9)}{2\times1.9\times1}=105$MPa

满足 $\sigma_T\leqslant[\sigma]_T$ 校核条件，因此液氢储罐内容器筒体的厚度 2mm 满足强度要求。

(2)采用常规设计手段，液氢储罐外容器承受外压，参照 GB/T 150.3—2024 计算筒体壁厚，并进行失稳校核。

假设名义厚度 δ_n 取 2mm，有效厚度：$\delta_e=\delta_n-C_1-C_2=2-0.1-0=1.9$mm，圆筒外径 $D_o=D_i+2\delta_n=700+2\times2=704$mm

根据 $\dfrac{D_o}{\delta_e}=704\div1.9\approx371\geqslant20$ 和 $\dfrac{L}{D_o}=1150\div700=4.6$，查 GB/T 150.3—2024 图 4-2，得到系数 $A=4\times10^{-5}$；查 GB/T 150.3—2024 图 4-8，得到系数 $B=50$MPa。

计算许用外压：$[p]=\dfrac{B}{\dfrac{D_o}{\delta_e}}=50\div371\approx0.14$MPa

因为 $[p]>P_c$，所以外压校核合格。因此所假设的液氢储罐外容器名义厚度 2mm 满足失稳要求。

5.3.3 罐体夹层的真空绝热性能计算

低温液氢储存具有较高的储氢和运氢效率，但是液氢需要将气态氢低温液化才能得到，能耗高。另外，液氢极易蒸发，对绝热技术要求很高，且蒸发引起的冷量及氢气损失不可避免。T/CATSI 05006—2021 规定，小容积液氢储罐静态蒸发率为 1%~3%/d，容积大于 $25m^3$ 的液氢储罐目前要求的静态蒸发率低于 1%/d。当车载液氢储罐随车辆长时间停放时，蒸发的造成冷量和氢气的双重浪费，并缩短续航里程。因此，低温绝热技术是液氢储运的核心技术，其绝热效果直接影响液氢在储运过程中的损耗率。

宏观上，低温绝热技术可分为被动绝热和主动绝热两大类，其中被动绝热与主动绝热的区别在于外界是否主动输入冷量。目前，被动绝热技术已广泛应用于各种低温设备中。主动绝热技术由于结构复杂、能耗大以及成本高等因素限制，虽绝热效果更好，但应用场景相对有限。其中，ZBO(zero boil-off)主动制冷技术能够实现零蒸发存储，目前主要应用于长期在轨航天器推进剂的存储上。传统被动绝热技术主要包括堆积绝热、高真空绝热、真空粉末绝热和真空多层绝热等，其原理、性能及应用场合如表 5-8 所示。

表 5-8　传统低温绝热技术的原理及性能

绝热方式	原理	示意图	性能/[W/(m·K)]	常用场合
堆积绝热	利用覆盖在被绝热体表面上的材料达到绝热目的，减少导热	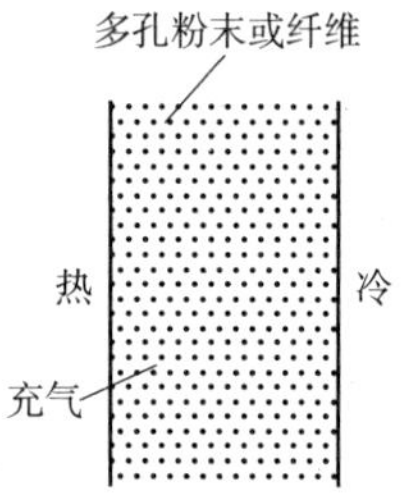	纤维类：0.035~0.050 粉末类：0.019~0.064 泡沫类：0.028~0.064	特大型固定贮槽
高真空绝热	绝热夹层中抽高真空，减少气体对流换热和气体导热	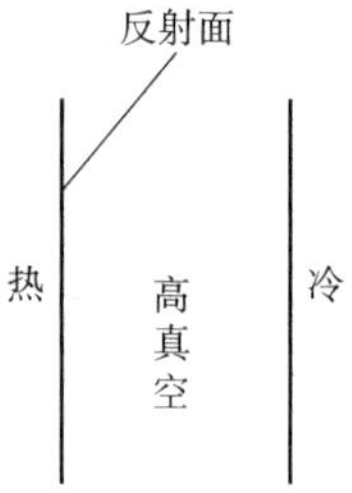	约 10^{-2}	小型移动式液氮、液氧容器
真空粉末绝热	将导热率小的材料填充在真空度相对较低的真空夹层，减少空气的对流传热	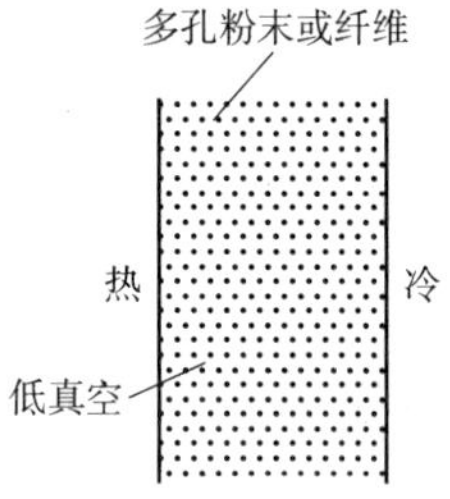	约 10^{-3}	大中型液氮、液氧、LNG 贮槽
真空多层绝热	在高真空绝热的基础上，采用多层反射屏，减少辐射传热	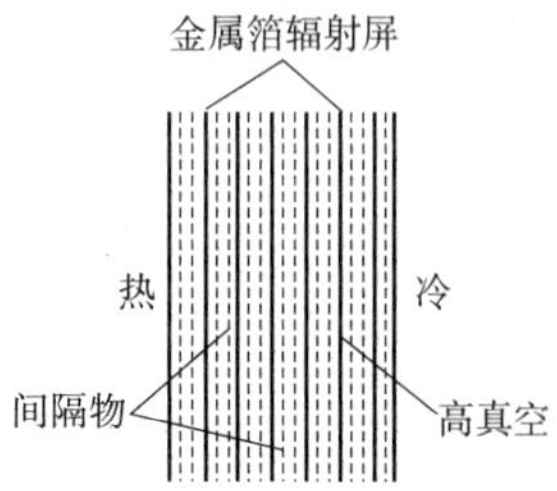	10^{-6}~10^{-4}	小型液氢、液氦容器

堆积绝热是最先研发的一种绝热型式，该技术选用热导率小的绝热材料填装在必须绝热的部位，或者在绝热材料的缝隙中充氮气或其他干燥的惰性气体，特点是不必抽真空，可靠性高，但不能满足液氢储存的损耗率指标要求。高真空绝热是一种将需要绝热的空间的真空度抽到小于 1.0MPa，以减小甚至消除空间内气体所产生的对流和热传导，使真空环境中只剩下辐射换热的绝热技术，适用于要求快速升降温且频繁使用的试验装置。真空-粉末(或纤维)绝热是把多孔的粉末或纤维填充到需要绝热的空间，并将空间抽到比较低的真空度的一种复合绝热方式。在低真空度下，粉末颗粒或纤维距离会小于气体分子平均自由程，此时气体无法对流换热，同时在低真空度下微量气体的热传导也变得非常微弱。真空-粉末(或纤维)绝热的缺点是体积大，结构比较重。高真空多层绝热是在真空夹层中装设很多防辐射屏(反射率很高的金属膜)，以此进一步降低辐射换热的一种超级绝热型式。在发射率相同的条件下，在安装 n 个防辐射屏后，辐射热流即可减小(n+1)倍，因此现有液氢容器一般选择这种绝热技术。

液氢容器应根据液氢的介质特性以及对真空绝热性能的要求进行绝热结构的选择和设计。应采用合适的方法进行绝热性能设计和计算。当夹层绝热材料的表观热导率未知时，应采用试验方法确定。应使用具有阻燃性能的绝热材料。当液氢容器罐体处于 650℃ 的环境中时，夹层中绝热材料的绝热性能在 30min 内不应退化。液氢容器的真空绝热性能应考虑测试过程中正-仲氢转化的影响，确保液氢容器静态蒸发率和静态日升压速率指标满足表 5-9 的要求。同时，液氢容器的维持时间应不小于 120h。

表 5-9 静态蒸发率和静态日升压速率指标

几何容积 V/m^3	静态蒸发率(上限值) %/d		立式容器静态日升压速率(上限值)/(kPa/d)	卧式容器静态日升压速率(上限值)/(kPa/d)
	液氢	液氮	液氢	液氢
5	2.110	0.340	145	—
10	1.510	0.230	145	—
15	1.210	0.180	145	—
20	1.110	0.160	145	90
25	1.010	0.150	145	85
30	0.900	0.130	145	80
35	0.860	0.125	143	76
40	0.830	0.120	142	73
50	0.780	0.110	139	68
65	0.720	0.100	135	63

续表

几何容积 V/m³	静态蒸发率(上限值) %/d		立式容器静态日升压速率 (上限值)/(kPa/d)	卧式容器静态日升压速率 (上限值)/(kPa/d)
	液氢	液氦	液氢	液氢
85	0.660	0.090	130	58
100	0.630	0.085	126	55
150	0.495	—	117	52
200	0.465	—	—	48
250	0.435	—	—	46
300	0.415	—	—	43
500	0.365	—	—	39

注：①中间值采用内插法确定；

②表中数值为液氢中仲氢含量 95%工况下的指标。

液氢储罐罐体夹层的真空性能要对罐体真空夹层的漏气速率、夹层漏放气速率、罐体封结真空度以及真空绝热管路夹层的真空性能进行一定的限制，详见表 5-10，此外，真空夹层的冷态真空度应不大于封结真空度的 0.1 倍，罐体夹层真空性能 3 年内应不超过表 5-10 要求的 120%。

表 5-10　真空绝热罐体及管路的夹层性能要求

类别	几何容积 V/m³	夹层漏气速率/[(Pa·m³)/s]	夹层漏放气速率/[(Pa·m³)/s]	罐体封结真空度/Pa
罐体	$5 \leqslant V \leqslant 10$	$\leqslant 1\times10^{-8}$	$\leqslant 1\times10^{-6}$	≤0.01
	$10 < V \leqslant 100$	$\leqslant 5\times10^{-8}$	$\leqslant 5\times10^{-6}$	≤0.03
	$100 < V \leqslant 500$	$\leqslant 1\times10^{-7}$	$\leqslant 1\times10^{-5}$	≤0.05
管道	——	$\leqslant 1\times10^{-10}$	$\leqslant 1\times10^{-8}$	≤0.05

对低温容器来说，工程中推荐使用式(5-3)估算吸附剂的用量

$$W=\frac{Q_{漏放}\times365\times24\times3600}{Q_{吸}\cdot\eta}\cdot\tau \tag{5-3}$$

式中　W——吸附剂质量，g；

$Q_{漏放}$——低温容器漏放气速率，(Pa·m³)/s；

$Q_{吸}$——吸附剂的吸附等温线在产品设计真空度“阈值”对应的吸附量，(Pa·m³)/g；

η——吸附剂的吸附效率；

τ——低温容器设计真空寿命，a。

【例题 5-3】某卧式液氢储罐结构简图如图 5-11 所示，内容器外径 $d_o=604$mm，内容器筒体长度 $l=600$mm，内容器封头直边高度 $sf=25$mm，外容器内径 $D_i=700$mm，外容器筒体长度 $L=1150$mm，外容器封头直边高度 $SF=36$mm，外容器左/右封头内曲面半径 $R_1=R_2=700$mm，外容器左/右封头内曲面高度 $H_1=H_2=138$mm，内容器公称容积 240L，试计算：

(1) 夹层容积。

(2) 当夹层漏气速率 $Q_{漏}=1.6\times10^{-10}(\text{Pa}\cdot\text{m}^3)/\text{s}$，夹层漏放气速率 $Q_{漏放}=1.9\times10^{-9}(\text{Pa}\cdot\text{m}^3)/\text{s}$ 时，设计寿命 5 年内是否满足罐体的封结真空度要求？

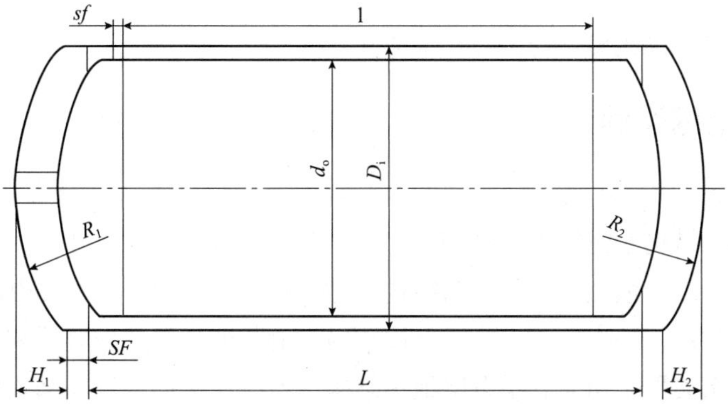

图 5-11　卧式液氢储罐结构简图

【解】(1) 夹层容积 V_j 为外容器内容积 V_i 扣除内容器外容积 V_o，内容器外容积 V_o 由内容器封头曲面部分容积和内容器直筒段部分容积组成，即：

$$\begin{aligned}V_o &=2\times0.1309d_o^{\ 3}+\pi(d_o/2)^2\times(l+2sf)\\&=2\times0.1309\times0.604^3+\pi(0.604/2)^2\times(0.6+2\times0.025)\\&=244\text{L}\end{aligned}$$

外容器内容积由外容器左右封头内曲面部分容积和外容器直筒段部分容积组成，即：

$$\begin{aligned}V_i &=\pi/3\times H_1^{\ 2}(3R_1-H_1)+\pi/3\times H_2^{\ 2}(3R_2-H_2)+\pi(D_i/2)^2\times(L+2SF)\\&=\pi/3\times0.138^2\times(3\times0.7-0.138)+\pi/3\times0.138^2\times(3\times0.7-0.138)+\pi\times(0.7/2)^2\times\\&\quad(1.15+2\times0.036)\\&=548\text{L}\end{aligned}$$

因此，夹层容器 $V_j=V_i-V_o=304$L

(2)5 年共计 $t=5\times365\times24\times3600=157680000$s，5 年后罐体封结真空度计算如下：

$$\begin{aligned}P &=(Q_{漏}+Q_{漏放})t/V_j\\&=(1.6\times10^{-10}+1.9\times10^{-9})\times157680000\div0.304\\&=1.07\text{Pa}\end{aligned}$$

液氢储罐罐体内容器公称容积 $V=240$L，5 年后放气率高于标准要求的低于 0.01Pa 的真空度要求，不能满足液氢储存的要求。

【例题 5-4】某焊接绝热气瓶夹层真空度要求不低于 2×10^{-2}Pa 的真空寿命为 5 年；已

知其漏放气速率<6×10^{-7}(Pa·m^3)/s；吸附剂的吸附等温线在真空度 2×10^{-2}Pa 时对应的吸附量为 5×10^{-1}(Pa·m^3)/g；假设漏放气成分为低温吸附剂可吸附气体，吸附效率为20%。试估算需要放置低温吸附剂的工程用量为多少？

【解】按照式(5-3)进行工程估算：

$$W=\frac{Q_{漏放}\times365\times24\times3600}{Q_{吸}\cdot\eta}\cdot\tau$$

$$=\frac{6\times10^{-7}\times365\times24\times3600}{5\times10^{-1}\times0.2}\times5$$

$$\approx950\text{g}$$

估算需要放置低温吸附剂的工程用量为950g。

5.3.4 结构设计

(1)罐体结构

液氢储罐外观结构示意如图5-12所示，主要由罐体、安全附件、压力及液位测量系统、装卸系统等组成。液氢罐式集装箱结构示意如图5-13所示，主要由超低温介质内容器、全包式冷屏结构、外壳、前后径向支撑结构、盛装液氢介质内容器和后部轴向支撑结构组成，其中罐箱夹层采用高真空多层绝热结构。液氢储罐的内容器结构应尽量简单、避免结构形状的突然变化，以减少约束和局部应力集中。罐体应选择合适的容器形式、支撑结构、夹层管路结构和绝热方式，减少传热及散热面积，确保容器满足真空绝热性能指标要求。当外壳为碳钢材料时，所有夹层管路穿过外壳时均应焊接到奥氏体型不锈钢材质的过渡连接结构上。罐体不宜设人孔或检查孔，罐体设置溢流口。几何容积不大于10m^{3}的液氢容器，还应配备防过充装置。罐体应设置排尽口，其应能使内容器中的液体及可能存在于液氢中的固体颗粒杂物完全排尽。真空夹层应设置带真空隔离阀的真空封结装置。真空隔离阀的漏气速率应至少优于夹层漏气速率指标一个数量级。

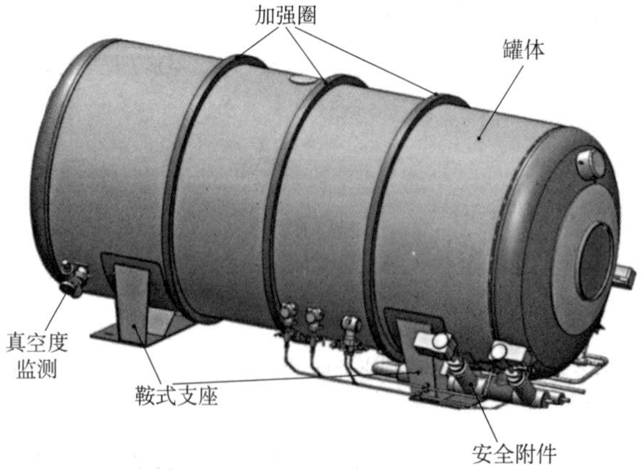

图5-12 液氢储罐外观结构示意

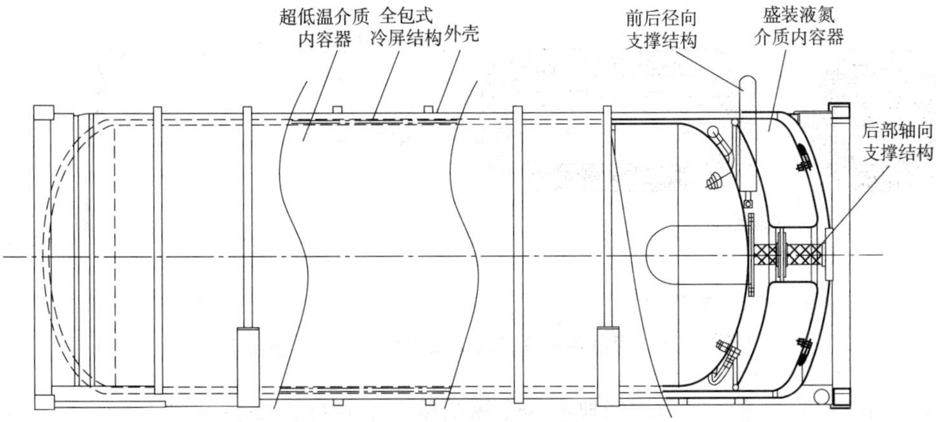

图 5-13 液氢罐式集装箱结构示意

(2)层间支撑结构

液氢容器内结构布置形式，在很大程度上取决于内外容器之间的相对固定方法。设计原则为选用热导率低的材料，尽量减少支撑截面面积，增大支撑有效绝热长度，以尽可能减少漏热，同时考虑受拉伸的构件两固定端应留有一定的活动余隙，否则由于内胆的冷收缩拉杆受力太大，会在两固定端产生很大的应力。在结构设计时，需要考虑多种载荷，包括使用工况容器本体重量以及液氢重量、运输工况下交通工具加速及制动带来的冲击载荷，此外，还要考虑地震、风载荷以及内容器低温变形对结构的影响。液氢容器内外容器间支撑结构的漏热需要重点考虑，支撑结构导热漏热量往往超过总漏热量的 30%。因此，支撑结构既要保证支撑强度要求，也必须保证漏热量少。支撑结构经常选用不锈钢材质以保证结构强度，同时，加入玻璃钢等接触块增大热阻，减少漏热。车载液氢气瓶的内筒在汽车行驶过程中容易产生晃动，特别是对于盛装较满的车载液氢气瓶，其满载时气瓶的自重会导致支撑装置的弯曲，这将导致严重的安全事故，因此支撑结构的设计极为重要。

通常，内容器通过悬挂装置或者支座固定在外容器上，内外容器之间的悬挂装置典型的结构有杆式、管式或者锁链式。图 5-14 所示为卧式容器拉杆支撑结构，拉杆材料选用高强度的不锈钢，内外容器通过 4 个拉杆将内外容器固定在一起，容器顶部采用压缩杆型式，这样既保证了容器装满液氢时产生的冷缩量，又减少了内外容器的接触面积，从而减少了漏热。图 5-15 所示为管式或锁链式悬挂装置，内外容器通过悬挂装置连接在一起，由于悬挂装置比较长，漏热量减少。

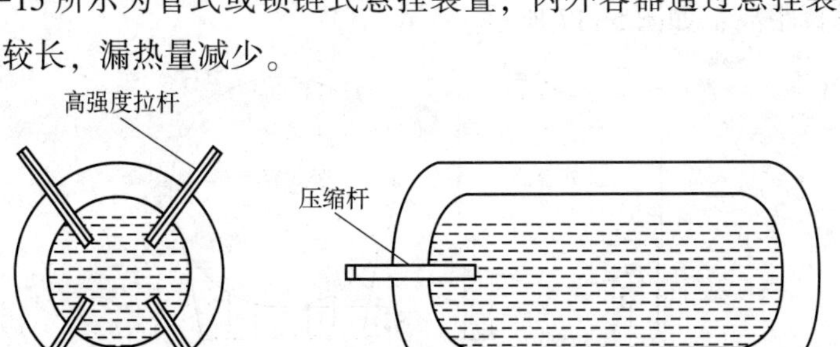

图 5-14 卧式液氢容器高强度拉杆式悬挂装置

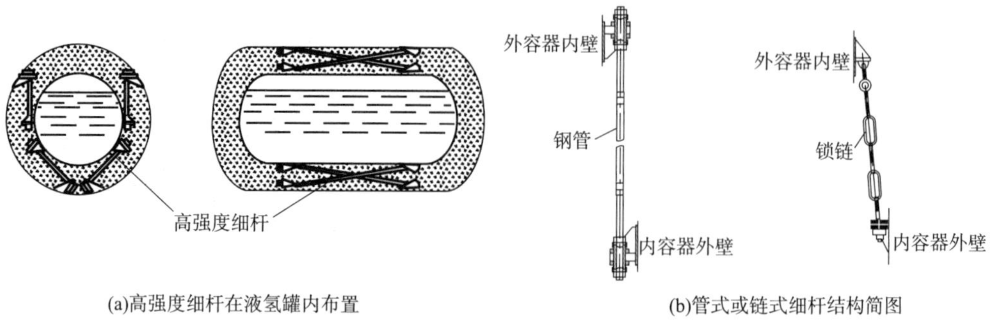

图 5-15　液氢容器管式或锁链式高强度细杆悬挂装置

图 5-16 所示为液氢容器层间典型的支撑结构，包括底部支撑及侧支撑。图 5-16(a) 的底部支撑由两根钢管分别支撑着内外容器，且两根钢管只有底部接触，增加了传热路径，减少了漏热。图 5-16(b) 侧支撑为玻璃钢或其他热导率小的管状支撑，通过减小接触面积和更换为热导率小的支撑材质来降低漏热。

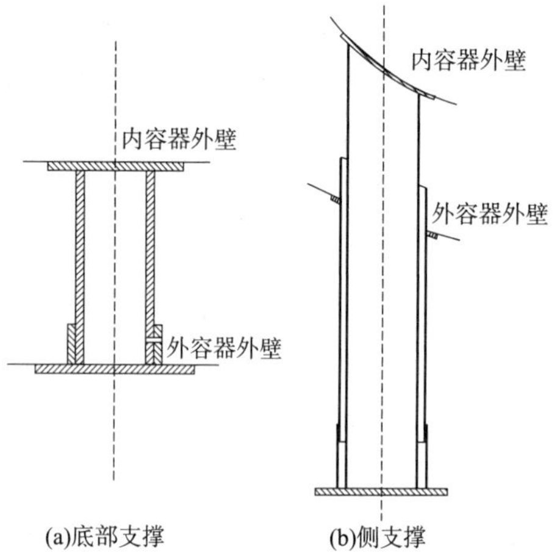

图 5-16　液氢容器层间典型的支撑结构

(3) 罐体支座

罐体支座高度超过 457mm 时，应采取填充或包覆防火材料、表面涂敷防火涂料等防火措施，确保火灾情况下 2h 不失稳。高度测量值为从支座底板上平面到其与外壳最近的连接点之间的垂直距离，如图 5-17 所示。

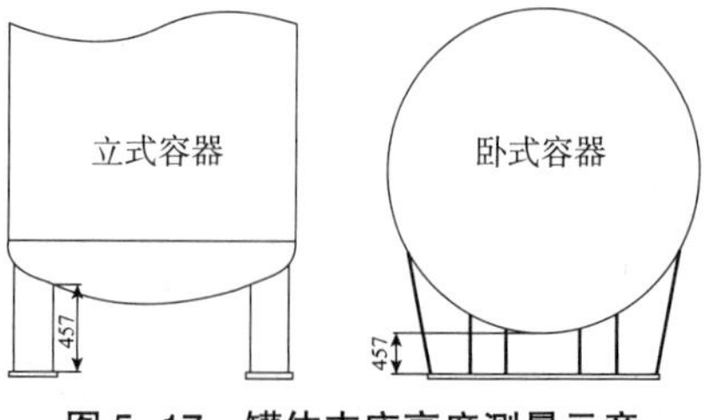

图 5-17　罐体支座高度测量示意

(4)管路系统

典型液氢储罐和管线名称如图 5-18 所示，管路系统包含顶、底加液管线和排液管线、泵吸管线、溢流管线、超压卸放管线、增压管线、泵回气管线、液位与压力测量等管路和附件，以满足泄压、放空、充液、出液、增压、溢流、液位测量、压力测量等使用要求。当液氢容器与泵连接时，还应设置泵回流管路。其中加液管线和泵吸入、回气管线由于同液氢直接接触，管子和阀门均设计成真空夹套结构。

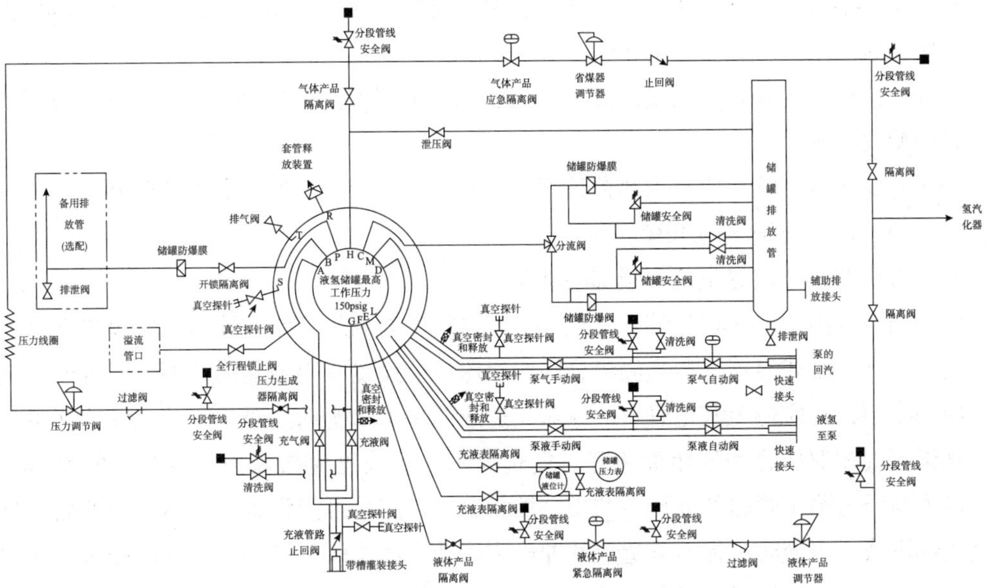

图 5-18　典型液氢储罐和管线名称

管路系统的设计准则和设计计算方法按照 GB/T 20801.3—2020《压力管道规范　工业管道　第 3 部分：设计和计算》的规定，同时应充分考虑各种工况下可能出现的极端情况。真空绝热管路外管的稳定性校核应符合 GB/T 150.3—2024 的规定。以下重点介绍夹层管路系统、外部管路系统和氢排气系统的设计要求。

1)夹层管路系统

夹层管路系统包含夹层管路总体设计、超压泄放管路的设计、充液管路的设计、出液管路设计、增压回路的气相管路设计、溢流管路设计、压力测量管路的取压口设计等。

夹层管路的设计压力应不小于内容器的设计压力，夹层管路应进行柔性设计，其结构应避免因热胀冷缩、机械颤动或振动等可能引起的损坏，必要时应设置补偿装置。夹层管路的管子与内容器管座、管子与管子、管子与管件之间的连接应采用等壁厚、全截面焊透的对接焊连接方式，且不应使用带永久性垫板的对接接头。夹层管路不应使用法兰、螺纹等可拆卸的连接方式以及金属膨胀节和金属软管。夹层内的液相管路宜设置液封结构，液封的高度一般不小于 3 倍管子的内径。

超压泄放管路应与内容器顶部气相空间直接相通，其入口应设置在内容器顶部气相空间不大于 2%的位置。管路的流通面积应不小于超压泄放装置入口的流通面积，且满足内容器超压泄放的流量要求。

充液管路设计中出口端位置的设置，应能最大限度地减少进液时液氢喷入邻近的其他气相管路、封头和内容器内壁。当设置顶部充液管路时，对于卧式液氢容器，顶部充液管路在内容器的出口端应设置喷淋装置。喷淋管应至少延伸内容器长度的80%，喷淋孔的截面积总和应不小于喷淋管的内截面积；对于立式液氢容器，顶部充液管路应位于内容器中心或其附近，在内容器的出口端应设置喷淋装置，如采用喷淋管装置，喷淋孔的截面积总和应不小于喷淋管的内截面积；底部充液管路需设置防冲挡板或设计成可以防止液体在充装过程中直接喷射到气相空间的结构。

出液管路设计的管径应满足出液流量的要求。出液管路及向离心泵供液的出液管入口宜设置防旋涡装置。

增压回路的气相管路应与内容器顶部气相空间直接相通，增压器进液管路中心线的最高点不应超过额定充满率的10%。

溢流管路的入口应尽量避开顶部喷淋装置。

压力测量管路的取压口设计，立式液氢容器的压力测量管路的取压口应设置在内容器上封头的顶部。卧式容器的压力测量管路的取压口应设置在内容器的顶部，尽可能靠近筒体横向的中心，且应避免其他管口流体对其造成的冲击和扰动。对于压差式液位测量管路应分别设置气相取压管和液相取压管。气相取压口的设置应按压力测量管路的取压口要求，也可与压力测量管路的取压口共用。液相取压口应尽可能设置在内容器最低处，且应避免底部进液、出液时流体对其造成的冲击和扰动。液相取压管路的设计应能将管路内的液体充分气化，确保测量的压差值的准确性，且不损坏液位测量装置。

2)外部管路系统

外部管路的阀门和充液、出液的管路接口、安全泄放装置、紧急切断装置(如有)、仪表等装置应布局合理、相对集中，便于操作、检查和维护。

外部管路系统设计压力的确定原则：管路(或管段)的设计压力应不小于内容器的设计压力；两端均可关闭且有可能存留液化气体的管路，应设置管路超压泄放装置，其整定压力不超过管路设计压力的1.5倍；未设置管路超压泄放装置或可能发生与超压泄放装置隔离、堵塞的管路，其设计压力应不小于管路两端阀门切断时或介质不流动时介质可能达到的最大饱和蒸气压；与离心泵出口相连的管路的设计压力应不小于泵出口被关闭时的压力；与工艺管道相连的管路的设计压力应不低于工艺管道的设计压力。管子与管件的公称压力等级应不小于管路设计压力，且所有的管路应在承受4倍管路系统工作压力时不会破裂。

外部管路的连接要求：外部管路的管子之间、管子与管件之间、外部管路与夹层管路之间应采用焊接连接方式，管路与阀门、仪表等元件的连接应优先采用焊接连接方式，采用其他连接方式的应确保可靠无泄漏。焊接结构宜采用等壁厚、全截面焊透的对接接头，不应使用带永久性垫板的结构。管路的结构应避免因热胀冷缩、机械颤动或振动等可能引起的损坏，必要时应考虑设置补偿结构、管路支撑与紧固装置。所有裸露的管路应与罐体、地面以及支座之间保留足够的间距。超压泄放装置及其管路、测量仪表及其管路和溢流管路应与液相管路及在操作过程中可能变冷结霜的管路间保持足够的间距。

溢流口的设计应确保介质不会直接喷出，不应通过直接观察溢流管路流出介质是气态还是液态的方法来判定是否充满。

自增压的进液管路和气体回流管路应与自增压器的汽化能力及其压力相匹配，尽量减少其流体阻力，且避免自增压的气体回路形成气阻。

管路设计上阀组的设置应考虑使用场景的影响，并且所有管路至少应设置一道尽量靠近罐体的阀门。终端使用的液氢容器管路系统还应满足特殊要求，如充液管路应至少包含三个相互独立并且串联在一起的装置，自罐体向外依次为球阀或截止阀、紧急切断装置(或等效装置)和装卸接头；出液管路应自罐体向外依次设置手动隔离阀(如截止阀或球阀等)和紧急切断装置及第三道阀门或装卸接头；用气管路应至少自罐体向外依次设置手动隔离阀(如截止阀或球阀等)和紧急切断装置；泵进液及回流管路应至少自罐体向外依次设置手动隔离阀(如截止阀或球阀等)和紧急切断装置；增压进液管路应设置手动隔离阀(如截止阀或球阀等)。所有阀门安装时阀杆宜垂直向上，阀杆最大倾斜角度不大于45°。当介质中的杂质可能会对阀门功能和性能产生影响时，应考虑在阀门前端设置过滤器。

真空绝热管路设计：真空绝热管路内管的设计压力应不低于内容器设计压力；外管的设计压力应不小于外管防爆装置设定的排放压力，设计外压不小于0.1MPa；真空绝热管路的设计应与液氢介质特性相适应，充分考虑内管热胀冷缩的影响，必要时应考虑设置补偿装置，内管应不使用膨胀节；真空绝热管路焊接结构的设计应避免产生过大的应力集中和明显变形；真空绝热管路的夹层空间形成独立封闭腔时应设置真空度测量接口和外管防爆装置；应设置吹扫置换接口，其位置应满足各段管路内气体的充分吹扫、置换的要求。充液管路、泵进液管路、泵回流管路等应使用真空绝热管路，管路上设置的阀门及接头应采用真空夹套结构。

3)氢排气管路系统

氢排气管路系统一般包括排放管路、集中排放管、积水罐、排水管、支架等，其起始于所有可能排出氢气或液氢的装置出口，并终止于集中排放管的排气口。

氢排气系统的设计压力应不低于液氢容器管路系统设计压力与1.03MPa的较大值。当液氢容器的氢排气系统接入生产装置的总排气系统，其设计压力还应不低于总排气系统的设计压力。液氢容器的氢排气系统宜独立设置，一般不允许接入高压管、泵和压缩机的高压排放系统。当接入排放系统时，应进行压降计算，以防止排放系统超压或影响液氢容器的泄放能力。氢排气系统应充分考虑排放时产生的背压，其应满足超压泄放装置的稳定性要求，避免引起超压泄放装置的频繁启闭。

集中排放要求：所有可能排出氢气或液氢的管路均应引至集中排放管。集中排放管和排放管路的管径应满足泄放量要求，其长度与内径之比应尽可能小。当多个管路连接到集中排放管上时，应采取措施避免维修或更换阀门时发生氢气回流、泄漏等情况。集中排放管应设计为垂直向上排放，其排气口高度应满足设计文件规定。集中排放管的材料应能经受-253℃的低温，并可短时间耐受氢气燃烧，保持不破裂。集中排放管不应设置阻火器或可能阻碍氢气流动的部件和任何可能引起冰堵、阻塞管路的装置。集中排放管底部应设置积水罐及排水管，并定期排水，防止雨、雪等堵塞排水管出口。排气口不应向下排放或向下引导排气，排气口的设计应能限制雨水、雪和碎屑进入排气口。

超压泄放装置设置应防止冷凝水积聚在超压泄放装置、管路安全阀和手动排气阀等出口处，超压泄放装置在集中排放管的入口位置应不影响相互的安全泄放；爆破片装置与集中排放管之间保持足够的间距；集中排放管排气出口的设计应能防止雨水或冷凝水从集中排放管自流回排放管路。

5.3.5 安全附件设计

低温容器的安全性相比于其他机械设备，除设备强度的校核外，压力安全是其安全性保证的重要一环。为保证低温容器安全可靠工作，须在容器上设有超压泄放装置，常用的超压泄放装置有安全阀和爆破片。实际工程中常将两者组合使用。液氢储罐的安全附件包括内容器超压泄放装置、外壳防爆装置、管路安全阀、紧急切断装置及导静电接地装置等。对装卸管路中可能积聚液氢的部位也需设置有爆破片与管路安全阀串联组合结构，从而尽最大可能减少氢气泄漏的风险。

(1)内容器超压泄放装置

内容器超压泄放装置包括全启式安全阀、爆破片装置及组合泄放装置。组合泄放装置包括全启式安全阀与全启式安全阀的组合(图5-19)、全启式安全阀与爆破片装置的组合(图5-20)、带隔离阀的安全阀与爆破片组合(图5-21)。选用的爆破片在爆破时应不产生碎片、脱落和火花，应采用材质为S31608的反拱刻槽型爆破片。为确保液氢容器安全运行或需要其在连续运行状态下维护或更换超压泄放装置，应设置至少两个及两个以上超压泄放装置，设置快速切换装置或互锁装置，以确保任何情况下至少有两个超压泄放装置与内容器保持连通。

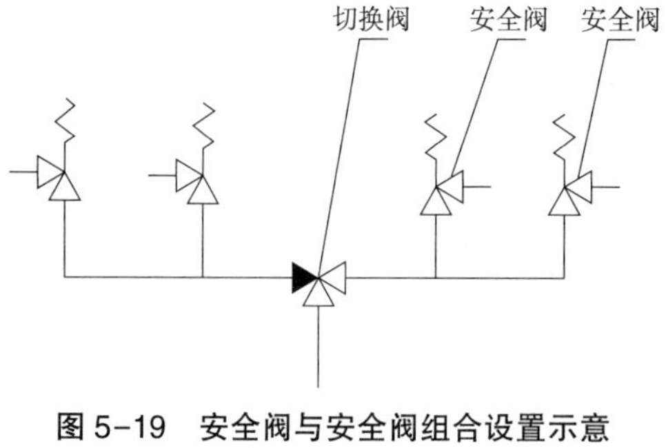

图5-19 安全阀与安全阀组合设置示意

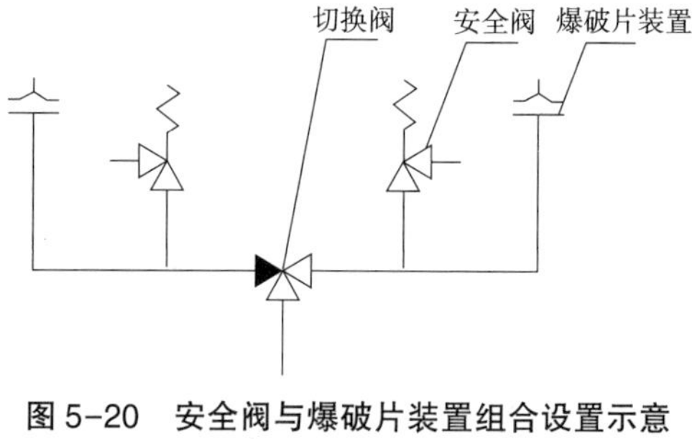

图5-20 安全阀与爆破片装置组合设置示意

内容器超压泄放装置的设计需能承受容器内部的压力、可能出现的超压及包括液体冲击力在内的动载荷，还应考虑超压泄放装置的入口压降和出口背压的影响。主安全阀的整定压力应不大于内容器设计压力，回座压力应不低于整定压力的0.9倍；使用安全阀作为辅助泄放装置时，其动作压力应不小于主安全阀的整定压力，且不大于内容器设计压力的1.1倍；使用爆破片装置作为辅助泄放装置时，其在427℃时的设计爆破压力应不大于内容器设计压力的1.1倍，同时，其在20℃下的设计爆破压力不大于内容器设计压力的1.25倍；主安全阀的排放能力应保证内容器在非火灾条件下的超压限度不大于其设计压力的10%，每个组合泄放装置的总排放能力应保证内容器在火灾条件下的超压限度不大于其设计压力的21%；每一个安全阀或爆破片装置的排放能力均应满足按非火灾条件考虑时内容器的安全泄放要求，每个组合泄放装置的排放能力均应满足按火灾条件考虑时内容器的安全泄放要求。

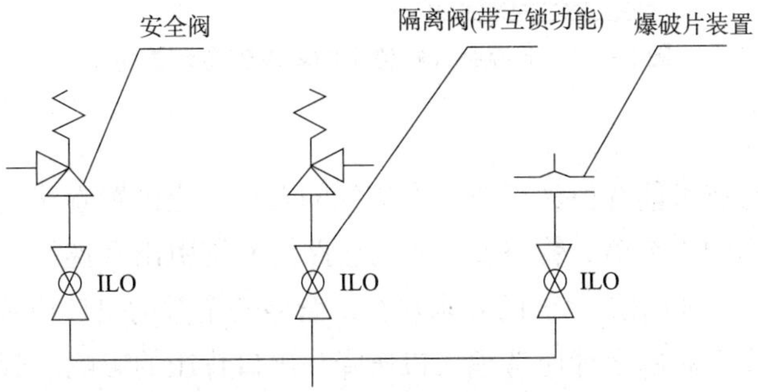

图5-21 带隔离阀的安全阀与爆破片组合设置示意

对于固定式液氢储罐的内容器需要的安全泄放量及超压泄放装置的排放能力计算按照CGA S-1.3的规定进行计算，对于移动式液氢容器需要的安全泄放量及超压泄放装置的排放能力计算按照CGA S-1.2的规定进行计算。计算需要设计人员根据实际条件判明可能发生的各种工况及可能的组合工况，需要考虑的工况有：绝热系统结构完好且处于正常的真空状态下，外部为环境温度，内容器的温度为泄放压力下所储存介质的饱和温度，且增压系统处于全开工作状态；绝热系统结构完好，但夹层已丧失真空状态下，外部温度为环境温度，内容器的温度为泄放压力下所储存介质的饱和温度；绝热系统结构完好或部分完好，但夹层充满氢，真空已丧失，且外部遭遇火灾或遭遇650℃及以上高温；绝热系统完全损坏，夹层真空已丧失，且外部遭遇火灾或遭遇650℃及以上高温。

(2)外壳防爆装置

外壳防爆装置的泄放压力应不大于0.05MPa，其排放能力足以使夹层的压力限制在不超过0.1MPa。外壳防爆装置的设计与布置应尽量避免其动作时大量空气进入夹层空间。立式容器的外壳防爆装置应位于顶部中心区域，并垂直向上。当需要两个或两个以上的装置时，应对称布置。卧式容器的外壳防爆装置应位于壳体顶部，尽可能靠近中心位置并垂直向上。当需要两个或两个以上的装置时，其离两端封头的距离至少为筒体长度的1/4。多个泄压装置应均匀布置。外壳防爆装置的总排放面积不小于内容器几何容积(m^3)与341mm^2/m^3的乘积。低温贮槽上的内外容器的基本安全装置如图5-22所示。

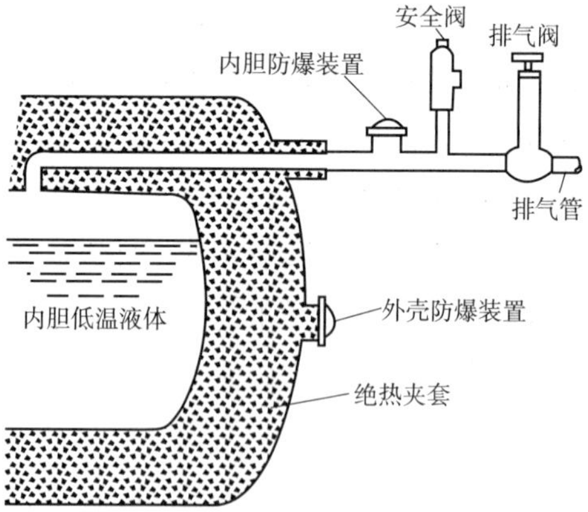

图 5-22　低温卧式贮槽上的基本安全装置布置

(3)管路安全阀

两端均可关闭且有可能存留液氢或冷态氢气的管路，应设置管路安全阀，其整定压力不超过管路设计压力的 1.5 倍。管路安全阀与管路之间用引出管连接，引出管长度不小于 150mm 或按照管路安全阀制造单位的要求执行。管路安全阀的出口应装设排放管，并接入氢排气系统。管路安全阀的设计应考虑入口压降和出口背压的影响。管路安全阀的排放能力应保证管路在非火灾条件下的压力不超过管路设计压力的 1.65 倍。

(4)紧急切断装置

液氢容器的紧急切断装置一般由紧急切断阀、远程控制系统以及易熔塞或等效装置组成。紧急切断装置应动作灵活、性能可靠、便于检修；阀门中与氢接触的元件，其材质需满足液氢的使用条件。紧急切断阀可使用截止阀或球阀，不允许使用闸阀；紧急切断阀宜采用气动控制的型式，上阀杆不允许安装手轮；紧急切断阀阀体如带真空绝热夹套，其真空性能应能满足液氢容器的使用要求；紧急切断装置应留有远程控制接口；易熔塞可选用易熔合金材料或尼龙等，选用易熔合金材料时，其应在(120±5)℃时熔融；仪表风管路的压力等级应能满足使用要求，且应确保在 120℃时熔断；远程控制系统采用气动控制系统时，应采取适当措施，防止控制系统内的气体被液化。在遭遇火灾或充装、排液过程中发生意外泄漏时，紧急切断装置应能自动关闭，且该装置应能进行远程控制。

(5)导静电接地装置

液氢容器的罐体、管路、阀门和支座等连接处的导电性应良好，并设置可靠的导静电连接端子。氢排气系统还应单独设置导静电连接端子。接地端子与接地体之间的电阻值应不大于 4Ω。

5.3.6　制造

内容器和与氢接触的管路在制造过程中应避免材料表面的机械损伤。本节从封头成型、圆筒与罐体组装、焊接和夹层组装等方面介绍液氢储存容器的制造要求。

(1)封头成型

液氢容器的封头宜采用整体成型工艺，封头成型后应进行固溶处理，使用铁素体测量仪测得的铁素体测量值应不大于5%。内容器封头应采用适当的成型工艺，避免封头过渡段和直边段出现裂纹。当采用温成型工艺时，应避开奥氏体型不锈钢的敏化温度区。内容器奥氏体不锈钢封头成型后其过渡段和直边段的铁素体测量值应不大于15%。封头直边部分应不存在纵向皱折。先拼板后成型封头的拼接焊缝一般不超过3条，拼板的宽度应不小于300mm。拼接焊缝的内表面以及影响成型质量的拼接焊缝的外表面，应在成型前打磨至与母材齐平。用带间隙的全尺寸的内样板检查封头内表面的形状偏差时(图5-23)，缩进尺寸为$3\%D_i \sim 5\%D_i$，其最大形状偏差外凸应不大于$1.25\%D_i$，内凹应不大于$0.625\%D_i$。检查时应使样板垂直于待测表面。

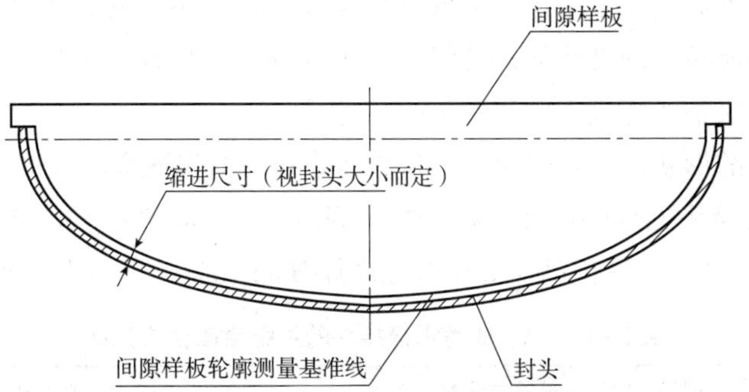

图5-23　凸形封头的形状偏差检查

(2)圆筒与罐体组装

液氢容器的圆筒与罐体组装时不应采用十字焊缝，焊接接头宜避开开孔位置，组装圆筒中，任何单个筒节的长度应不小于300mm，环向拼板长度应不小于500mm；相邻筒节A类接头间外圆弧长应大于钢材厚度的3倍，且不小于200mm；封头A类拼接接头、与封头相邻筒节的A类接头相互间的外圆弧长均应大于钢材厚度的3倍，且不小于200mm；罐体上凡被补强圈、垫板等覆盖的焊缝，均应在覆盖前打磨至与母材齐平；内容器附件和内容器间的焊接应尽量避开内容器上的A、B类焊接接头，且距离环焊缝边缘不小于100mm；当与纵焊缝交叉时，应开槽避让。

容器组焊完成后，壳体同一断面上最大内径与最小内径之差应不大于该断面内径D_i的1%(对锻焊容器为1‰)，且不大于25mm(图5-24)，当被检断面与开孔中心的距离小于开孔直径时，则该断面最大内径与最小内径之差应不大于该断面内径D_i的1%(对锻焊容器为1%)与开孔直径的2%之和，且不大于25mm。

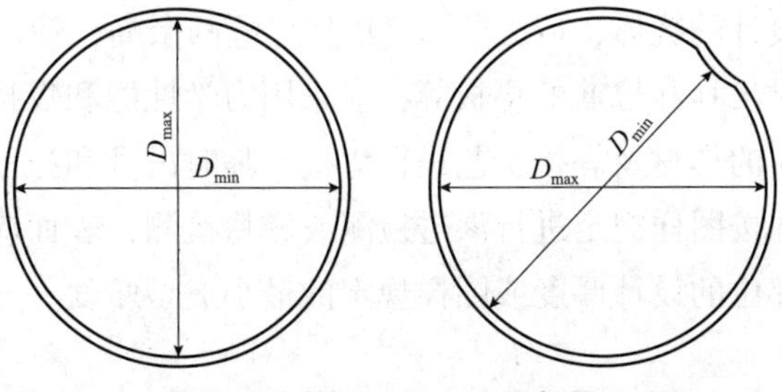

图5-24　壳体同一截面上最大内径与最小内径之差

液氢储罐内容器绝热材料缠绕工序使用缠绕机进行，在洁净室内进行缠绕，温度不低于20℃，在缠绕架上设置有张紧力可调的预紧装置，对缠绕力和层密度进行调节。

(3)焊接

液氢容器按NB/T 47014—2023《承压设备焊接工艺评定》进行焊接工艺评定，且符合TSG 21—2016、GB/T 150.4—2024的规定及设计文件要求。内容器及管路的焊接应严格控制线能量。在焊接工艺评定所确认的范围内，应选用较小的焊接线能量，以多道施焊为宜。内容器纵、环焊接接头和管路环向焊接接头、管座与内容器之间的焊接接头在焊接完成后使用铁素体测量仪测得的铁素体测量值应不大于8%。当前深冷容器的焊接工艺还在不断发展中，从保证焊接质量来讲，只测量铁素体含量是不够的，因为在焊缝中心区和过渡区都存在大量不能转化的马氏体晶格结构，大大降低了材料的抗低温脆裂能力，因此应尽快优化深冷容器用钢的焊接工艺和热处理工艺。

罐体焊缝表面的形状尺寸应符合A、B类焊接接头的焊缝余高按表5-11和图5-25的规定。C、D、E类接头的焊脚尺寸，在图样无规定时，取焊件中较薄者的厚度。当补强圈的厚度不小于8mm时，其焊脚尺寸等于补强圈厚度的70%，且不小于8mm。

表5-11 A、B类焊接接头的焊缝余高合格指标 mm

$R_m \geq 540$MPa的低合金钢材、Cr-Mo低合金钢材				其他钢材			
单面坡口		双面坡口		单面坡口		双面坡口	
e_1	e_2	e_1	e_2	e_1	e_2	e_1	e_2
$(0\sim10\%)\delta_s$，且≤3	0~1.5	$(0\sim10\%)\delta_1$ 且≤3	$(0\sim10\%)\delta_2$ 且≤3	$(0\sim15\%)\delta_s$ 且≤4	0~1.5	$(0\sim15\%)\delta_1$ 且≤4	$(0\sim15\%)\delta_2$ 且≤4

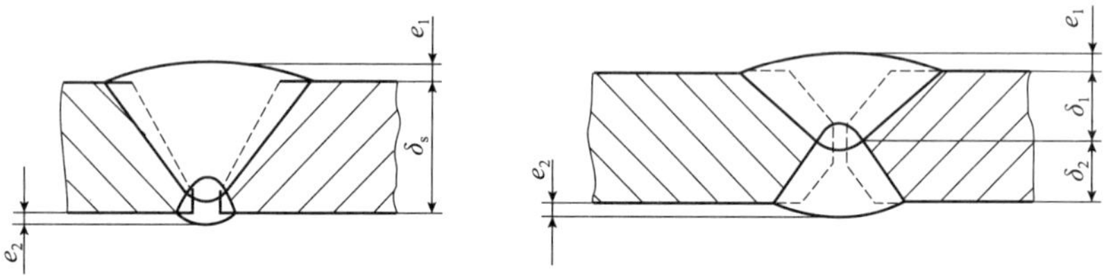

(a)单面坡口 (b)双面坡口

图5-25 A、B类焊接接头的焊缝余高

液氢容器的焊接接头表面质量不应有表面裂纹、未焊透、未熔合、咬边、表面气孔、弧坑、未填满、夹渣和飞溅物等缺陷；焊缝与母材应圆滑过渡，角焊缝的外形应凹形圆滑过渡；按照疲劳分析设计的罐体，应去除A、B类焊缝的余高，使焊缝表面与母材表面平齐；罐体上焊接的临时吊耳和拉筋的垫板等，应采用力学性能和焊接性能与罐体相同或相近的材料，并用相适应的焊材及焊接工艺进行焊接。临时吊耳和拉筋的垫板割除后，留下的焊疤应打磨光滑，并按图样规定进行渗透检测或磁粉检测，表面应无裂纹等缺陷。打磨后的厚度应不小于该部位的设计厚度或图样规定的最小成型厚度。

(4)夹层组装要求

内容器在耐压试验合格后方可与外壳进行组装，高真空多层绝热的内容器应在绝热材料包扎完成后尽可能及时与外壳进行套装，以防止绝热材料受潮及污染；套合时，应保证夹层的清洁，并防止损伤多层绝热材料、夹层管线和内容器的外表面；套合时，应尽可能减小内容器与外壳的同轴度偏差。高真空多层绝热的绝热层应在内容器与外壳组装前完成安装，且多层绝热材料应经干燥处理；层数、层密度应符合设计图样的规定；反射屏与间隔材料之间应相互封闭；尽量避免出现反射屏之间直接接触(短路)及局部无反射屏的现象；最外层应有防止绝热层松散和脱落的相应措施。

图 5-26 所示为液氢内容器外壁包扎绝热材料的过程，为保证真空抽气效果，在液氢储罐内外容器之间的绝热层上按工艺要求进行打孔，以利于排出各层之间的残余气体。在液氢储罐内外容器套合形成夹层空间后，进行抽真空处理。抽真空时采用加热及氮气置换，抽真空机组使用高速无油分子泵进行高效率抽真空，同时通过全量程真空规管和远程真空监测系统，实现远程制造真空工艺监测。

夹层间吸附剂安装：低温吸附剂应安装在内容器外壁，常温吸附剂应安装在外壳内壁。

图 5-26 液氢内容器外壁包扎绝热材料

5.3.7 无损检测

无损检测方法包括射线检测、超声检测、磁粉检测和渗透检测。射线检测应符合 NB/T 47013.2—2015《承压设备无损检测 第 2 部分：射线检测》、NB/T 47013.11—2023《承压设备无损检测 第 11 部分：射线数字成像检测》或 NB/T 47013.14—2023《承压设备无损检测 第 14 部分：射线计算机辅助成像检测》的规定；超声检测应符合 NB/T 47013.3—2023《承压设备无损检测 第 3 部分：超声检测》或 NB/T 47013.10—2015《承压设备无损检测 第 10 部分：衍射时差法超声检测》的规定；磁粉检测应符合 NB/T 47013.4—2015《承压设备无损检测 第 4 部分：磁粉检测》的规定；渗透检测应按 NB/T 47013.5—2015《承压设备无损检测 第 5 部分：渗透检测》的规定。

液氢储罐的内容器及外壳的 A、B 类焊接接头(内容器工艺人孔筒体与凸面受压的工艺人孔封头的合拢 B 类焊接接头和外壳的合拢 B 类焊接接头除外)、管路对接接头，应进行射线检测或超声检测。超声检测包括衍射时差法超声检测(TOFD)、可记录的脉冲反射法超声检测和不可记录的脉冲反射法超声检测。当采用不可记录的脉冲反射法超声检测时，应采用射线检测或衍射时差法超声检测作为附加局部检测。罐体的不锈钢焊接接头表面无损检测应采用渗透检测，碳钢或低合金钢焊接接头的表面无损检测应采用磁粉检测或渗透检测。铁磁性材料制罐体焊接接头的表面无损检测应优先采用磁粉检测。

内容器无损检测 A、B 类焊接接头应进行 100%射线检测或超声检测；工艺人孔筒体与凸面受压的工艺人孔封头的合拢 B 类焊接接头无损检测的检测方法和要求应符合设计图样的规定；先拼板后成型的凸形封头上所有拼接接头还应进行 100%表面检测；内容器上

D、E 类焊接接头应进行 100%表面检测；内容器上临时吊耳和拉筋垫板割除并修磨后留下的焊疤，应进行表面检测。内容器射线检测技术等级应不低于相应检测方法的 AB 级，其合格级别应不低于Ⅱ级；脉冲反射法超声检测技术等级应不低于 B 级，合格级别应不低于Ⅰ级；渗透检测合格级别应不低于Ⅰ级。

外壳无损检测 A、B 类焊接接头(外壳的合拢 B 类焊接接头除外)应进行局部射线检测，检测长度不小于各条焊接接头长度的 20%，且均不得小于 250mm，其射线检测技术等级应不低于相应检测方法的 AB 级，合格级别不低于Ⅱ级；外壳的合拢 B 类焊接接头以及先拼板后成型凸形封头上的所有拼接接头，凡被补强圈、垫板、支座、内件等覆盖的焊接接头，满足不另行补强的管座，自开孔中心、沿外壳表面的长度等于 1.5 倍开孔直径的范围内的焊接接头的焊缝应经无损检测，检测方法和要求应符合设计图样的规定，其检测长度可计入外壳的局部检测长度；先拼板后成型的凸形封头上所有拼接接头应进行 100%射线检测及 100%表面检测，其射线检测技术等级应不低于 AB 级，合格级别应不低于Ⅱ级，表面检测的合格级别应不低于Ⅰ级。外壳上临时吊耳和拉筋垫板割除并修磨后留下的焊疤，应进行表面检测，表面检测的合格级别应不低于Ⅰ级。

真空夹层内及外部的管路，其 B 类焊接接头应按 NB/T 47013.2—2015 进行 100%射线检测，射线检测技术等级应不低于 AB 级，其合格级别应不低于Ⅱ级。真空夹层内及外部的管路，其 C、D 类焊接接头应按 NB/T 47013.5—2015 进行 100%渗透检测，合格级别应为Ⅰ级。

5.4 液氢储存设备设计技术进展

绝热技术是低温容器的核心技术。传统的被动绝热技术在低温系统中均有广泛应用，在此基础上发展而来的变密度多层绝热技术目前主要用于航天，国内相关研究较少。基于低温制冷机技术，通过主动耗能来实现热量转移的主动绝热技术是研究的一个热点，目前多用于再液化流程或超低蒸发率容器甚至零蒸发容器方面。

除此之外，对于氢等极易泄漏的介质，其加工精度也要求甚高。低温液态储氢因其储能密度大等优势，必将是未来的主要储氢手段，是实现氢能大规模应用的必由之路。由于液氢的储运过程中存在正-仲转化、漏热、热分层、晃动以及闪蒸等问题，所以不可避免地造成液氢损耗，可以采用正-仲转化催化剂、优化储罐结构、强化储罐绝热能力等措施有效降低损耗率。对于低温液态储氢技术的未来发展，有如下几点看法。

(1)随着氢燃料电池的迅猛发展，对民用氢提出了更大需求，低温液态储氢存在从军工向民用转移的趋势，但目前由于氢液化过程耗能巨大，且液氢储存对容器绝热性能要求极高，导致其经济性差，如何降低液化与储存成本是低温液态储氢能否走向民用的关键。

(2)氢液化较困难，仅通过被动绝热技术在存储中难以做到绝对的绝热，浪费不可避免，且有一定危险性，而零蒸发损耗储存 ZBO 技术能很好地解决这个问题，但目前存在的瓶颈主要在于：①低温制冷机技术的效率有待进一步提高，特别是在≤20K 温区，这方面理论水平国内处于世界前列，但受限于机械加工精度等问题，国内低温制冷机技术还较为落后；②低温容器自增压与热分层现象的机理还不十分明确，相关理论模型不够精确，泛用性还不够；③对用于空间的主动绝热，涉及复杂宇宙环境中的微重力传热机理问题，由于实验困难而缺少相关数据等原因，还有待更进一步探究。

(3)随着材料科学的不断发展，低导热率、高强度、良好低温性能的材料将不断应用于低温容器中，来降低热传导。

(4)氢安全也是人们关注的问题，在未来氢能取得大规模应用之际，对氢爆炸、泄漏相关机理及模型的研究至关重要，如何保障用氢安全则是重中之重。

思考题

5-1 简述液氢储存容器的分类及各自特点。

5-2 绝热技术是低温容器的核心技术，讨论液氢储罐基本的传热途径有哪些？分别发生在液氢储存容器的哪些部件？针对不同的传热途径如何开展设计降低热量传递？

5-3 简述液氢储存容器的基本结构？并用结构简图进行示意。

5-4 真空绝热深冷压力容器(如液氢储罐)的失效模式有哪些？

5-5 真空多层绝热式液氢储存容器可能的失效风险有哪些，如何预防？

5-6 对于液氢容器的选材，一般要考虑哪些问题？并简述低温环境下，工程材料的物理及力学性能与常温下主要有哪些差别？

5-7 简述液氢储存内容器的选材原则。

5-8 液氢储存容器的内容器与外壳之间采用多层绝热材料进行隔热，简述隔热层的主要结构及作用。

5-9 高真空多层绝热是在高真空夹层空间内，由间隔材料和反射屏交替组合而形成的绝热，简述反射屏的作用及种类，并浅谈每种反射屏的适用场合及特点。

5-10 简述液氢储罐内外容器间高真空多层绝热层中的残余气体来源，如何去除。

5-11 查阅资料讨论适合液氢储存容器夹层间的吸附剂材料有哪些？各有何特点？

5-12 液氢储罐的设计应遵守哪些技术规范？

5-13 简述液氢储存设备内容器设计需要考虑的载荷有哪些。

5-14 简述液氢储存设备外容器设计需要考虑的载荷有哪些。

5-15 液氢储罐内外容器的设计温度如何确定？

5-16 简述液氢储罐的许用应力选取原则。

5-17 液氢储存容器的内容器充装率有何要求？

5-18 某厂生产S31608-LH钢板，其化学成分(质量分数%)为Ni含量10.8%，Mn含量2%，C含量0.05%，Cr含量16%，Mo含量2%，Si含量0.75%，P含量0.03%，S含量0.015%，N含量0.06%，试从奥氏体的稳定性、低温下马氏体自发转变温度两方面分析该S31608-LH钢板是否可以选作承装液氢内容器使用。

5-19 传统低温绝热技术有哪几种，简述其原理、性能及应用场合。

5-20 简述低温绝热材料的选择要求。

5-21　简述液氢储罐管路系统主要包含哪些部分，分别起什么作用。

5-22　液氢储罐夹层管路系统在设计过程中应考虑哪些问题？

5-23　液氢储罐外部管路系统在设计过程中应考虑哪些问题？

5-24　液氢储罐氢排放管路系统在设计时应考虑哪些问题？

5-25　某低温储运设备的管道设置了四种连接方式，如图 5-27 所示，讨论哪种设计更为合理，为什么？

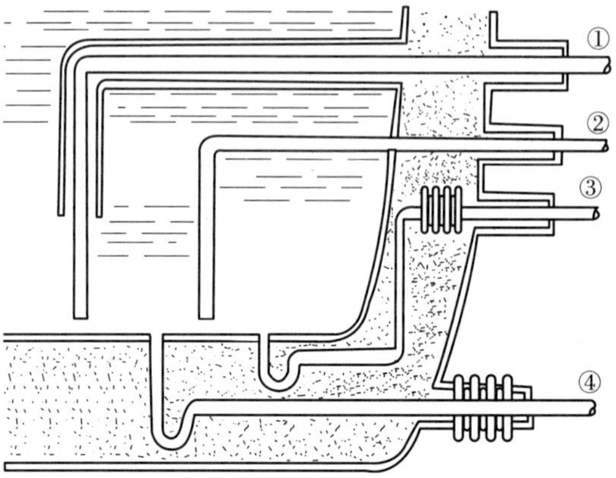

图 5-27　低温储运设备的管道设置

5-26　某固定式液氢储存容器结构简图如图 5-11 所示，内外容器均采用椭圆形封头，内容器设计温度为-253℃，设计压力为 0.6MPa；外容器设计温度为-25～150℃，设计压力为-0.1MPa；充满率 90%，内外容器均采用 100%射线检测，焊接接头系数均为 1，内容器材质 S30408，外容器材质 Q345R，内容器外径 d_o = 900mm，内容器筒体长度 l = 1380mm，内容器封头直边高度 sf = 25mm，外容器内径 D_i = 1200mm，外容器筒体长度 L = 2800mm，外容器封头直边高度 SF = 36mm，外容器左/右封头内曲面半径 $R_1 = R_2$ = 1200mm，外容器左/右封头内曲面高度 $H_1 = H_2$ = 300mm，内容器公称容积 1.11m^3，试计算：

(1) 内容器计算壁厚？

(2) 外容器计算壁厚？

(3) 当夹层漏气速率 $Q_{漏} = 1.6\times10^{-10}$(Pa·$m^3$)/s，夹层漏放气速率 $Q_{漏放} = 1.9\times10^{-9}$(Pa·$m^3$)/s 时，设计寿命 5 年内是否满足罐体的封结真空度要求？

(4) 若已知其漏放气速率为 1×10^{-7}(Pa·m^3)/s；吸附剂的吸附等温线在真空度 2×10^{-2}Pa 时对应的吸附量为 5×10^{-1}(Pa·m^3)/g；假设漏放气成分为低温吸附剂可吸附气体，吸附效率为 20%。试估算夹层真空度要求不低于 2×10^{-2}Pa 的真空寿命为 5 年时放置低温吸附剂的工程用量为多少？

5-27　简述液氢储存容器层间支撑结构有哪些典型的结构形式，设计的原则是什么。

5-28　内容器通过悬挂装置或者支座固定在外容器上，除教材中提到的典型结构外，研讨并设计可能有效的其他结构形式。

5-29　简述液氢储罐的安全附件包括哪些，并简述内容器超压泄放装置的设置要求。

5-30　液氢储存要求的组合泄放装置主要有哪些组合形式？采用组合泄放装置的优点有哪些？

5-31　安全泄放量及超压泄放装置的排放能力计算依据有哪些？需要考虑的工况和工况组合有哪些？

5-32　图5-28所示为液氢储罐典型管路布置，图中在气态氢排放管路设置了组合安全阀，在汽化器进出口均设置了安全阀，试讨论这样设置是否合理？并说明设置的目的和作用。

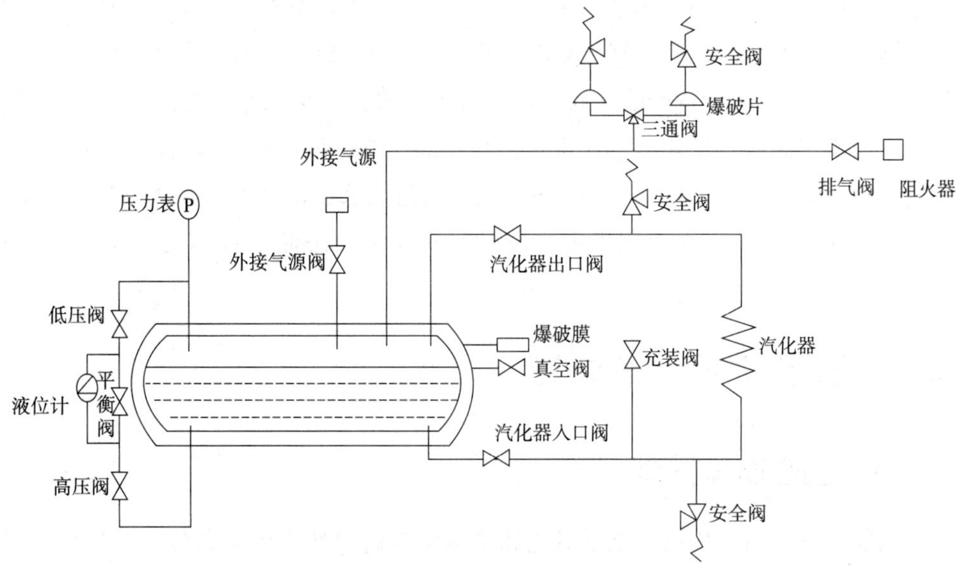

图5-28　液氢储罐典型管路布置

5-33　简述液氢储罐紧急切断装置的设置原则。

5-34　液氢储存容器的支座上设计了不锈钢接地板，施工中接地板与导静电镀锌板采用碳钢螺丝连接，长期暴露在室外，三种不同金属产生电偶腐蚀，导致碳钢螺丝和镀锌板大面积锈蚀，试从安全的角度分析该液氢储存容器的导静电接地装置能否达到要求？

5-35　液氢储存容器的焊接接头表面质量有哪些要求？

5-36　简述液氢储存容器内容器无损检测要求。

5-37　简述液氢储存容器外容器无损检测要求。

5-38　讨论液氢储罐内外容器之间的绝热层为什么要按工艺要求进行打孔。

5-39　高真空多层绝热的绝热层应在内容器与外壳组装前完成安装，组装的具体要求有哪些？

第6章　固态储氢设备设计

固态储氢材料吸氢时放出大量的热，热量必须及时去除以达到所需的充氢率；同时，固态储氢材料放氢时需要吸收热量，这就需要向储氢容器提供热量。无论是吸氢还是放氢过程，关键是设计安全、具有良好传热途径的化学反应式储氢容器，其结构性能优劣直接影响吸/放氢反应速率等设备性能。固态储氢容器应符合使用场景对空间和重量的限制要求，并能以所需的储氢容量和最低成本提供快速的充/放氢过程。本章概要介绍了物理和化学储氢材料的储氢机理，在此基础上重点阐述固态储氢装置的承压壳体、氢气管路和换热部件的设计内容、设计方法和依据，最后扼要介绍固态储氢技术的应用场景和发展前景。

6.1　固态储氢设备概述

6.1.1　固态储氢材料

固态储氢是以金属氢化物、化学氢化物或纳米材料等作为储氢载体，通过化学吸附、物理吸附等方式实现氢的存储的技术，储氢材料是固态储氢技术的核心。

(1)物理吸附储氢材料

物理吸附储氢是利用氢气分子与固体表面之间的范德华力使氢气分子在固体材料表面富集。由于范德华力是一种弱相互作用，所以高比表面积的材料是物理吸氢的最佳材料，主要有碳基储氢材料、沸石、金属有机骨架化合物和共价有机化合物等。

碳基储氢材料因具有多微孔、高比表面积及吸附势能大等特点，受到广泛关注，其储氢性能一般通过调节材料的比表面积、孔道尺寸和孔体积来提高。主要的碳基材料有活性炭(高比表面积，约 $3000m^2/g$)、碳纳米纤维(高比表面积，较多微孔，吸附和脱附速率快)和碳纳米管(表面结合各种官能团，储氢性能好)。碳基储氢材料的主要缺点是必须在很低的温度、较高的压力下实现氢的吸附，这对于工业应用来讲有较大的局限性。碳基储氢材料的储氢性能见表6-1。沸石(又名分子筛)是具有规整的孔道结构和固定的孔道尺寸的微孔材料，其价格低廉、技术成熟，并能够选择性吸附气体，沸石结构上的差异会影响材料的比表面积和孔体积，进而影响材料的储氢性能(表6-2)。

表 6-1　碳基储氢材料的储氢性能

类别	缩写	温度/K	压力/MPa	质量储氢密度/%
活性炭	AC	77 93 室温	2~4 6 7.04	5.3~7.4 9.8 3.8
石墨纳米纤维	GNF	25 室温	12 11	67 12
碳纳米纤维	CNF	室温	10~12	10
碳纳米管	CNT	80 室温	12 0.05	8.25 6.5

金属有机骨架化合物(MOFs)是由金属氧化物与有机基团相互连接组成的一种规则多孔材料(表 6-3)。共价有机化合物材料也被称为 COFs 材料，是轻元素碳、氧和氮等以共价键连接而构建的有序多孔晶体材料(表 6-4)。具有低密度、高比表面积及高热稳定性等优点，使其更加有利于气体的吸附。虽然与 MOFs 相比，COFs 具有更高的储氢性能，但在常温下储氢性能不理想。近年来，人们将碱金属离子引入 COFs 骨架，以提高 COFs 材料在室温下的储氢性能。

表 6-2　沸石类储氢材料的基本性能

沸石类型	温度/K	压力/bar	储氢量
LEV 型	77	16	2.07%(质量分数)
RWY 型	77	100	35g/L[7%(质量分数)]
	229.9	400	20g/L[4%(质量分数)]
MON 型	77	100	30g/L
SBN 型	77	100	22g/L
MTN 型	77	100	17g/L
AWO 型	77	100	10g/L[7%(质量分数)]
	229.9	100	3.5g/L[2%(质量分数)]

表 6-3　金属有机骨架化合物(MOFs)的储氢性能

化合物类型	温度/K	压力/MPa	质量储氢密度/%(质量分数)	体积储氢密度/(g/L)
MOF-5	77	1.00	1.6	31.0
	77	4.85	5.25	
	298	6.70	0.2	
	298	10.00	1.8	
MOF-177	77	6.85	7.52	32.1
IRMOF-20	77	2.50~8.00		34.7
NOTT-112	77	7.70	10.0	

表 6-4 共价-有机化合物材料(COFs)的储氢性能

化合物类型	温度/K	压力/MPa	质量储氢密度/%(质量分数)	体积储氢密度/(g/L)
COF-102	77	4.0	7.24	29(过量)①
				48(绝对)①
COF-105	77	10.0	18.3	
COF-108	77	10.0	18.9	

注：①从 8.5MPa 时的等温吸附曲线估算。

(2)化学吸附储氢材料

化学吸附储氢材料是氢以原子或离子的形式与其他元素结合而实现储氢，主要有金属氢化物、配位氢化物和化学氢化物三类。

金属氢化物(MH)是研究较为充分且已有实际应用的一大类固态储氢材料。除镁基储氢合金外，其他储氢合金多为金属间化合物或多元合金。

1)镁系储氢合金

研究最多且产业化前景较好的金属氢化物是镁基氢化物 MgH_2，这得益于金属元素镁的储量较为丰富、制备工艺相对成熟。Mg 在 300~400℃和较高氢压(2.4~40MPa)环境下可以直接与氢气反应生成 MgH_2，MgH_2具有性能稳定的红晶石结构，它的质量储氢密度和体积储氢密度分别达到 7.6%和 110kg/m^3。相对于其高的储氢容量，Mg 的吸/放氢反应无论是从热力学还是动力学上都有很大的困难。从热力学来看，MgH_2的生成焓为-74kJ/mol，平衡放氢温度为 289℃；从动力学来看，放氢的活化能为 160kJ/mol，只有较高的温度才能实现较快的放氢，这是产业化应用的两个最大瓶颈。此外，Mg 的表面极易生成一层氧化膜，也是需要考虑的问题。为改善 Mg 的吸/放氢性能，克服纯镁吸/放氢速率慢、放氢温度高等难题，往往加入过渡金属 TM，形成 Mg-TM-H 系氢化物，还有稀土改性和稀土及其过渡金属改性的 Mg-Re-H 系和 Mg-TM-Re-H 系氢化物，这些均称为镁基储氢合金。对 Mg-TM-H 系氢化物而言，在平衡条件下，TM 在 Mg 中的固溶度很小，借此改善储氢性能有难度。对此，可采用两种办法：一方面在高能球磨过程中加入少量的 TM 做催化剂，可改变 MgH_2的吸/放氢动力学，但热力学性能并未好转；另一方面可改变相结构形成新的 Mg-TM-H 系氢化物。该类氢化物过渡金属包括 Ni、Fe、Co、Cu、Cr 和 Mn 等。通过掺杂改性等手段形成不同结构的纳米晶、微晶、非晶和纳米复合材料等，是镁基储氢材料制备领域的研究热点。

2)钛系储氢合金

钛系储氢合金通常有 TiFe、TiMn、TiCr、TiZr 等，以 AB 型的 TiFe 合金为代表。TiFe 储氢合金成本低、易制取、室温下吸/放氢速度快，循环寿命长(可达到 2000 次以上，是稀土储氢合金的 4 倍)，原料成本仅为稀土储氢合金的 1/3。但 TiFe 合金易生成致密的 TiO_2层而很难被活化，活化后极易与空气中的 O_2、CO_2、H_2O 等杂质气体接触并丧失吸/放氢活性。目前，主要通过元素合金化和表面处理等手段来解决这些问题，通常采用 Ni、Mn、Cr 等过渡元素来取代 TiFe 中的部分 Fe，改善活化性能。通过降低合金表面的致密性以促进氢原子快速进入合金表面、增加相界面或引入晶体缺陷以提高氢原子的扩散能力等已成为重点研究方向。

3)钒系储氢合金

钒系储氢合金主要是具有 BCC 结构的钒基固溶体合金，包括 TiVCr、TiVMn、TiVFe、TiVNi。钒基固溶体合金具有储氢量大(VH_2 的理论储氢密度为 3.8%)，可在常温下吸/放氢且反应速度快；与钛系储氢合金类似，钒基固溶体合金表面也容易生成一层氧化膜，可通过元素的添加和替换来改变合金的组分，提高储氢性能。金属钒的价格高、常温常压下放氢不彻底，大规模应用尚有距离。

4)稀土系储氢合金

稀土系储氢合金主要以 AB_5 型 $LaNi_5$ 合金为代表。$LaNi_5$ 在温度为 25℃，压力为 0.2MPa 的条件下，储氢质量密度约为 1.38%，具有活化性能好、吸/放氢速度快、滞后小、不易中毒等显著优点。但是稀土系合金在吸氢后晶体会膨胀，导致合金粉化，且原料成本过高。目前对稀土系合金的研发主要是把 $LaNi_5$ 中的部分 La 用混合稀土 Mm(La、Ce、Nd、Pr)代替。另外，添加镁的 LaMgNi 储氢合金因其独特的超堆垛晶格结构而具有非常出色的储氢性能，也正成为金属储氢材料的研究热点。

5)锆系储氢合金

锆系储氢合金主要以 AB_2 型合金 $ZrMn_2$ 为代表，该合金具有储氢量高、吸/放氢速度快、循环寿命长等优点，但其原料成本高、吸/放氢平台压力低、不易活化。AB_2 型合金虽然存在初期活化困难、原料成本高等问题，但由于其出色的储氢量和循环寿命长等优势，被视为下一代 Ni-MH 电池的高容量负极材料。

与金属氢化物不同，配位氢化物是一种盐，氢原子通过共价键连接到复合阴离子的中心原子上，形成络合物阴离子，后者再与金属离子以离子键结合形成氢化物。一般氢化物可以用化学式 A_xMe_yHz 表示，A 通常为元素周期表中第一或第二主族元素，Me 通常为 B、Al、N，其理论储氢质量密度为 5.5%~21%。配位氢化物的放氢可以通过水解或热解两种方式进行。按照配体的不同，氢化物可以分为 3 类：第一类是以 $[AlH_4]^-$ 基团为配位体的金属氢化物，其中较为突出的是 $LiAlH_4$、$Ca(AlH_4)_2$、$KAlH_4$；第二类金属氢化物的配位体为 $[NH_2]^-$ 基团，此类金属氨基化物具有代表性的是 $Mg(NH_2)_2$、$NaNH_2$ 以及 $LiNH_2$ 等；第三类是以 $[BH_4]^-$ 基团为配位体的金属氢化物，典型的金属硼氢化物有 $LiBH_4$、$NaBH_4$、KBH_4、$Mg(BH_4)_2$ 等。其中最受关注的为第一类和第三类。从配位氢化物离子键或共价键的结构来看，其热稳定性较高，作为储氢材料有局限性：一是放氢温度高，需要 200℃ 以上，同时它的吸氢条件也较为苛刻；二是反应物和生成物多种形态并存，相分离和团聚同时发生，吸/放氢反应很难彻底完成，实际储氢量与理论值有偏差。此外，如果是金属硼氢化物和金属氮氢化物，吸/放氢反应中会有副产物生成或产生杂质气体。为克服这些问题，研究人员进行了很多工作，如阴阳离子替代，构建反应失稳体系和掺杂催化、纳米结构调制，采取新的框架材料与配位氢化物形成空间限域体系等，但这些工作仅仅改变了氢化物的某些性能，如降低吸/放氢反应的温度、提高充/放氢速率、减少杂质气体释放等，真正实现完全可逆的吸/放氢过程，解决配位氢化物有效质量储氢密度远低于理论值的问题，尚有较大差距。

表 6-5 几种配位氢化物的储氢性能

（常见金属铝氢化物的理论含氢量、热稳定性和晶体结构）

金属铝氢化物种类	晶体结构	热分解温度/℃	理论含氢量（质量分数）/%
Li_3AlH_6	三方	228	11.2
$LiAlH_4$	单斜	187	10.6
$Mg(AlH_4)_2$	三方	130	9.3
$Ca(AlH_4)_2$	正交	80	7.9
$NaAlH_4$	四方	220	7.4
$CaAlH_5$	单斜	260	7.0
Na_3AlH_6	单斜	280	5.9
$KAlH_4$	正交	300	4.3

其他储氢材料有氨硼烷化合物储氢、石墨烯储氢、玻璃微球储氢等。感兴趣的读者可参阅相关文献。

6.1.2 固态储氢设备的结构组成

如图 6-1 所示，固态储氢设备主要由承压壳体、储氢材料、吸/放氢管路、换热部件、安全和监测附件等几部分组成。承压壳体一般呈圆柱状，长径比在 3~10，具有较大的面积和体积比，有利于吸/放氢过程中通过承压壳体壁面进行热交换。储氢材料是实现储氢功能的核心物质，初始状态多为颗粒状或粉末状，孔隙率较高（可达到 0.5~0.7），导致其散堆体系的热导率偏低[小于 0.3W/(m·K)]。吸/放氢管路是氢气进出承压壳体的通道，其材质、管径、长度、在壳体中的排布、在壳体上的安装位置、连接方式等均需通过设计计算确定。承压壳体往往兼做吸/放氢过程的热交换界面，当仅靠承压壳体的表面不足以及时导出或导入足够热量时，需增设换热部件。增设的换热部件可以在临氢承压壁面的外侧，常见的结构是在单层壳体的外侧增加导热翅片，或者增设夹套。增设的换热部件也可以在临氢承压壁面的内侧，与储氢材料耦合在一起，常见的结构有平直、螺旋、U 形、多层盘状等不同构型和布置方式的换热管，有时还进一步在换热管上增加翅片，或者增加平板状、蜂窝状导热构件以增强换热管外侧的换热效果。增设的换热部件的设计，尤其是在内部增设的换热部件的设计，需要同吸/放氢管路、储氢材料装填方式一起统筹考虑。换热介质有空气和导热液体两大类。当采用液体作为循环换热介质时，还需要增设相对独立的冷源和热源。安全和监测附件包括安全附件和监测附件。安全附件常用安全阀，有时还同爆破片配合使用，具体需根据安全泄放量的要求和实际应用场景通过设计计算来确定，选出合适的安全附件类型和型号。监测附件主要指压力传感器和温度传感器，用于实时监测吸/放氢过程中承压壳体内的氢气状态。

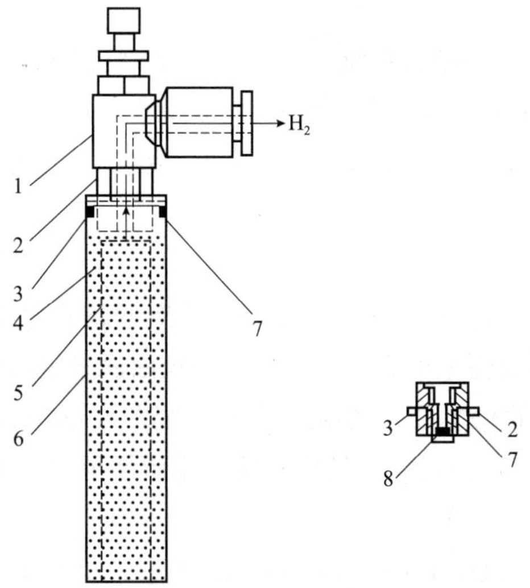

图 6-1　金属氢化物储氢罐的基本组成示意

1—气体阀门；2—连接头；3—盖；4—储氢合金；
5—导热、分散结构；6—筒体；7—密封圈；8—过滤器

对于吸氢量和放氢量的准确计量，采用氢气质量流量控制器实现。计量吸氢量的氢气质量流量控制器安装在固态储氢设备与氢源(比如制氢装置)之间的管路上；计量放氢量的氢气质量流量控制器安装在固态储氢设备与用氢设备(比如氢燃料电池)之间的管路上。

6.1.3　固态储氢设备的性能参数

固态储氢设备的性能参数包括可逆储氢量、额定吸氢参数、额定放氢参数、循环寿命和放氢纯度等 5 类。固态储氢设备的吸/放氢温度和吸/放氢压力范围由其内含的储氢材料的储氢特性(PCT 曲线)及实际使用场景共同决定，其可逆储氢量和设计使用寿命按照使用场景的具体要求确定。

(1)储氢参数

固态储氢设备的可逆储氢量或储氢能力用额定储氢容量来表征，该指标以所能储存和释放的氢的质量为单位进行计算和标示。额定储氢容量(rated hydrogen storage capacity)是指在规定的试验条件下，金属氢化物储氢装置所能提供的氢气量。

最高温升压力(maximum developed pressure，MDP)是指在正常工作条件或正常使用条件下，金属氢化物储氢装置在额定容量下达到平衡时的最高气体表压，以较大者为准。MDP 的概念专门针对金属氢化物储氢装置而提出。在任何情况下，MDP 不得超过承压壳体试验压力的 0.8 倍，也不应超过 25MPa。

固态储氢设备的工作温度范围是指在标准工作条件下设定的最低和最高温度。固态储氢设备的使用温度范围是指根据确定的标准使用条件指定的最低和最高环境温度，一般为 -40~65℃。若超出此范围，应标出特殊条件下的最低和最高工作温度。根据工作温度范围和使用温度范围，可通过 PCT 曲线确定吸/放氢过程的平台压，进而确定固态储氢设备

罐体的设计压力条件。

对于已有工程应用的镁基储氢系统，团标 T/SHJNXH 0008 2021 T/CECA 0148—2021《镁基氢化物固态储运氢系统技术要求》中还规定了最高运输压力，是指镁基氢化物固态储运氢系统充氢到储氢容量后，在运输过程中最大环境温度下达到平衡时的储运容器内氢气压力。

(2)额定充氢参数

额定充氢压力(rated charging pressure，RCP)是指金属氢化物储氢装置的许用充氢压力。RCP 是为防止充氢导致壳壁应力超过设计应力极限而设定的压力，根据储氢合金的堆积和膨胀特点、金属氢化物储氢装置的最高温升压力以及气体的机械载荷指定。

额定充氢速率(rated charging rate)是指金属氢化物储氢装置能持续恒速率充氢 80%额定储氢容量的最大恒流充氢速率。

团标 T/SHJNXH 0008 2021 T/CECA 0148—2021 中给出的额定充氢速率是指制造商规定的镁基氢化物固态储运氢系统充氢到额定储氢容量对应的平均充氢速率。

(3)额定放氢参数

额定放氢速率(rated discharging rate)是指金属氢化物储氢装置能持续恒速率放氢 80%额定储氢容量的最大恒流放氢速率。

团标 T/SHJNXH 0008 2021 T/CECA 0148—2021 中给出的额定放氢速率是指制造商规定的镁基氢化物固态储运氢系统充氢到额定储氢容量对应的平均放氢速率。

(4)循环寿命

储氢材料充氢和放氢一次称为一个周期(或循环)。储氢材料的储氢量降到某一规定值之前能反复充/放氢的次数称为循环寿命。

(5)放氢纯度

放氢纯度不低于进氢口的纯度。

(6)安全性能参数

固态储氢设备的满流量压力是指泄压装置完全打开、气体流量最大时的气体压力。

6.2 固态储氢设备的设计

6.2.1 失效模式和设计要求

1. 失效模式

(1)氢气和储氢材料泄漏

固态储氢设备的设计和制造要防止氢和储氢材料在正常储存和运输过程中发生泄漏。

氢气的泄漏包括外泄漏和内泄漏。当承压壳体无过量变形和破损时，氢气外泄漏仅可能发生在吸/放氢管路、液态循环控温介质进出管路、安全与监测附件等与承压壳体连接处，因此这些接口位置的连接设计需要做到防止氢气向外界泄漏。焊接是不可拆式连接，密封性最好，宜优先采用。氢气的内泄漏是指当内部的换热管路有破损或裂纹时，氢气漏向换热管内部。氢气的内泄漏一方面会随着液态换热介质的循环流动演变成外泄漏，引发事故；另一方面可能造成换热管内的流动演变成不稳定两相流，影响换热效果，进而诱发吸/放氢工艺参数波动。因此，内部换热管路的选材和设计计算需要考虑氢气的内泄漏问题。若含氢活性粉体随氢气流通过阀门向外逸出，可污染环境并可能引起燃烧、爆炸事故。

(2) 承压壳体变形

与高压储氢容器和液氢储存容器的罐体只受到氢介质作用力不同，固态储氢设备罐体既受到气态氢的压力作用，还受到储氢合金吸/放氢过程体积变化产生的机械挤压力，因此固态储氢设备罐体在设计时应同时考虑氢气内压力及储氢合金膨胀引起的机械挤压力两种载荷。对于储氢合金膨胀引起的机械挤压力，可以通过预留膨胀空间、设计储氢合金移动预防结构和储氢合金吸氢膨胀过压预防结构等措施来加以限制和避免。

引起承压壳体变形的原因可能有充氢压力过高、罐内体系温度过高(换热部件的控温效果不良引起)、储氢合金局部堆积在吸氢时产生了过大的膨胀挤压力、外部机械撞击或强力挤压等四类。金属氢化物的解吸氢压随金属氢化物温度升高呈指数函数增大，可能导致金属氢化物容器超压失效。固态储氢容器在使用过程中，由于振动或氢气流推动，易造成粉体局部堆积而导致容器膨胀、破损。在进行承压壳体设计时，须依据相关规范和标准进行选材和设计计算，保证其有足够的强度、刚度及稳定性。

(3) 内部换热介质泄漏

当内部换热管路受到储氢合金吸氢膨胀过大的挤压力、超出预期的非正常温差应力等载荷时，可能发生过量变形，内部出现裂纹，随着吸/放氢循环次数的增大，裂纹逐渐扩展，最终形成穿透性裂纹，引发内部换热介质漏向储氢材料，导致装置失效。

(4) 吸/放氢性能退化

吸/放氢性能退化有正常性退化和非正常性退化两类。吸/放氢性能的正常性退化是指经过一定次数(与设计循环寿命对应)吸/放氢后，出现的储氢材料的可逆储氢量显著降低、吸/放氢速率显著减小、放氢纯度明显劣化等现象。吸/放氢性能的非正常性退化是指由吸氢管路滤网堵塞、储氢合金过早粉化和局部堆积、换热效果突然恶化等原因引起的吸氢速率减慢、放氢压力降低、放氢量不足、放氢纯度不够等现象。此外，活性粉体失活也会直接导致吸/放氢性能退化。引起储氢合金活性粉体失活的原因可能有两方面：一是原料氢纯度不够，含有 CO、SO_2、Cl_2、O_2、CO_2 等杂质，高活性的储氢合金材料接触这些杂质气体后会被污染或中毒失活；二是固态储氢容器在加热解吸/放氢后的冷却过程中，容器内可能形成负压而吸入空气，导致活性粉体逐渐失活。原料氢的纯度应不低于 99.95%，并应符合 GB/T 3634.1—2006《氢气　第 1 部分：工业氢》中优等品的要求，也可在满足安全及质量前提下依据供需方要求调整。

预防吸/放氢性能非正常退化的措施除了合理选择储氢合金材料及其填充方式之外，主要在于设计层面做到科学合理，此外还应通过优化控制避免吸/放氢过程工艺波动(包括辅助循环控温系统的参数波动)。

2. 设计要求

固态储氢设备设计的基本要求是：

①满足吸/放氢及储氢的功能要求，即吸/放氢过程氢气流动顺畅、吸/放氢量满足使用要求、放氢纯度符合用氢设备的要求、吸/放氢循环寿命长等；

②结构紧凑、操作方便、运行安全；

③初投资及运营成本低、故障少。

为此，在选材上，与气态氢和储氢材料接触的组件应在正常工作或操作条件下足以抵抗其物理化学行为；固态储氢设备各组件的制造材料应满足储氢装置整体预期寿命的要求。在设计方面，应根据应用场景的具体要求，依据相关规范和标准开展设计工作。

金属氢化物储氢装置应包含截止阀，当储氢装置与充氢或供氢设备断开前关闭截止阀。截止阀可通过手轮来手动控制，也可自动控制。由于金属氢化物的温度、压力特性，储氢装置内可能形成较低的压力，所以挑选截止阀应测试其使储氢装置内保持真空的密封能力。固态储氢设备上应设置氢气排放管、吹扫口和阻火器。

6.2.2 储氢材料的选择及用量计算

固态储氢合金的储氢质量与其装填质量和质量储氢密度有关。选择储氢合金材料的依据是吸/放氢工艺参数(吸/放氢温度、压力和速率要求等)、体积和重量储氢密度、储氢合金自身的热力学和动力学特性、储氢合金的来源和价格等。

储氢材料的种类确定后，即可根据要求的可逆储氢量按式(6-1)和式(6-2)计算所需的储氢材料的重量和体积。

$$m_{MH} = m_{H_2}/\alpha \tag{6-1}$$

$$V_{MH} = m_{MH}/\rho_{MH} \tag{6-2}$$

式中 m_{MH}——储氢材料的装填质量，kg；

m_{H_2}——要求的可逆储氢量，kg；

α——储氢合金的质量储氢密度，%(质量分数)；

V_{MH}——所需的储氢材料的体积，m^3；

ρ_{MH}——储氢合金的体积密度，kg/m^3。

储氢合金可以粉状充填、颗粒状充填或者块状充填。比如，镁基氢化物可以多孔块状、圆盘状、柱状、药片状等形式装填于储运容器中。储氢合金装填时应采用固化程序和标准以确保承压壳体中储氢合金装填的一致性。

储氢合金吸/放氢过程会导致其膨胀和收缩，从而在合金颗粒内部产生较大的应力使其破碎成较小颗粒，这一现象被称为粉化。多次充/放氢循环后，颗粒平均尺寸会显著下降。在储氢装置的使用寿命内，容器壁的应力可能来自氢化作用时吸氢合金的膨胀和粉化引起的堆积分布改变。膨胀或收缩程度随所用储氢合金的不同存在较大差异。因此，为保证不超过设计应力极限，金属氢化物储氢装置设计应通过氢循环与应变测试试验。

6.2.3 吸/放氢管路的选材和管径计算

从同时与氢、储氢材料相容的角度考虑，氢气管道可选择不锈钢、铝合金等材质。在GB 50177—2005《氢气站设计规范》中，氢气管路的材质还可选20号钢。管径根据额定充氢速率和管道中氢气的流速范围，由式(6-3)计算确定，保证氢气管道中的氢气高速流动引起的压降尽量小、不降低过滤器的连接可靠性、不对容器内的储氢合金产生强力吹扫作用。GB 50177—2005中规定：氢气设计压力为0.1~3MPa时，在不锈钢管中最大流速可为25m/s。在工程实践中，大压差下氢气在管道中的流速甚至能超过65m/s。

$$d_o=\left(\frac{4q}{\pi v}\right)^{0.5} \tag{6-3}$$

式中 d_o——管道计算内直径，m；

q——管道任务流量，Sm^3/s；

v——允许最大流速，m/s。

由式(6-3)所得为氢气管道内径的计算值，该值需进一步根据相应材质管材的规格系列向上圆整后作为取定的管道内径。

氢气管路的计算壁厚根据固态储氢压力，基于管道内直径，由式(6-4)计算确定。

$$\delta=\frac{PD}{2(SEW+PY)} \tag{6-4}$$

式中 δ——计算壁厚，mm；

P——输氢压力(表压)，MPa；

D——管道外直径，mm；

S——管材的许用应力，MPa；

E——质量系数：无缝钢管为1，纵向焊接钢管为0.85，螺旋焊接钢管为0.6；

W——焊缝接头强度降低系数；

Y——安全系数。

当$\delta \geqslant D/6$或者$P/(SE)>0.385$时，直管的计算壁厚需要考虑失效机理、疲劳影响和热应力等因素。

为了防止储氢合金粉体被氢气带出设备，或者为了避免微量的固体颗粒杂质被氢气带入设备，应在氢气管道的进出口均设置过滤精度与固态储氢物质粒度相匹配的过滤器。如果有多根氢气进出管道，则每根氢管的两段均应设置过滤器。充/放氢过程中，实际充/放氢速率应不高于额定充/放氢速率。

氢气管道上应设放空管、分析取样口和吹扫置换口，其位置应能满足管道内气体排放、取样、吹扫和置换要求。

固态储氢容器内的氢气和换热介质的管路应采用焊接方式，储氢容器与其他装置的连接，可采用法兰、卡套或螺纹等方式。

6.2.4 换热部件设计

由于储氢合金储放氢过程具有显著热效应，吸氢时放热，而放氢时吸热，因此金属氢化物储氢装置的结构设计应保证装置内有效的热交换和氢气流动的畅通性。储氢合金粉末的热导率一般为0.2~2W/(m·K)，导热性几乎与玻璃相同。为了提高储氢合金粉末床体的传热性能并强化装置内外的热交换，一般需在装置内部设置具有一定结构的换热部件，同时在储氢合金粉末中添加一定比例的导热材料。具体来讲，提高固态储氢装置热交换性能的方法有两类：一类是同步优化储氢设备的结构和内部换热单元的设计；另一类是提高储氢粉末床体的有效热导率。对于第二类方法，目前最常用的是将储氢材料粉末压实或直接添加高热导率材料。与疏松粉体相比，储氢材料粉末压实体具有较高的体积储氢密度和高的有效热导率，但同时孔隙率降低、比表面积减小，在一定程度上增大了吸/放氢的阻力。通过将疏松粉体压实，可使储氢材料粉末床体的有效热导率由0.1W/(m·K)增加至3~6W/(m·K)，且经上千次的吸/放氢循环后，储氢材料压实体仍具有良好的结构稳定性。本小节主要阐述通过储氢设备壳体的结构优化设计或内部换热单元的设计来提高吸/放氢性能及其可控性。

1. 换热部件的类型

用于在两种或两种以上流体间、一种流体一种固体间、固体粒子间或者热接触且具有不同温度的同一种流体间的热量(或熔)传递的装置称为换热设备。它是化工、炼油、食品轻工、能源、制药、机械及其他许多工业部门广泛使用的一种通用设备。在工业生产中，由于用途、工作条件和物料特性的不同，出现了各种不同形式和结构的换热设备。

按热传递原理或传热方式将换热设备可分为以下几种主要形式。

(1)直接接触式换热器

直接接触式换热器又称混合式换热器，它是利用冷、热流体直接接触，彼此混合进行换热的换热器，如冷却塔、冷凝器等。为增加两流体的接触面积，以达到充分换热，在设备中常放置填料和栅板，通常采用塔状结构。直接接触式换热器具有传热效率高、单位容积提供的传热面积大、设备结构简单、价格便宜等优点，但仅适用于工艺上允许两种流体混合的场合。

(2)蓄热式换热器

蓄热式换热器又称回热式换热器，它是借助于由固体(如固体填料或多孔性格子砖等)构成的蓄热体与热流体和冷流体交替接触，把热量从热流体传递给冷流体的换热器。在换热器内首先由热流体通过，把热量积蓄在蓄热体中，然后由冷流体通过，由蓄热体把热量释放给冷流体，由于两种流体交替与蓄热体接触，因此不可避免地会使两种流体少量混合。若两种流体不允许有混合，则不能采用蓄热式换热器。蓄热式换热器结构紧凑，价格便宜，单位体积传热面大，故较适合用于气气热交换的场合，如回转式空气预热器就是一种蓄热式换热器。

(3)间壁式换热器

间壁式换热器又称表面式换热器。它是利用间壁(固体壁面)将进行热交换的冷热两种流体隔开，互不接触，热量由热流体通过间壁传递给冷流体的换热器。间壁式换热器是工业生产中应用最广泛的换热器，其形式多种多样，如常见的各种管式换热器和板式换热器都属于间壁式换热器。

(4)中间载热体式换热器

中间载热体式换热器是把两个间壁式换热器由在其中循环的载热体连接起来的换热器。载热体在高温流体换热器和低温流体换热器之间循环，在高温流体换热器中吸收热量，在低温流体换热器中释放热量，如热管式换热器。

在上述四大类换热器中，间壁式换热器中的管式换热器适合于固态储氢设备的内部换热。管式换热器均通过管子壁面进行传热，按传热管的结构形式不同大致可分为蛇管式、套管式、缠绕管式和管壳式四种。

(1)蛇管式换热器

蛇管式换热器是最早出现的一种换热设备，具有结构简单和操作方便等优点。按盘绕后的形状分，蛇管式换热器有圆盘形、螺旋形和长蛇形等；按使用状态不同，蛇管式换热器又可分为沉浸式蛇管和喷淋式蛇管两种。

①沉浸式蛇管常用于高压流体的冷却，以及反应器的传热元件。蛇管多以金属管子弯绕而成，或由弯头、管件和直管连接组成，使用时沉浸在盛有被加热或被冷却介质的容器中，两种流体分别在管内、管外进行换热。沉浸式蛇管操作敏感性较小，管子可承受较大的流体介质压力，但由于管外流体的流速很小，故传热系数小，传热效率低，需要的传热面积大，设备显得笨重。

②喷淋式蛇管换热器将蛇管成排地固定在钢架上，被冷却的流体在管内流动，冷却水由管排上方的喷淋装置均匀淋下，与沉浸式相比较，喷淋式蛇管换热器的主要优点是管外流体的传热系数大，且便于检修和清洗。其缺点是体积庞大，冷却水用量较大，有时喷淋效果不够理想。

(2)套管式换热器

套管式换热器由两种不同直径的管子组装成同心管，两端用U形弯管连接成排，并根据实际需要，排列组合形成传热单元。换热时，一种流体走内管，另一种流体走内外管之间的环腔，内管的壁面为传热面，一般按逆流方式进行换热，两种流体都可以在较高的温度、压力、流速下换热。套管式换热器的优点是结构简单、操作弹性大、传热面积增减方便，两侧流体均可提高流速，使传热面的两侧都具有较高的传热系数；缺点是单位传热面的金属消耗量大，检修、清洗和拆卸比较麻烦，在可拆连接处易泄漏。套管式换热器适用于高温、高压、小流量流体和所需要的传热面积不大的场合。

(3)管壳式换热器

管壳式换热器是目前应用最广泛的换热设备，其基本结构如图6-2所示，在圆筒形壳体中放置了由许多管子组成的管束，管子的两端(或一端)固定在管板上，管子的轴线与壳体的轴线平行，为了增加流体在管外空间的流速并支承管子，改善传热性能，在筒体内间隔安装多块折流板(或其他新型折流元件)，用拉杆和定距管将其与管子组装在一起。换热器的壳体及两侧的端盖上(对偶数管程而言，则在一侧)装有流体的进出口，有时还装设检查孔、仪表接口管、排液孔和排气孔等。

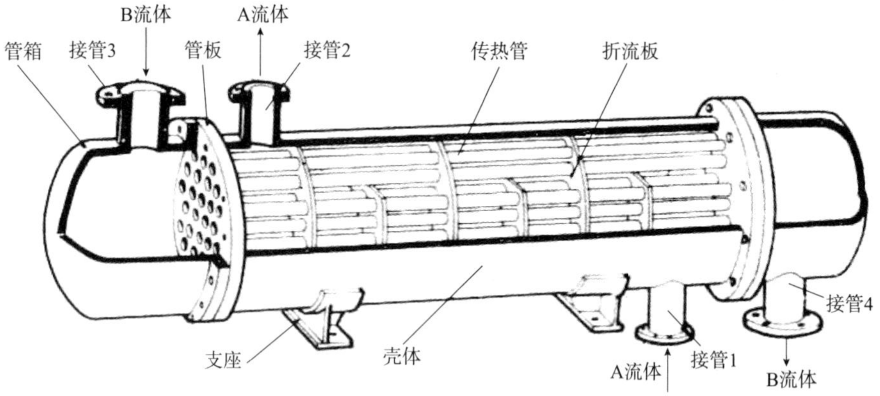

图 6-2　管壳式换热器示意

管壳式换热器虽然在传热效率、结构紧凑性[换热器在单位体积中的传热面积(m^2/m^3)]和单位传热面积的金属消耗量(kg/m^2)等方面均不如一些新型高效紧凑式换热器，但它具有明显的优点，如结构坚固、可靠性高、适应性广、易于制造、处理能力大、生产成本低、选用的材料范围广、换热表面清洗比较方便、能承受较高的操作压力和温度等。在高温、高压和大型换热器中，管壳式仍占绝对优势。

(4)缠绕管式换热器

缠绕管式换热器是在芯筒与外筒之间的空间将传热管按螺旋线形状交替缠绕而成，相邻两层螺旋状传热管的螺旋方向相反，并采用一定形状的定距件使之保持一定间距，如图6-3所示。缠绕管可单根绕制，也可采用两根或多根组焊后一起绕制，管内可以通过一种介质，称为单通道型缠绕管式换热器，也可通过不同的介质，而每种介质所通过的传热管均汇集在各自的管板上，构成多通道型缠绕管式换热器。缠绕管式换热器适用于同时处理多种介质、在小温差下需要传递较多热量且管内介质操作压力较高的场合，如制氧等低温过程中使用的换热设备等。

这四类管式换热器在固态储氢设备中均可采用，其中光滑直管、U形换热管、螺旋管等用得较多。为进一步提高换热效果，研究和实践中的趋势偏向于换热管束与翅片的结合。

2. 换热部件工艺设计

当确定了换热管的结构类型之后，便可根据式(6-5)计算所需的换热面积 A：

$$Q = KA\Delta t_m \tag{6-5}$$

式中　Q——通过换热管管壁在管内流体和管外储氢合金之间交换的热量，W；

K——管内流体和管外储氢合金之间通过换热管壁面的综合传热系数，W/($m^2\cdot K$)；

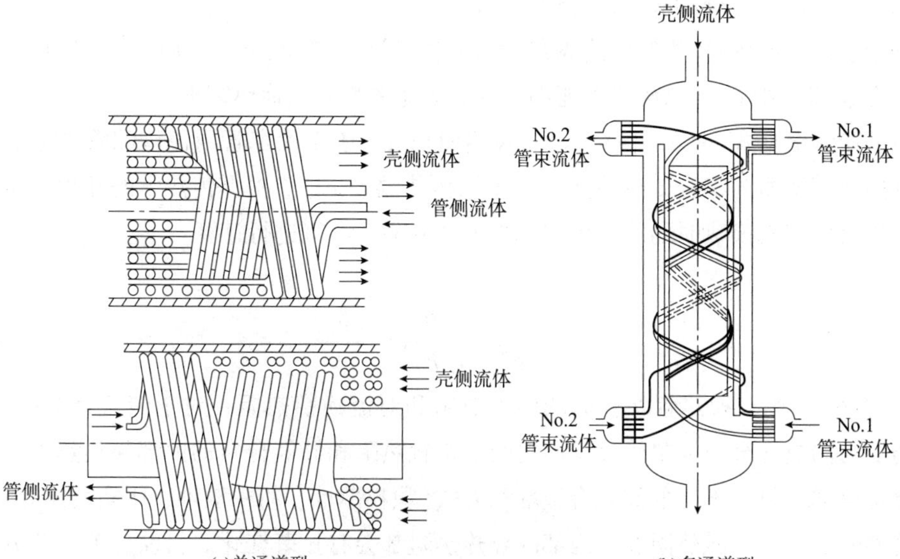

图 6-3 缠绕管式换热器

A——所需的换热管有效换热面积，等于换热管外径对应的周长与换热管总长度的乘积，m^2；

Δt_m——平均传热温差，℃或 K，可取吸氢或放氢过程中合金床层平均温度与换热管内流体平均温度之差的绝对值。

式(6-5)中 Q 的来源是储氢合金吸氢时释放的反应热或放氢时需要输入的反应热，因为储氢合金的充/放氢过程一般是先快后慢，所以要求的瞬时换热速率也应该先快后慢。但对于固态储氢合金的换热部件工艺计算来讲，一方面，迄今为止人们还不能用简单的公式准确计算出储氢合金吸/放氢过程中每一瞬间的反应热值。另一方面由于换热流体、换热管壁、储氢合金等不同材料都有热惯性(热惰性)，不可能做到实际换热速率与要求的瞬时换热速率精确同步且相等，所以需要制定一个确定 Q 的规则。下面以吸氢过程为例来讨论确定 Q 的规则。

吸氢过程开始的几秒至十几秒内，氢气在储氢合金的全部表面被快速吸收，吸氢速率最大，之后吸氢速率迅速减小至一个相对稳定的区间，持续一段时间后，吸氢速率小于额定吸氢速率的 80%或小于氢气质量流量计能识别的最小示值时，吸氢结束。如果以吸氢开始阶段的最快速率为准计算 Q 并进行换热器设计，则结果必然偏于保守，在吸氢过程的绝大部分时段，换热器的冷却能力都显得过剩。比较合理的方法是以额定充氢速率来计算 Q，如式(6-6)所示：

$$Q_S = (\dot{m}/M_{H_2}) \times \Delta H_S \tag{6-6}$$

式中 Q_S——储氢合金在额定充氢速率下的吸氢放热速率，W；

$\dot{m}$——额定充氢速率，g/s；

M_{H_2}——氢气的摩尔质量，g/mol；

ΔH_S——储氢合金的吸氢反应焓变，J/mol。

理论上讲，Q 与 Q_S 相等即能满足吸氢阶段的冷却要求，但在实际设计过程中，可使换热能力 Q 略大于 Q_S，以满足可能出现的吸氢速率波动的换热需求。

为了能够根据式(6-5)计算所需的换热面积 A，还需确定管内流体和管外储氢合金之间通过换热管壁面的综合传热系数 K 及平均传热温差 Δt_m。根据传热学的知识，流体与流体之间进行间壁式换热时的综合传热系数 K 可按式(6-7)进行计算：

$$K=\frac{1}{\frac{1}{\alpha''_b}+\frac{1}{\alpha_f}\frac{H_t}{H_f}+\varepsilon_{as}+\frac{\delta_1}{\lambda}} \tag{6-7}$$

在式(6-7)中，换热管外壁面的污垢热阻和对流换热热阻，对于储氢合金体系来讲，分别转变为储氢合金与换热管外壁面之间的接触热阻和储氢合金的内部导热热阻。对于不同的储氢合金材料、不同的储氢合金堆积方式(颗粒散堆、粉末散堆、压实块体等)，其与换热管外壁之间的接触热阻及其内部的导热热阻都会有显著变化。目前，关于这方面的实测数据还不够丰富，尚难以建立起有一定普适性的理论预测公式，需要利用数值仿真手段结合工程经验进行计算和求解。

为降低难度，在吸氢过程中，换热管外储氢合金与换热管内循环流体之间的平均传热温差 Δt_m 可直接用储氢合金在整个吸氢过程中的平均温度 t_{m1} 减去换热管内循环冷却流体的进出口温度平均值 t_{m2} 来得到。

当在光滑的直管、U 形管、螺旋管等外侧增加翅片时，关于综合传热系数 K 和平均传热温差 Δt_m 的计算将更复杂，有待于对储氢合金吸/放氢过程热质传递机理研究的不断进步和日积月累。

3. 换热部件结构设计

当通过换热工艺计算确定出总换热面积 A 之后，下一步就是换热部件的结构设计，主要内容包括换热管尺寸、长度、排布方式和连接与固定方式。

(1)换热管尺寸

换热管常用的尺寸(外径×壁厚)主要有 ϕ19mm×2mm、ϕ25mm×2.5mm 和 ϕ38mm×2.5mm 的无缝钢管，以及 ϕ25mm×2mm 和 ϕ38mm×2.5mm 的不锈钢管。标准管长有 1.5m、2.0m、3.0m、4.5m、6.0m、9.0m 等。采用小管径，可使单位体积的传热面积增大、结构紧凑、金属耗量减少、传热系数提高。据估算，将同直径换热器的换热管由 ϕ25mm 改为 ϕ19mm，其传热面积可增加 40%左右，节约金属 20%以上。但小管径流动阻力大，不便清洗，易结垢和堵塞。一般大直径管子用于黏性大或污浊的流体，小直径管子用于较清洁的流体。

(2)换热管材料

常用材料有碳素钢、低合金钢、不锈钢、铜、铜镍合金、铝合金、钛等。此外，还有一些非金属材料，如石墨、陶瓷、聚四氟乙烯等。设计时应根据工作压力、温度和介质腐蚀性等选用合适的材料。

(3)换热管的进出口设置

常规的管壳式换热器上至少有 4 个换热流体的进出口，壳程的一进一出和管程的一进一出。固态储氢装置的“壳程”不走换热流体，用于封装储氢合金与氢气，且要求密封性好，保证氢气和储氢合金不泄漏，因此构成“壳程”的筒体上除了必要的安全和监测附件之外，不宜设更多接口。换热介质的进出口一般设置在承压壳体两端或一端(与吸/放氢管路保持合适的间距)，采用外伸式接管，接管根部与筒体的封头或端盖焊接，接管端部与循环水管路之间采用法兰连接、螺纹连接、快开连接等可拆卸连接方式，视具体情况而定。

(4)换热管的排布与固定

当采用多根直管换热时，可参照管壳式换热器对换热管进行规则排列和固定。与管壳式换热器中换热管的正三角形、转角正三角形、正方形、转角正方形排列方式不同，固态储氢设备中换热管的排布与氢气管道的设置密切相关。若固态储氢设备中仅沿轴线安装了一根氢气管道，那么合理的换热管排布是以氢气管道为中心，由内向外一圈一圈环形布置，如图 6-4 所示。相邻两圈换热管在相位上要错开均匀的角度，尽可能保证每根换热管管辖的储氢合金区域大小相同或相近，从而充分发挥每根换热管的换热能力，使储氢合金内部的温度梯度最小化。

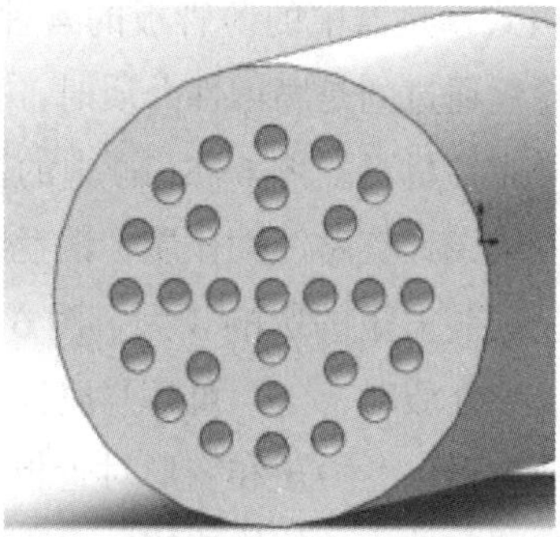

图 6-4 以氢气管道为中心，由内向外一圈一圈环形布置的换热管示意

换热管中心距的确定除了需要考虑储氢合金的导热性能、吸/放氢过程中储氢合金内部避免出现过大的温度梯度之外，还要保证管子与管板连接时，管桥(相邻两管间的净空距离)有足够的强度和宽度。换热管数量增多，固然可以提升冷却和加热效果，但会降低承压壳体中储氢合金的填充率，不利于体积储氢密度的提高。

(5)管板

管板是管壳式换热器最重要的零部件之一，用来排布换热管，将管程和壳程的流体分隔开，避免冷、热流体混合，并同时受管程、壳程介质压力和温度的作用。对于固态储氢设备而言，管板的作用也与此类似，区别仅在于“壳程”中的介质为氢气和储氢合金。当吸/放氢管路在承压壳体内部与换热管平行布置时，吸/放氢管路也需要穿过管板。

1)管板材料

在选择管板材料时，除力学性能外，还应考虑管板材料与循环控温介质、氢气和储氢合金之间的介质相容性，以及管板和换热管之间的电位差对腐蚀的影响。循环控温介质一般采用水，对于镁基储氢材料，则需选用导热油。当储氢压力较低、储氢温度也较低时，氢对钢材力学性能的影响较小，此时管板选材重点考虑同储氢合金的相容性即可。本着保证安全和降低成本的原则，可根据实际情况选择压力容器用碳素钢或低合金钢板或锻件制造管板；当流体与储氢合金的腐蚀性较强时，选择不锈钢、铜、铝、钛等耐腐蚀材料。还可采用不锈钢+钢、钛+钢、铜+钢等复合板，或堆焊衬里。

2)管板结构

当换热器承受高温、高压时，高温和高压对管板的要求是矛盾的。增大管板厚度，可以提高承压能力，但是当管板两侧流体温差很大时，管板内部沿厚度方向的热应力增大。减小管板厚度，可以降低热应力，但承压能力降低。此外，在开、停车时，由于厚管板的温度变化慢，换热管的温度变化快，在换热管和管板连接处会产生较大的热应力。当迅速停车或进气温度突然变化时，热应力往往会导致管板与换热管在连接处发生破坏。因此，在满足强度的前提下，应尽量减小管板厚度。薄管板是指相对于采用标准、规范计算所得的管板厚度要薄得多的管板，一般厚度为 8~20mm。目前薄管板主要有平面形、椭圆形、碟形、球形、挠性薄管板等形式，最常用的是平面形薄管板。

图 6-5 所示为用于固定管板式换热器中的薄管板的 4 种结构形式，其中图 6-5(a)中的薄管板贴于法兰表面上，当管程通过的是腐蚀性介质时，由于密封槽开在管板上，法兰不与管程介质接触，不必采用耐腐蚀材料。图 6-5(b)中的薄管板嵌入法兰内，并将表面车平。在这种结构中，不论管程或壳程有腐蚀性介质，法兰都会与腐蚀性介质接触，因此需采用耐腐蚀材料，而且管板受法兰力矩的影响较大。图 6-5(c)中的薄管板在法兰下面且与筒体焊接。当壳程通入腐蚀性介质时，法兰可不与腐蚀性介质接触，不必采用耐腐蚀材料，而且管板离开了法兰，减小了法兰力矩和变形对管板的影响，从而降低了管板因法兰力矩引起的应力，同时管板与刚度较小的筒体连接，也降低了管板的边缘应力，因此这是一种较好的结构。图 6-5(d)所示为挠性薄管板结构。由于管板与壳体之间有一个圆弧过渡连接，并且很薄，所以管板具有一定弹性，可补偿管束与壳体之间的热膨胀，且过渡圆弧还可以减小管板边缘的应力集中，同时该种管板也没有法兰力矩的影响。当壳程流体通入腐蚀性介质时，法兰不会受到腐蚀，但是挠性薄管板结构加工比较复杂。

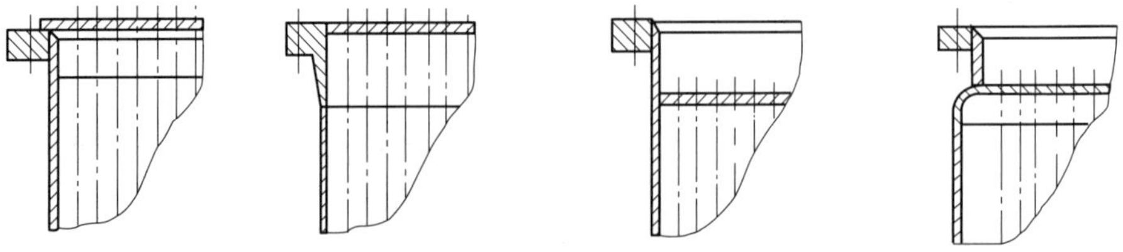

(a)薄管板贴于法兰表面　(b)薄管板嵌入法兰内　(c)薄管板在法兰下面且与筒体焊接　(d)挠性薄管板结构

图 6-5　薄管板结构形式

图 6-6 所示为椭圆形管板。椭圆形管板是以椭圆形封头作为管板，与承压壳体焊接在

一起。椭圆形管板的受力情况比平管板好得多，可以做得很薄，有利于降低热应力，故适用于高压、大直径的场合。

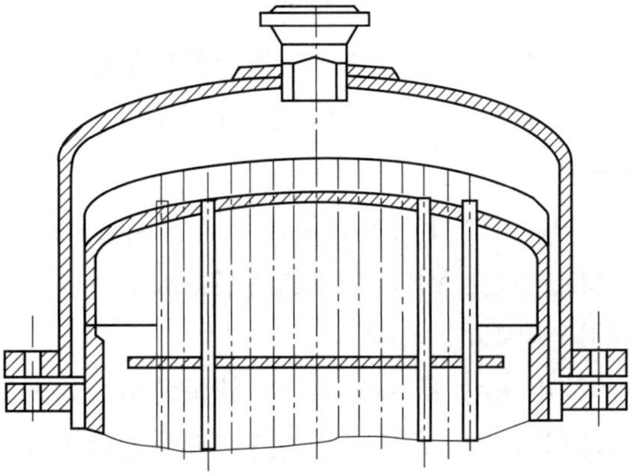

图 6-6 椭圆形管板

当要求严格禁止管程与壳程中的介质互相混合时，可采用双管板结构(图 6-7)。在双管板结构中，管子分别固定在两块管板上，两块管板保持一定距离。如果管子与管板连接处有少量流体漏出，可让其从两管板之间的空隙泄放至外界。也可利用一薄壁圆筒(短节)将此空隙封闭起来，充入惰性介质，使其压力高于管程和壳程的压力，达到避免两种介质混合的目的。

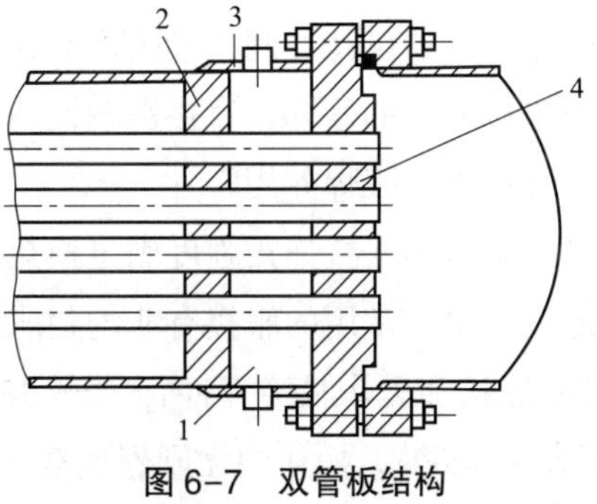

图 6-7 双管板结构

1—空隙；2—壳程管板；3—短节；4—管程管板

3)管板的设计

管板的合理设计，对提高换热部件的安全性、节约材料、降低制造成本具有重要意义。在许多国家的标准或规范中，如美国的 TEMA 标准、日本工业标准(JIS)、中国的 GB/T 151—2014《热交换器》等都列入了管板的计算公式。各国的管板设计公式尽管形式各异，但其大体上是分别在以下三种基本假设前提下得出的。

①将管板看作周边简支条件下承受均布载荷的圆平板，应用平板理论得出计算公式。考虑到管孔的削弱，再引入经验性的修正系数。如在力学模型上进行了适当简化的美国 TEMA 方法。

②将管子当作管板的固定支承而管板是受管子支承着的平板。管板的厚度取决于管板上不布管区的范围。

③将管板视为在广义弹性基础上承受均布载荷的多孔圆平板，即把实际的管板简化为受到规则排列的管孔削弱，同时又被管子加强的等效弹性基础上的均质等效圆平板。这种简化假定既考虑管子的加强作用，又考虑了管孔的削弱作用，分析比较全面，现今已为大多数国家的管板规范所采用。

在我国，GB/T 151—2014 中关于管板计算的基本考虑是：把实际的管板简化为承受均布载荷、放置在弹性基础上且受管孔均匀削弱的当量圆平板。同时在此基础上还考虑了以下几方面对管板应力的影响因素。

①管束对管板挠度的约束作用，但忽略管束对管板转角的约束作用。

②管板周边不布管区对管板应力的影响，将管板划分为两个区，即靠近中央部分的布管区和靠近周边处较窄的不布管区。通常管板周边部分较窄的不布管区按其面积简化为圆环形实心板。由于不布管区的存在，管板边缘的应力下降。

③不同结构形式的换热器，管板边缘有不同形式的连接结构，根据具体情况，考虑壳体、管箱、法兰、封头、垫片等元件对管板边缘转角的约束作用。

④管板兼作法兰时，法兰力矩的作用对管板应力的影响。

管板的具体设计计算可参考 GB/T 151—2014。

(6)换热管与管板的连接

换热管与管板连接是管壳式换热器设计、制造最关键的技术之一，是换热器事故率最高的部位。所以换热管与管板连接质量的好坏，直接影响设备的使用寿命。换热管与管板的连接方法主要有强度胀接、强度焊和胀焊并用。

①强度胀接，是指换热管与管板的胀接连接强度满足换热管轴向(拉或压)机械和温差载荷设计要求并保证密封性能的胀接。常用的胀接有非均匀胀接(机械滚珠胀接)和均匀胀接(液压胀接、液袋胀接、橡胶胀接和爆炸胀接等)两大类。强度胀接主要适用于设计压力不大于 4.0MPa，设计温度不大于 300℃，操作中无剧烈振动、无过大温度波动及无明显应力腐蚀等场合。

②强度焊接，是指换热管与管板的焊接连接强度满足换热管轴向(拉或压)机械和温差载荷设计要求并保证密封性能的焊接。此法目前应用较为广泛。由于管孔不需要开槽，且对管孔的粗糙度要求不高，管子端部不需要退火和磨光，因此制造加工简单。焊接结构强度高，抗拉脱力强。在高温高压下也能保证连接处的密封性能和抗拉脱能力。管子焊接处如有渗漏可以补焊或利用专用工具拆卸后予以更换。当换热管与管板连接处焊接之后，管板与管子中存在的残余热应力与应力集中，在运行时可能引起应力腐蚀与疲劳。此外，管子与管板孔之间的间隙中存在的不流动的液体与间隙外的液体有着浓度上的差别，还容易产生间隙腐蚀。除了有较大振动及有间隙腐蚀的场合，只要材料可焊性好，强度焊可用于其他任何场合。管子与薄管板的连接应采用焊接方法。

③胀焊并用。胀接与焊接方法都有各自的优点与缺点，在有些情况下，例如高温、高压换热器管子与管板的连接处，在操作中受到反复热变形、热冲击、腐蚀及介质压力的作用，工作环境极其苛刻，很容易发生破坏，无论单独采用焊接或是胀接都难以解决问题。如果采用胀焊并用的方法，不仅能改善连接处的抗疲劳性能，而且还可消除应力腐蚀和间隙腐蚀，提高使用寿命。因此目前胀焊并用方法已得到比较广泛的应用。胀焊并用的方法，从加工工艺过程来看，主要有强度胀+密封焊、强度焊+贴胀、强度焊+强度胀等几种形式。这里所说的“密封焊”是指保证换热管与管板连接密封性能的焊接、不保证强度；“贴胀”是指为消除换热管与管孔间的间隙并不承担拉脱力的轻度胀接。如强度胀与密封焊相结合，则胀接承受拉脱力，焊接保证紧密性。如强度焊与贴胀相结合，则焊接承受拉脱力，胀接消除管子与管板间的间隙。至于胀、焊的先后顺序，虽无统一规定、但一般认为以先焊后胀为宜。因为当采用胀管器胀管时需用润滑油，胀后难以洗净，在焊接时存在于缝隙中的油污在高温下生成气体从焊面逸出，导致焊缝产生气孔，严重影响焊缝的质量。

胀焊并用主要用于密封性能要求高、承受振动或循环载荷、有间隙腐蚀倾向、采用复合管板的场合。

(7)管箱

壳体直径较大的固态储氢设备可采用管箱结构，其作用是把循环控温介质均匀分布到各换热管和把换热管内的流体汇集在一起送出设备。

6.2.5　承压壳体工艺和结构设计

固态储氢设备罐体一般为长圆柱形。单纯依靠固态储氢材料进行储氢的设备，其承压范围不超过 10MPa，承压壳体设计可依据 GB/T 150—2024 进行，亦可根据 JB 4732—1995 (2005 年确认版)进行设计。

1. 承压壳体工艺设计

承压壳体工艺设计内容包括：选择壳体的材质、计算内部总容积、选择封头或端盖类型、确定圆筒部分的长径比、明确介质进出管路和安全与监测附件的安装位置、确定设备整体的支撑方式。

(1)承压壳体材质的选择

从材质相容性角度考虑，奥氏体不锈钢是非常好的备选材料；从轻量化角度考虑，在强度和刚度等力学性能满足要求的前提下，可考虑选用铝合金；从安全和成本两方面考虑，可考虑用常规压力容器用钢。

(2)内部总容积计算

如果无管板和管箱等结构，内构件只有储氢合金(V_1)、换热管(V_2)、氢管(V_3)及储氢材料之间的导热隔板(V_4)，若储氢合金的吸氢膨胀系数为β，则总容积可按式(6-8)估算：

$$V=(1+\beta)V_1+V_2+V_3+V_4 \tag{6-8}$$

如果有管板和管箱，总容积还应加上管板的体积 V_5 和管箱的体积 V_6。需要注意的是：即便有管板和管箱，储氢部分的总容积仍按式(6-8)计算，因为储氢部分与管箱部分是两个相互独立的承压空间。

(3)选择封头或端盖类型

常见的凸形封头有椭圆形、蝶形和球形，端盖为平盖。在凸形封头中，椭圆形封头最常用，能满足绝大部分的设计要求。当储氢压力较低，储氢设备较小、内部结构简单时，也可选择平盖实现对筒体的密封。封头或平盖与筒体直接的连接方式，从保证密封性角度考虑，最好采用焊接，但若储氢材料在使用后需要回收再生，或为了便于后期的性能测试、维修保养，也可以采用法兰连接方式。

(4)确定圆筒部分的长径比

储氢容器的质量储氢密度等于额定储氢量与系统总质量的比值。储氢系统的总重量主要由四部分组成，即储氢合金装填质量、壳体质量、氢气管路系统质量和换热部件质量之和。随着长径比不断增大，吸/放氢过程中的控温效果越好，储氢合金内部的温差越小，吸/放氢效率越高；但过大的长径比，会导致质量储氢密度下降，因此不能选择过大的长径比，一般在 3~10 为宜。

(5)确定各接口位置

研究和实践中常采用的做法是：将氢气管道、换热介质进出口等主要接口设置在封头上；筒体上仅设置必要的安全附件、压力传感器和温度传感器安装接口。

(6)设备的支撑方式

固定式应用的大型固态储氢设备优先采用鞍座支撑(卧式)或裙座支撑(立式)。特殊情形下，对于小型的固态储氢罐，亦可采用悬挂支撑、支架支撑等方式。移动式应用场合的固态储氢罐，常采用绑带固定在框架上。

2. 承压壳体结构设计

结构设计的主要内容有筒体和封头的强度设计与校核、管板强度设计与校核、换热管拉脱力计算、支撑结构应力分析等。设计的理论基础已在第 3 章进行阐述，详细过程可参考 GB/T 150—2024、GB/T 151—2014 等标准，这里不再赘述。下面仅就选材和设计压力确定做几点补充说明。

金属氢化物储氢装置承压壳体所用材料的拉伸强度应小于 950MPa，最高温升压力不超过 25MPa。金属氢化物储氢装置工作和使用温度范围内加载的最大复合应力不应超过壳体设计标准的规定范围。与最高温升压力时的应力水平等效的气体压力可作为设计液压试验压力，用于确定最小壳体壁厚。

固态储氢设备罐体设计压力应不低于 1.25 倍的 MDP。各组件对于 MDP 下应力水平的可能影响，包括但不局限于以下情况：

①1.25×MDP；

②热应力，包括热膨胀和收缩的不同比率；

③金属氢化物储氢装置内任何可能方向的内部构件重量；

④冲击和振动载荷；

⑤储氢合金膨胀导致的最大应力；

⑥其他机械载荷。

6.2.6 安全和监测附件设计

金属氢化物储氢装置可采用一个或多个非重闭式泄压装置进行过压保护，如易熔触发器、爆破片和隔膜；也可采用可重封式的，如弹簧减压阀。

泄压装置触发压力：压力触发式泄压装置的触发压力应大于最高温升压力、小于最高温升压力的1.25倍，且任何情况下都不应超过外壳的试验压力。对于可复位泄压装置还需标明满流量时的压力，且不超过外壳的试验压力。

泄压装置触发温度：热驱动式泄压装置的触发温度所对应的金属氢化物储氢装置的内部平衡压力，应小于最高温升压力的1.25倍。且任何情况下都不应超过外壳的试验压力。在不超过最大使用温度10℃的范围内，此类泄压装置的额定压力应大于最高温升压力。任何情况下此类泄压装置都不应在低于最大使用温度下触发。鉴于MDP的定义，平衡压力低于1.25倍MDP的标准与4.1.1节和5.4节规定的MDP评价和罐体设计要求一致。因此，金属氢化物储氢装置内部压力不能超过试验温度下的罐体试验压力。

6.3 固态储氢的应用场景和发展前景

6.3.1 固定式应用

由于风电、光伏等新能源出力具有季节性和间歇性，将氢储能电站用于可再生能源电站，可发挥氢储能电站响应时间短、调节灵活性高、调峰周期长、存储逸散等优点。将可再生能源富裕季节发出的风电、光电电解制氢进行存储，在可再生能源匮乏季节进行发电，实现跨季度调峰。促进新能源平滑并网，缓解弃风、弃光现象，大大提高了电网对新能源消纳的接纳能力。氢储能电站的发展和应用极为依赖氢气的储运技术。固态储氢因其高体积储氢密度、中低储氢压力和宽温度范围储氢材料体系的灵活设计性等优点，非常适合用于氢储能电站这类要求大规模、固定式储氢的场合。但金属氢化物储氢材料有待发展，且面向吸/放氢速度的需求，其热循环控制技术仍有待突破。

2023年3月25日，作为国家重点研发项目的固态氢能发电并网，率先在广州、昆明同时实现。这是我国首次将光伏发电制成固态氢能应用于电力系统。该示范项目中固态储氢系统的储氢压力为2~3MPa，每个固态储氢装置能够储存200m^{3}氢气(约是普通3MPa储氢罐的20倍)，升高合金的温度就可以释放氢气。在昆明，整个项目储存165kg氢，在用电高峰时可持续稳定出力23h、发供电2300kW·h。在广州，这项技术还可以升温释放高压氢气，为新能源汽车加氢。

6.3.2 移动式应用

车载储氢系统首先应具有较高的储氢密度，以满足整车续驶里程要求。储氢系统还需在适中、安全的条件下进行氢气释放，为燃料电池提供充足的反应用氢，保证系统的稳定高效运行。固态储氢材料因储氢密度高、工作压力低等优点有望用于车载储氢系统，以提高携氢量，并改善安全性。

为满足燃料电池电动汽车道路行驶需求，有研究者参考美国能源部(Department of energy，DOE)以及国际能源署(International energy agency，IEA)车载储氢技术指标，总结了储氢密度、运行温度、氢气加注及释放、循环寿命、安全性，以及系统成本等技术指标的要求。结合当前燃油车性能以及燃料电池电动汽车技术现状对车载固态储氢技术要求进行了分析。指出：提高储氢密度，实现尽量多的燃料携带量，并减少空间占用，是增加车辆续驶里程的有效措施。而提高储氢密度需兼顾质量储氢密度与体积储氢密度两方面。随着携氢量增加，续驶里程提升，燃料电池电动汽车能耗及排放优势增加，展现出良好的商业价值和应用前景。固态储氢的体积储氢密度明显高于气态以及液态储氢，其中金属氢化物储氢密度高且安全性较好，如 MgH_2 储存 1kg H_2 体积仅为 9.1L，体积储氢密度达到 0.11kg/L。但固态储氢材料本身具有一定的质量，导致质量储氢密度损失，因此质量储氢密度是选择储氢材料的重要指标。质子交换膜燃料电池的工作温度在 60~80℃附近，因此固态储氢材料的氢气吸放需满足一定的温度条件，若储氢材料需要在高温下才能吸/放氢，还需要为供氢系统提供额外的热管理装置，导致成本增加，此外，输出的氢气温度高，会给燃料电池带来较大的热负荷，影响其正常工作。理想的储氢材料是能够在燃料电池工作温度附近吸/放氢，利用燃料电池反应产热对储氢材料进行加热，并通过燃料电池的热管理系统来控制氢气流量。考虑高温车用燃料电池的发展，如高温质子交换膜燃料电池的工作温度在 100~200℃，因此，对储氢材料的工作温度方面的要求可以适当放宽。

目前，燃油车以及采用高压气态储氢的燃料电池电动汽车都具有较快的燃料加注速度，其中采用高压气态储氢的燃料电池电动汽车可在 3~5min 内完成加氢，而金属氢化物储氢材料的加氢过程是一个具有物理扩散以及化学反应的过程，要实现固态储氢材料的快速吸氢和放氢，需考虑氢气在材料内部的扩散速率以及反应速率两方面。储氢材料的放氢速率要满足燃料电池对电流密度的瞬时需求，防止因氢气供给不足而出现氢饥饿问题。燃料电池输出功率每提高 1kW，至少需要增加 0.02 g/s 的氢气流量供给，利用燃料电池功率与供氢速率的线性关系，通过调节供氢速率可实现燃料电池输出功率的控制。高压储氢可通过调节流量控制阀调节氢气输出，而采用固态储氢方式的燃料电池除流量控制阀外还需考虑温度对氢气释放的影响，需要维持不同环境温度下氢气的连续供给，保证氢源稳定，保障燃料电池的正常运行。

燃料电池氢气回路的工作压力一般在 0.13~0.3MPa，储氢系统的氢气供给压力要略高于氢气回路压力，需维持在 0.5~1.2MPa 以内。对固态储氢材料而言，材料的吸氢压力也有一定的要求，需要与加氢站采用的储氢压力适配，若材料高压下方能吸收氢气，则应采用相应的耐压容器并增设加压装置。可逆性与循环寿命是选择储氢材料的重要指标。为保证车载储氢系统使用时间，储氢材料一般应能达到 1500 次以上的循环寿命要求。循环过程中，储氢材料的性能不可避免地会出现衰退，原因主要有两方面：一是部分储氢材料发生歧化反应生成稳定化合物、惰性合金相，相同反应条件下该反应不可逆，造成可逆容量的损失；二是杂质的存在可能会覆盖在储氢材料或者催化剂表面，阻止反应进一步进行，或参与反应生成没有储氢能力的其他材料。

固态储氢方式中氢并不是以气态形式存在，且氢气的释放需要满足一定的温度条件，所以常温条件下发生氢气泄漏的风险较小。但考虑部分固态储氢材料在反应过程中可能会产生一些有害物质，不仅会对燃料电池造成损害也会对人体造成伤害，如 $LiBH_4$ 在高温脱氢时生成的二硼烷(B_2H_6)是一种有毒气体，所以储氢系统不仅要防止气体泄漏，还要抑制有害产物生成。

提高固态储氢材料的储氢密度，降低吸/放氢温度、压力，提高反应速率，缩短吸/放氢时间并最终实现车载应用是目前的研究热点。

为提高固态储氢材料性能，多种改进措施已被采用，并取得了一定进展，但仍无法完全满足车载储氢的目标要求，循环过程中质量储氢密度不可避免地会有下降，且材料吸/放氢条件较为苛刻。为适应车用燃料电池的用氢需求，应在研究高储氢密度材料的基础上，开发能在合理的温度和压力条件下进行可逆吸/放氢的固态储氢材料，并具备较长的循环寿命以及较低的成本。

思考题

6-1　在进行固态储氢系统设计时，选择固态储氢材料应遵循哪些原则？

6-2　固态储氢罐的罐体为何通常做成圆柱形，很少做成方形？

6-3　通过查阅资料和企业调研，总结向固态储氢罐中填充储氢材料的方法和过程，并分析这些方法的适用性和局限性。

6-4　通过查阅资料和企业调研，总结固态储氢设备中换热元器件(换热组件)的典型结构及安装方式，换热元器件结构形式的演变历程。

6-5　固态储氢设备在制造和使用前应做哪些性能测试工作，为什么？

6-6　列举固态储氢设备罐体及内构件设计的主要流程和内容。

6-7　列举固态储氢设备的主要组成及作用。

6-8　通过查阅资料和企业调研，总结固态储氢系统的研究和应用进展。

参考文献

[1]全国氢能标准化技术委员会．氢系统安全的基本要求：GB/T 29729—2022[S]．北京：中国标准出版社，2022.

[2]Lemmon E W，Huber M L，McLinden M O. NIST reference fluid thermodynamic and transport properties-REFPROP[J]．NIST standard reference database 23，2010：v7.

[3]2023 年全球氢能产量及制氢结构预测分析 https：//c. m. 163. com/news/a/I9ABAEHR05148lOF. html.

[4]认识氢能｜氢能系列报告之一 https：//mp. weixin. qq. com/s？ __biz = MzI3MDUwNDU0Ng = = &mid = 2247627894&idx = 1&sn = 7b6fdc8e1df072aafad45c8e1df8a9ce&chksm = eadcb37bddab3a6dd5acffb59685cedeb3485b20f523e4857c9e3b72819dff27e7acb0dae2f7&scene = 27.

[5]蒲亮，余海帅，代明昊，等．氢的高压与液化储运研究及应用进展[J]．科学通报，2022，67(19)：2172-2191.

[6]郑津洋．高安全低成本大容量高压储氢[J]．浙江大学学报(工学版)，2020，54(9)：1655-1657.

[7]李军，薄柯，黄强华，等．高压氢气储运移动式压力容器发展趋势与挑战[J]．太阳能学报，2022，43(3)：20-26.

[8]郑津洋，胡军，韩武林，等．中国氢能承压设备风险分析和对策的几点思考[J]．压力容器，2020，37(6)：39-47.

[9]Qiu Y，Yang H，Tong L，et al. Research progress of cryogenic materials for storage and transportation of liquid hydrogen[J]．Metals-Open Access Metallurgy Journal，2021，11(7)：1101.

[10]国家市场监督管理总局．固定式真空绝热深冷压力容器：GB/T18442—2019[S]．北京：国家标准化管理委员会，2019.

[11]张晓飞，蒋利军，叶建华，等．固态储氢技术的研究进展[J]．太阳能学报，2022，43(6)：345-354.

[12]吴朝玲，李永涛，李媛，等．氢气储存和输运[M]．北京：化学工业出版社，2021.

[13]宋鹏飞，侯建国，穆祥宇，等．液体有机氢载体储氢体系筛选及应用场景分析[J]．天然气化工(C1化学与化工)，2021，46(1)：1-5，33.

[14]赵琳，张建星，祝维燕，等．液态有机物储氢技术研究进展[J]．化学试试剂，2019，41(1)：47-53.

[15]董媛，杨明，程寒松．有机液体储氢技术进展及应用前景[C]//澳门：第六届国际清洁能源论坛，2017：254-271，435.

[16]张慧敏，田磊，孙云峰，等．有机液体储氢研究进展及管道运输的思考[J]．油气储运，2023，42(4)：375-390.

[17]李佳豪，杨锦，潘伦，等．含氮有机液体储放氢催化体系研究进展[J]．化工进展，2023，42(12)：6325-6344.

[18]刘子龙．加氢站高效储氢、加氢等关键技术的研究[J]．化工管理，2021(34)：80-81.

[19]刘昊，陶国良．气动汽车快速加氢站加氢过程研究[J]．中国机械工程，2007，18(3)：369-373.

[20]安刚．车载储氢气瓶快速充氢分析研究[J]．导弹与航天运载技术，2009(3)：50-55.

[21]王光绪，周剑秋，胡淑娟，等．高压储氢气瓶的长径比和进气口直径对其快充温升及温度分布的影响[J]．工程力学，2014(5)：225-232，256.

[22]吴越，徐展，王朝，等．车载深冷高压氢节流过程冷能研究[J]．机械设计与制造工程，2022，51(2)：85-89.

[23]赵延兴，公茂琼，周远．气相低温高压储氢密度和能耗的理论分析及比较[J]．科学通报，2019(25)：2654-2660.

[24]Brunner T，Kircher O. Cryo-compressed hydrogen storage[M]．Munich，Germany：Wiley-VCH Verlag GmbH & Co. KGaA，2012.

[25]郭志钒，巨永林．低温液氢储存的现状及存在问题[J]．低温与超导，2019，47(6)：21-29.

[26]李龙，敬登伟．金属氢化物储氢研究进展——储氢系统设计、能效分析及其热质传递强化技术[J]．现代化工，2010(10)：31-35.

[27]刘云，景朝俊，马则群，等．固体储氢新材料的研究进展[J]．化工新型材料，2021，49(9)：11-19.

[28]鲍泽威，朱泽志，牟晓锋，等．金属氢化物储氢反应器放氢特性的数值模拟[J]．工程科学与技术，2021，53(2)：151-157.

[29]郑津洋，桑芝富．过程设备设计[M]．5 版，北京：化学工业出版社，2021.

[30]中华人民共和国国家质量监督检验检疫总局．固定式压力容器安全技术监察规程：TSG 21—2016[S]．北京：中国标准出版社．2016.

[31]国家市场监督管理总局，国家标准化管理委员会．压力容器：GB/T 150.1～150.4—2024[S]．北京：中国标准出版社，2024.

[32]国家市场监督管理总局，国家标准化管理委员会．压力容器分析设计：GB/T 4732.1～4732.6—2024[S]．北京：中国标准出版社，2024.

[33]中华人民共和国国家质量监督检验检疫总局．氢系统安全的基本要求：GB/T 29729—2022[S]．北京：中国标准出版社，2022.

[34]中华人民共和国信息产业部．氢气站设计规范：GB 50177—2005[S]．北京：中国计划出版社．2005.

[35]李建，张立新，李瑞懿，等．高压储氢容器研究进展[J]．储能科学与技术，2021，10(5)：1835-1844.

[36]段志祥，黄强华，薄柯，等．我国固定式储氢压力容器发展现状综述[J]．中国特种设备安全，2022，38(4)：5-10.

[37]国家市场监督管理总局，国家标准化管理委员会．大容积钢质无缝气瓶：GB/T 33145—2023[S]．北京：中国标准出版社，2023.

[38]中华人民共和国国家质量监督检验检疫总局，中国国家标准化管理委员会．钢质无缝气瓶　第 4 部分：不锈钢无缝气瓶：GB/T 5099.4—2017[S]．北京：中国标准出版社，2017.

[39]中华人民共和国住房和城乡建设部，国家市场监督管理总局．汽车加油加气加氢站技术标准：GB 50156—2021[S]．北京：中国计划出版社，2021.

[40]国家能源局．储气井定期检验：NB/T 10621—2021[S]．合肥：安徽科学技术出版社，2021.

[41]郑津洋，陈瑞，李磊，等．多功能全多层高压氢气储罐[J]．压力容器，2005(12)：25-28，47.

[42]刘贤信．大容积全多层高压储氢容器及氢在金属中的富集特性研究[D]．杭州：浙江大学，2012.

[43]国家市场监督管理总局，中国国家标准化管理委员会．固定式高压储氢用钢带错绕式容器：GB/T 26466—2011 [S]．北京：中国标准出版社，2011.

[44]固定式高压储氢用钢带错绕式容器定期检验与评定：T/ZJASE 001—2019 [S].

[45]赵刘红，康泰瑞．整体多层包扎式高压容器设计概述[J]．机械管理开发，2013(5)：50-52.

[46]邹家柱．DN800 新型无深环焊缝层板包扎式高压容器的设计[J]．装备制造技术，2011(6)：69-72.

[47]中华人民共和国国家质量监督检验检疫总局，中国国家标准化管理委员会．车用压缩氢气铝内胆碳

纤维全缠绕气瓶：GB/T 35544—2017[S]. 北京：中国标准出版社，2018.
[48]国家市场监督管理总局，国家标准化管理委员会．车用压缩氢气塑料内胆碳纤维全缠绕气瓶：GB/T 42612—2023[S]. 北京：中国标准出版社，2023.
[49]中国技术监督情报协会．车用压缩氢气塑料内胆碳纤维全缠绕气瓶：T/CATSI 02 007—2020[S]. 2020-09-30 发布．
[50]苏红艳，何春辉，金碧辉，等．70MPa 车载Ⅳ型储氢气瓶关键技术及标准化研究[J]. 中国特种设备安全，2023，39(5)：1-8.
[51]陈明和，胡正云，贾晓龙，等．Ⅳ型车载储氢气瓶关键技术研究进展[J]. 压力容器，2020，37(11)：39-50.
[52]祖磊，张骞，张桂明．纤维缠绕压力容器设计原理与方法[M]. 北京：科学出版社，2022.
[53]许家忠，乔明，尤波．纤维缠绕复合材料成型原理及工艺[M]. 北京：科学出版社，2013.
[54]祖磊，穆建桥，王继辉，等．基于非测地线纤维缠绕压力容器线型设计与优化[J]. 复合材料学报，2016，33(5)：1125-1131.
[55]郭凯特，王春，文立华，等．不等开口纤维增强树脂复合材料缠绕壳体非测地线线型设计[J]. 复合材料学报，2019，36(5)：1189-1199.
[56]康凯．碳纤维缠绕复合材料Ⅲ型气瓶耐疲劳性能研究设计[D]. 合肥：合肥工业大学，2022.
[57]李永青．Ⅳ型储氢瓶内胆材料 HDPE/MMT 阻隔性能研究[D]. 北京：北京化工大学，2022.
[58]国家市场监督管理总局，中国国家标准化管理委员会．固定式真空绝热深冷压力容器：GB/T 18442.1～18442.7—2019 [S]. 北京：中国标准出版社，2019.
[59]CGA H-3—2013《CRYOGENIC HYDROGEN STORAGE》[S]. Compressed gas association，2013.
[60]中国技术监督情报协会．固定式真空绝热液氢压力容器专项技术要求：T/CATSI 05006—2021 [S]. 2021.
[61]何远新，熊珍艳，王红星，等．小型液氢储罐的结构设计及制造[J]. 太阳能，2022(5)：115-119.
[62]卜庆选．浅谈液氢罐式集装箱的设计[J]. 山东化工，2022，51(11)：188-190.
[63]妙丛，黄磊，张震．减少液氢容器漏热的关键技术分析[J]. 中国设备工程，2022(7)：210-212.
[64]何晓冬，朱鸣，陈光奇，等．低温吸附剂的低温低压吸附等温线分布研究[J]. 中国特种设备安全，2021，37(4)：18-23，74.
[65]朱敏．先进储氢材料导论[M]. 北京：科学出版社，2019.
[66]Darren P Broom. 储氢材料 储存性能的表征[M]. 刘永锋，潘洪革，高明霞，译．北京：机械工业出版社，2013.
[67]张晓飞，蒋利军，叶建华，等．固态储氢技术的研究进展[J]. 太阳能学报，2022，43(6)：345-354.
[68]李星国，等．氢与氢能(第二版)[M]. 北京：科学出版社，2023.
[69]张娜，陈红，马骁，等．高密度固态储氢材料技术研究进展[J]. 载人航天，2019，25(1)：116-121.
[70]马通祥，高雷章，胡蒙均，等．固体储氢材料研究进展[J]. 功能材料，2018，49(4)：4001-4006.
[71]全国氢能标准化技术委员会．移动式金属氢化物可逆储放氢系统(计划号：20201706-T-469) [S]. 2020.
[72]上海市节能协会，中国节能协会．镁基氢化物固态储运氢系统技术要求：T/SHJNXH 0008—2021，T/CECA 0148—2021[S]. 2021.
[73]王士博，孔令国，蔡国伟．电力系统氢储能关键应用技术现状，挑战及展望[J]. 中国电机工程学报，2023，43(17)：6660-6681.